“十四五”国家重点出版物出版规划项目

上海市重点图书

智能感知关键技术

室内无人平台场景感知与建图

Intelligent Perception Key Technologies

Scenes Perception and Mapping by

Indoor Unmanned Platforms

吴杭彬　刘春　著

同济大学出版社
TONGJI UNIVERSITY PRESS
·上海·

图书在版编目(CIP)数据

智能感知关键技术 ：室内无人平台场景感知与建图 / 吴杭彬，刘春著. -- 上海 ：同济大学出版社，2025. 5.
(人工智能前沿丛书). -- ISBN 978-7-5765-1287-8

Ⅰ. P2

中国国家版本馆 CIP 数据核字第 2024Z8Q185 号

"十四五"国家重点出版物出版规划项目

上海市重点图书

人工智能前沿丛书

智能感知关键技术：室内无人平台场景感知与建图

Intelligent Perception Key Technologies: Scenes Perception and Mapping by Indoor Unmanned Platforms

吴杭彬　刘春　著

责任编辑　李　杰
责任校对　徐逢乔
封面设计　唐思雯

出版发行　同济大学出版社　www.tongjipress.com.cn
(地址：上海市四平路 1239 号　邮编：200092　电话：021 - 65985622)
经　　销　全国各地新华书店、建筑书店、网络书店
排版制作　南京月叶图文制作有限公司
印　　刷　上海安枫印务有限公司
开　　本　787mm×1092mm　1/16
印　　张　15
字　　数　328 000
版　　次　2025 年 5 月第 1 版
印　　次　2025 年 5 月第 1 次印刷
书　　号　ISBN 978-7-5765-1287-8
定　　价　149.00 元

前言

FOREWORD

无人平台是以运动载体为基础，集成场景感知和自动控制技术，以实现环境感知、自动规划、载体控制等功能的智能系统。近年来，随着工业界与学术界的共同努力，以及环境感知、智能决策等技术的迅速进步，无人系统已经开始从理论研究阶段向实际应用阶段过渡，并出现了越来越多的无人系统，在室内测绘、深空探测、仓储物流和智能汽车等领域产生了重大影响。

自定位与建图是无人平台最基本的功能，为系统提供自身位姿和环境信息参考。在此基础上，无人平台才能按照预设轨迹安全行驶，采集各类测绘数据并绘制、更新场景地图。由于无人平台的实际应用场景多样且情况复杂，因此，复杂场景中鲁棒的自定位与建图技术是未来无人平台投入实际应用的关键基础。

在“十三五”国家重点研发计划项目（2018YFB0503000，2016YFB0502104，2016YFB0502102）以及国家自然科学基金重点项目（42130106）、面上项目（42271429，41671451，41771481，41771482）、青年项目（41101382）等科研项目支持下，同济大学团队就无人平台的室内场景多传感器集成感知、建图与定位、点云处理与应用等开展了研究，并取得了系列研究成果，基于这些研究成果，形成了此书。

本书介绍了室内复杂环境中无人平台集成感知、建图及应用的理论与方法，结合当前较为成熟的并行架构，介绍了无人平台集成系统的研制，包括：①无人系统的测绘数据采集端使用自主研发的双目、多目相机和激光雷达传感器，并利用本书提出的基于场景的相机系统动态检校方法进行快速、精确检校；②自定位数据处理端针对双目立体相机和多目相机系统分别提出了粗差剔除与鲁棒运动估计算法，以保证在各类复杂环境下定位的鲁棒性和精度；③数据处理端基于深度学习对场景中的动态目标进行识别与掩膜，以建立静态的高精度场景地图；④在测绘数据处理和应用层面，利用无人平台采集的点云数据，完成了点云语义分割、室内部件语义分类、部件与模型检索、室内地图制图与优化、建模与增强等。

本书共8章。第1章为绪论；第2章为室内无人平台的集成与设计；第3章为室内无人平台系统的时空检校；第4章为无人平台的定位与定姿；第5章为室内无人平台三维场景点云地图的构建；第6章为室内点云数据的语义分割和部件点云检索；第7章为室内点云的应用；第8章为总结与展望。本书适合机器人集成开发、测绘多传感器集成、激光-视觉融合、点云智能处理、室内场景感知与推理等领域的研究生、科研工作者、工程师参考使用。

著者

2024年10月

目录
CONTENTS

目录

CONTENTS

CHAPTER
1

第 1 章 绪　论

本章首先介绍了无人平台测量的相关概念和背景，以及无人平台由大型车载移动测量平台到小型无人平台的发展历程，并列举了若干平台示例；其次介绍了无人平台的研究理论和方法，概述了并行定位与建图、算法鲁棒性、视觉和激光三维建图算法相关研究及现状；最后介绍了由无人平台得到点云地图后的一些基础应用，如点云语义分割、点云部件检索和室内结构化地图构建。

本章指引 | 阅读本章节，你会了解到

- ☑ 无人平台的演变历程和基本构造
- ☑ 无人平台并行定位与建图的理论基础
- ☑ 无人平台数据成果的部分应用

与其他章节的联系

- ☑ 本章总述了无人平台室内并行定位与建图的搭建、算法和应用，为后续章节奠定基础。

1.1 无人平台室内测量概述

早期的无人车研究多基于模拟环境和简单场景，如美国国防部高级研究计划局(Defense Advanced Research Projects Agency，DARPA)举办的首届无人车挑战赛就选择在空旷的沙漠环境中进行。这类场景有利于验证无人车技术的可行性，但若以这类场景为依托进行进一步的研究不利于无人车技术的进步。无人车最终的应用场景较为复杂，如城市交通环境中存在的机非共用、道路拥堵等问题，再如室内环境中存在的GPS信号缺失、光照受限和视觉表现单一等问题。这些应用场景中反映出的问题远比早期研究中所采用的试验数据要复杂，而早期的算法在这些场景中也无法保证精度和鲁棒性。意识到这个问题后，近年来的相关应用示范和技术研究更加关注复杂环境及其带来的挑战，例如：第二届DARPA无人车挑战赛设置在较为复杂的城市场景中；无人车企业的路测环境也逐渐从相对简单的高速公路路段转向更为复杂的城市路段。在学术研究领域，针对复杂环境中的不利条件，对车体和传感器系统的升级与改造以及对各类鲁棒算法的深入研究是当前无人车的研究热点。

无人车系统受限于其体积，主要应用于室内外大场景的并行定位与建图。但随着经济水平的提高以及建造技术的不断发展，室内空间不断扩张，内部结构持续复杂化。据统计，当今人类有90%左右的时间在室内环境中度过[1]，频繁的室内空间活动对室内环境的空间位置服务提出了新的要求，包括室内高精度定位、室内场景重建、三维可视化以及虚拟现实(Virtual Reality，VR)等。应对这些新的挑战，如何研制出高效、高精度的室内三维地图获取平台变得尤为重要。

室内三维地图可以给人带来直观的室内环境体验，辅助机器人等智能设备在室内环境中进行自我定位感知。在当今社会，室内高精度地图的应用极为广泛，服务于医疗、军事、商业、日常生活等诸多领域，从日常使用的扫地机器人、VR全景看房，到医疗专业领域的各类医用机器人，这些设备或技术均离不开高精度的室内三维地图。精细的三维空间信息测图技术可以为室内三维制图、室内定位导航等与地图相关的应用提供有力支撑[2]。面对诸多领域对室内三维成图的需求，传统的室内三维地图获取设备及技术受其局限性而难以满足新的要求。如何克服传统测图方式的弊端，研制出科学、高效、精准的室内移动三维测图平台，成为当下亟待解决的科学难题。

为了实现室内环境和小开放场景室外环境的同时定位和建图，针对这些场景面积小、采集灵活性高的特点，需要设计一套适用于该类场景的小型无人平台。小型无人平台具有设计成本低、体积小、采集灵活、操作方便等特点，基于这些特点，将适用于车载移动测量平台的相关同步定位建图和三维点云构建算法迁移到小型无人平台上，利用其完成一系列测量、建图、定位导航、基础设施监测、险情搜救等任务也是学界和工业界研究的一大热点。

1.2 国内外无人平台发展现状

传统测绘中，室内外建筑测量主要采用站式测量方法，如经纬仪、全站仪等。随着激光测量技术的发展，衍生出了站式地面三维激光扫描系统（Terrestrial Laser Scanning，TLS）。这种站式扫描的方式虽然能够获得较高精度的测量结果，但其设站复杂、操作不便、时间成本高、扫描灵活性差、易被遮挡的缺点使得学界开始思考能否对一个场景进行移动观测，于是地面移动测量系统应运而生。地面移动测量系统可以分为无人车平台和小型无人平台。无人车平台最初设计用于采集城市大场景数据，后出于对小场景和室内测量的需要，又研制出了小型无人平台，对无人车难以进入的小场景和室内场景进行测量。小型无人平台具有设计成本低、操作简便、测量灵活的特点，因此，在小场景和室内测量建图中的应用卓有成效，是当今并行定位与建图算法和室内建图领域的热门研究方向。

1.2.1 车载移动测量平台

移动测图平台的研究始于20世纪80年代末，用于实现城市三维空间数据的迅速获取。1990年，美国俄亥俄州立大学研制出第一台移动测图平台GPSVan[3]，如图1.1(a)所示，该平台搭载着由GNSS接收机和惯性测量系统组成的定位、定姿模块，以及由扫描仪和光学相机组成的数据采集模块，这两部分共同构成一套完整的应用于城市室外场景数据获取的移动测图系统。该系统的研制成功宣告着移动测量技术蓬勃发展时代的到来。国内也于2002年开始着手移动测图平台的研发与研制，最早由武汉大学李德仁院士及其团队牵头，研发出具有自主知识产权的首台移动道路测量车LD2000[4]。

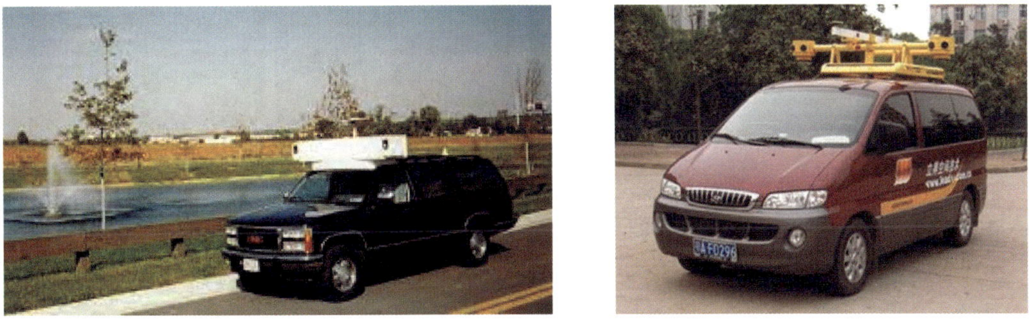

(a) 美国俄亥俄州立大学的GPSVan[3]　　(b) 中国武汉大学的LD2000移动道路测量车[4]

图1.1 移动道路测量车

在此后的十几年中，车载移动测量平台得到了很大的发展，主要分为以单一传感器为主的测量系统和多传感器融合的感知系统。以单一传感器为主的测量系统以视觉系统为主要研究方向，如Geiger等[5]在2013年提出了KITTI数据集用于室外并行定位与建图（Simultaneous Location and Mapping，SLAM）算法的评估，也可以用于道路三维地图的生成(图 1.2)。该数据集采用一套纯视觉系统进行数据采集,可以用于后续的立体视觉、深度估计、目标检测、语义分割和三维重建等操作。该平台主要采用 2 个彩色相机和 2 个灰度相机作为纯视觉数据的采集设备,并有三维激光扫描仪和 GPS/IMU 组合导航系统获取的数据作为真值,这也是近几年视觉感知系统的标准数据集。

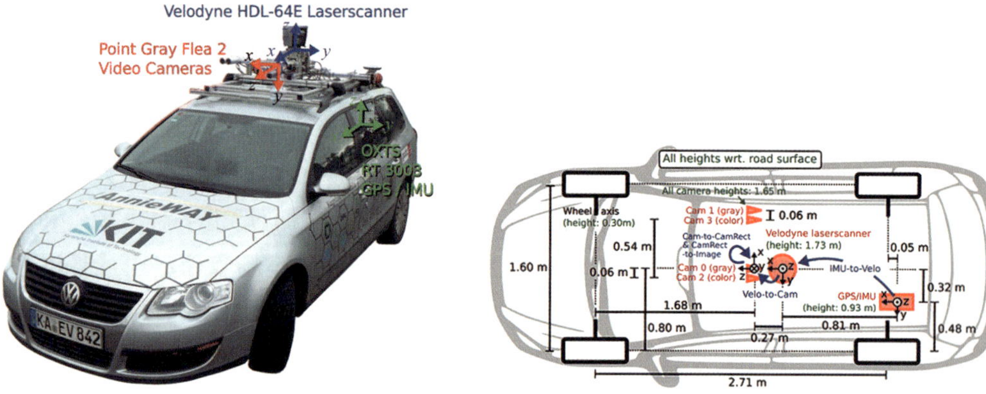

(a) 移动测量车总体概览　　　　　(b) 具体传感器设置

图 1.2　KITTI 数据集的移动测量车[5]

此外,除了仿视觉类的前视双目、多目相机组合外,还有基于全景相机平台的纯视觉平台。Lee 等[6]在 2016 年提出了利用多相机组合系统的方式,分别在车体的前、后、左、右四个方向设计了 4 个分离的鱼眼相机,用于获取整车行驶过程中的全景视觉信息(图 1.3)。该平台利用 Plücker 坐标和 Plücker 线的方式得到了平台位姿估计的最小解,实现了移动测量平台的定位定姿。

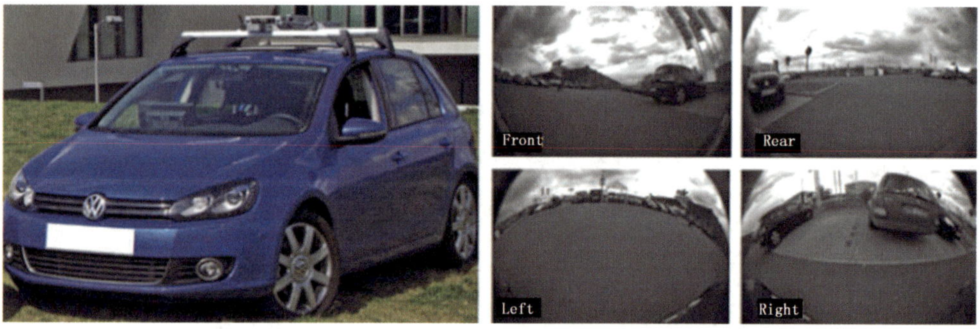

图 1.3　基于鱼眼相机组合的全景移动测量平台[6]

为了获取更多的采集信息,多传感器联合感知的方式也是目前移动测量平台的一大热点。Cui 等[7]在 2017 年提出了一种全景相机和激光雷达联合测量的方式。该平台配置了 1 台 Ladybug3 全景相机、3 台低成本的 SICK 激光扫描仪和 1 个 GPS/IMU 组合导航系统(图 1.4)。通过基于线的激光雷达和全景相机的联合检校方法实现了平台的整体感知测量。通过多传感器组合的方式,建筑物外立面轮廓的提取精细度和准确度可以实现一定的提高。聂顺根等[8]在2020年提出了一种高精度的组合移动测量平台，该平台主要由1台Z+F激光扫描仪、1台Ladybug全景相机、1台GNSS接收机和1个IMU组成（图1.5）。通过激光扫描仪和全景相机联合标定可以实现对高精度激光点云的赋色工作，在三维点云重构方面可以实现厘米级的高精度建图。

（a）车体概览

（b）传感器细节

图1.4 激光雷达全景相机组合平台[7]

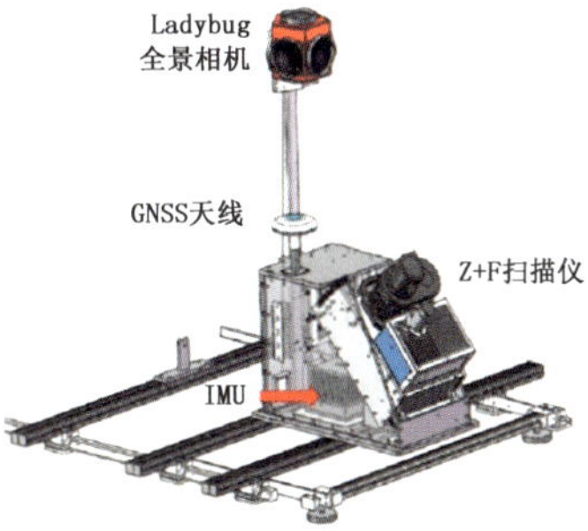

图1.5 多传感器组合平台细节[8]

1.2.2 小型无人平台

车载移动测量平台虽然能在道路场景和城市大尺度场景中取得比较好的测量效果，但其由于体积的限制，无法应用于室内场景的测量。如何精准测量室内空间，得到高精度室内数据，实现高精度室内可视化表达是目前三维建图的重要组成部分。因此，作为缩小版的车载移动测量平台，小型无人平台在近几年的研究中也具有相当的热度。根据应用场景的不同，小型无人平台可以分为用于矿业测量和灾区搜救的履带式平台以及用于城市室内空间和室外小场景平坦地形的轮式平台。

1. 履带式无人平台

履带式无人平台在小型无人平台的研究中比较小众，该类平台主要用于矿业测量、搜救测量等复杂地形中的测量工作，如矿洞测量、坑道测量、废墟测量等。履带式无人平台主要有大型履带式无人平台（Large Unmanned Ground Vehicle，LUGV）和小型履带式无人平台两类（图1.6）。

（a）大型履带式无人平台

（b）小型履带式无人平台

图1.6 履带型无人平台[9]

大型履带式无人平台主要用于破除碎片和支撑作业以及远程结构作业。这类平台由三个主要部分组成，一是发动机部分，二是大型机械臂操作控制单元，三是实时感知平台。大型履带式无人平台最初由法国 Metalliance 公司为了商业目的而设计使用[9]，其实时感知平台主要由 1 个立体相机系统、2 个 GNSS 天线和 1 个 IMU 组成。GNSS 天线可以实现对履带式无人平台的精准定位，IMU 可以实现对履带式救援车的定姿，立体视觉系统可以实现对救援场景的点云地图构建和实时避障功能，其前后还搭载了两个激光测距仪用于检测障碍物。

小型履带式无人平台相较于大型履带式无人平台搭载了更多的传感器。这类平台利用 GPS/IMU 组合实现定位和定姿，并装载了第二代 KINECT 双目相机用于生成稠密点云地图用于导航和避障，其前后各搭载了一个激光测距仪用于避障。平台后部还搭载了一台 RGB 相机用于提供后向视野。这类小型履带式无人平台可用于城市灾难的搜救工作。

2. 轮式无人平台

轮式无人平台是城市室内空间和室外小场景的重要测量工具，从 20 世纪 80 年代以来，随着城市化的快速发展，人们对室内空间感知的需求日渐增加，关于室内无人平台的研究开始逐渐得到发展。1983 年，Moravec[10] 在卡内基梅隆大学的机器人实验室研制了最早期的室内无人平台 CMU Rover(图 1.7)。这个平台包括 1 个运动控制单元和 1 个闭路电视摄像头，可以实现灵活的全方向转向和基础的前进后退等操作，这与当今的轮式无人平台已经十分接近。在此之后，轮式无人平台主要按照运动控制单元加传感器选配的方式发展，主要有单一传感器和多传感器集成两种不同的组装方式。早期的无人平台大多使用单一传感器作为感知模块，用于执行室内导航、路径规划、简单室内建图等任务。Ye 等[11]在 2004 年设计了单一激光测距仪传感器的平台(图 1.8)进行室内测图，该平台利

(a) 无人平台的外观

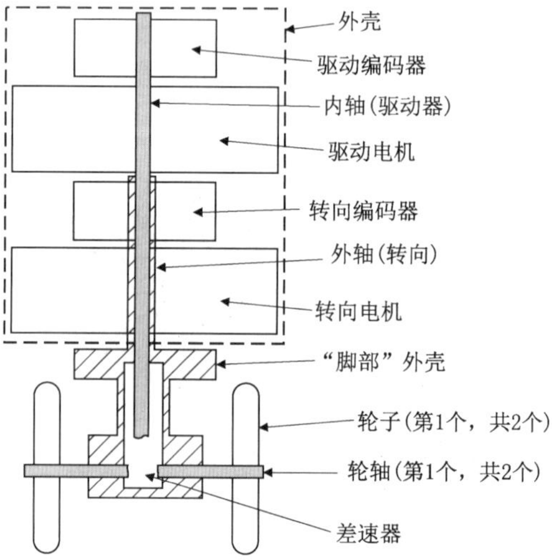

(b) 无人平台的结构示意图

图 1.7　室内无人平台[10]

用二维激光测距仪不断向前发射的脉冲光束实现了简单的室内地形的测图工作，并采用 CAS 滤波器对构建的高程点云图进行了优化。Ko 等[12]提出利用双目立体视觉的方式构建二维地图并进行路径规划，通过有序的人脸移动检测方法获取深度信息，并估计人与机器人之间的距离，然后检测出场景中的三维物体，最后根据对上述数据的分析实现二维地图的构建和机器人的实时路径规划。SLAM 技术出现后，产生了利用 SLAM 技术对室内外空间进行建模的无人平台。Montemerlo 等[13]在 2006 年提出了利用 SLAM 技术和小型无人平台构建建筑物三维点云模型的方法，利用 GPS 和 IMU 获取平台位置和姿态，采用 SLAM 技术对斯坦福大学校园内的小型开放场景进行了测量和建图(图 1.9)。

图 1.8 搭载激光测距仪的无人测图平台[11]

图 1.9 Segbot 机器人测图平台外观和建图结果[13]

随着传感器技术的发展及其成本的降低，无人平台开始搭载更多的传感器，传感器多源融合测量成为目前无人平台设计和建图的一大热门方向，各种传感器的组合方式层出不穷。

Shamseldin 等[14]设计了利用伪 GNSS/INS 框架结合 LiDAR 进行测量的平台和方法，实现了 GNSS 信号丰富区域和 GNSS 信号失锁区域都可以使用的移动测量平台(图 1.10)。Nam 等[15]提出利用 RGB-D 相机和激光测距仪(Laser Rangefinder, LRF)相结合的方式进行室内测图和导航，将通过 RGB-D 相机获取的深度信息投影到无人机获取的先验地图上，使机器人移动到预定位置，并获取场景的 2.5D 高程地图(图 1.11)。此外，还有利用 IMU/LiDAR 组合、IMU/视觉组合的方式提高在室内无 GNSS 情况下的位姿精度，利用视觉传感器和激光传感器进行配准进而实现激光传感器实时配色等多传感器融合定位与建图的方式。

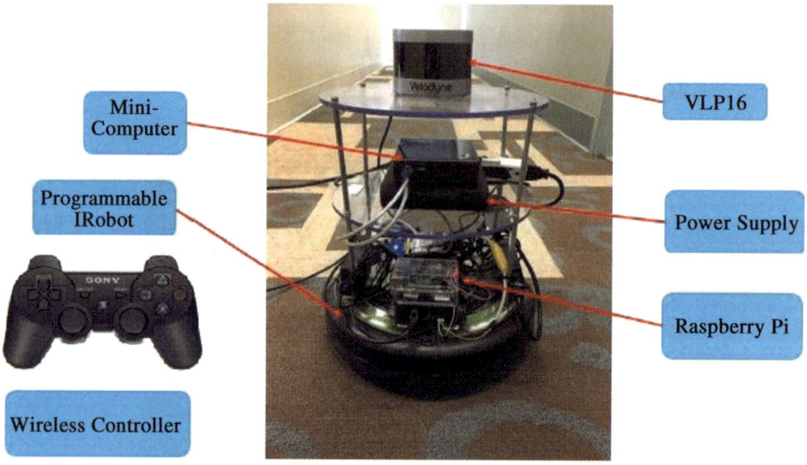

图 1.10　Roomba iCreate2 伪 GNSS/INS 移动测图平台[14]

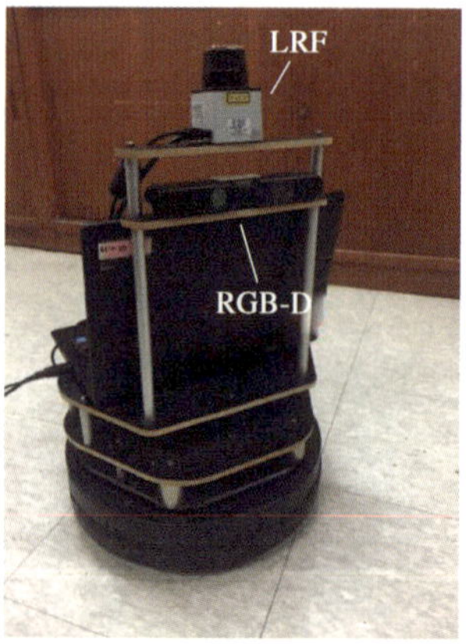

(a) 无人平台结构图

(b) 无人平台 RGB-D 相机得到的点云场景

图 1.11　LRF-RGB-D 组合无人平台[15]

1.3 无人平台并行定位与建图技术概述

1.3.1 视觉并行定位与建图算法

并行定位与建图这一概念自 1986 年在机器人与自动化会议上被提出以来，一直在相关研究领域受到广泛关注。相关的研究希望机器人从未知环境的未知地点出发，在运动过程中通过重复观测到的地图特征确定自身位置和姿态，再根据自身位置增量式地构建地图，从而达到同时定位和建图的目的[16]。经过近三十年的发展，V-SLAM 的相关研究在理论和实践上取得了很大进展，已被应用于不同类型的机器人系统，如无人驾驶汽车[17]、无人机[18]、深空探测车[19]和水下机器人[20]等。

目前，V-SLAM 研究根据算法架构的不同可以分为两类：基于滤波(Filter)的方法和基于关键帧(Key-frame)的方法。早期的 V-SLAM 研究多基于滤波方法，如 MonoSLAM 采用的是卡尔曼滤波(Kalman Filter)[21]。卡尔曼滤波是一种利用线性系统状态方程，通过系统输入、输出的观测数据，对系统状态进行最优估计的算法，由于观测数据中包含噪声和干扰的影响，所以，最优估计也是一种滤波过程。在 MonoSLAM 中，利用卡尔曼滤波对环境向量和每一帧相机的位姿向量进行最小均方误差估计，以减少服从高斯分布的噪声对结果的影响。而基于卡尔曼滤波的 V-SLAM 方法最大的缺陷在于：该方法在计算协方差矩阵时计算量较大，其计算复杂度为 $O(n^2)$，其中，n 为环境特征点数量。当场景点数量增加时，所需计算量呈二次方增长，极大地限制了基于卡尔曼滤波的 V-SLAM 方法的应用场景。此外，由于无人车平台的运动模型与观测模型一般为非线性，卡尔曼滤波方法需要利用观测方程的一阶泰勒展开式近似表示非线性观测模型，这将会引入线性化误差，影响算法的精度[22]。

随着滤波方法的发展，在早期 MonoSLAM 的基础上，基于滤波的 V-SLAM 方法也得到了改进。张文玲等[23]在 2010 年针对无迹卡尔曼滤波(Unscented Kalman Filter, UKF)缺乏在线自适应调整能力的不足，提出了将强跟踪滤波(Strong Tracking Filter, STF)与 UKF 相结合的 V-SLAM 算法，该算法对 UKF 中每个采样点采用 STF 进行更新，获得优化滤波增益，抑制噪声对系统状态估计的影响，使系统状态估计迅速收敛到真实值附近。FastSLAM 采用粒子滤波器(Particle Filter)，将运动估计和建图过程拆分，使计算复杂度降低为 $O(m \lg n)$，其中，m 为滤波器中的粒子数量，n 为场景点数量[24]。尽管如此，FastSLAM 还远未达到实时运行的要求，并且 Strasdat 等[25]进行的一系列蒙特卡罗实验表明，在计算资源相同的条件下，基于滤波方法的定位精度低于基于关键帧的 V-SLAM 方法的定位精度。

基于关键帧的 V-SLAM 方法，考虑到序列影像的高重叠度造成的数据冗余，仅选取邻近帧中具有代表性的关键帧进行处理。在降低了数据处理频率的基础上，基于关键帧的 V-SLAM 方法可以使用计算更复杂但精度更高的优化算法，如光束法平差等。在基于关键帧的 V-SLAM 方法中最具代表性的是牛津大学 Klein 等[26]提出的并行跟踪与建图(Parallel Tracking And Mapping, PTAM)方法。该方法首次提出将定位与建图进行并行化处理，根据目前已经成熟的 CPU 并行运算技术，利用多核 CPU 开启两条线程同步运行，其中一条线程用于实时影像自定位解算，另一条线程利用筛选的关键帧进行建图。该方法提出的异步并行的架构是基于对序列影像数据的观察，连续数帧影像的视野通常对应的是场景中的同一区域，因此，利用连续帧影像重建场景时存在大量重复观测和数据冗余，并且连续帧影像间的视差基线不足也会影响场景重建的精度。而 PTAM 算法在保证定位频率不变的前提下，利用关键帧技术降低了建图更新的频率，减少了数据冗余，并且释放了计算资源。在相同条件下，对比 PTAM 算法与基于滤波的 EKF-SLAM 算法[27]，在定位精度方面，EKF-SLAM 算法的定位误差为 135 mm，而 PTAM 算法的定位误差为 6 mm；在还原场景地图方面，PTAM 算法还原了场景中 6 600 个特征点，EKF-SLAM 算法仅还原了 114 个特征点。除此之外，PTAM 算法对平台和运算资源的依赖程度较低，Klein 等[28]根据并行架构，通过调整模型参数，降低模型计算复杂度，在智能手机平台上实现了 PTAM 算法，利用手机摄像头进行拍摄，并在手机处理器上进行运算，尽管计算结果劣于在电脑上得到的结果，但它证明了该架构在小型移动设备上应用的可行性。

在 PTAM 方法建立的并行框架基础上，相关的研究提出了大量衍生方法，这些方法根据选用特征方式的不同，可进一步分为间接法和直接法。间接法首先从影像中提取和匹配相应特征，再以影像特征的匹配关系恢复影像之间的几何关系。而直接法是直接以影像的像素为基本研究对象，通过影像卷绕（Image Warping）的方式关联影像，再以最小化同名像素之间亮度差异为目标构建优化方程来估算影像间的相互位姿关系。由于该优化目标方程为非线性方程，因此，通常采用高斯-牛顿法（Gauss-Newton）或列文伯格-马尔夸特法（Levenberg-Marquardt，LM）进行求解。根据直接法和 PTAM 的架构，Newcombe 等[29]提出了稠密跟踪与建图（Dense Tracking And Mapping，DTAM）算法，利用影像中的每一个像素点生成稠密的深度地图，通过优化全局空间秩序能量泛函来减小建模误差，并通过 GPU 硬件加速实现实时运算。随后该方法被应用于无人机平台[30]，但无人机平台本身由于计算资源有限，仅运行自定位算法，而计算复杂度较高的地图重建算法则在地面服务器上运行，二者之间通过无线传输进行数据交互，这也进一步验证了并行架构在应用方面具有较高的自由度和实用性。考虑到定位过程中存在的尺度漂移问题，Engel 等[31-32]提出了应用李代数描述相似变换的 LSD-SLAM（Large-Scale-Direct SLAM）方法，该方法不仅修正了单目影像造成的尺度漂移问题，同时也基于 CPU 优化了地图中深度噪声的处理方法，减少了直接法对 GPU 的依赖。相比于间接法，直接法的优点在于其所采用的影像信息更加完整，相应地，其建立的场景模型包含的三维点更加密集，尤其是在弱纹理环境中能更真实地反映现实场景。但是直接法假设序列影像间的基线较小并且环境光照恒定，保证两帧影像像素亮度的差异仅由影像的几何关系决定。而当序列影像运动幅度较大时，直接法优化函数的非凸性将导致基于梯度下降的优化方法陷入局部最优；当环境的光照变化或影像产生一定模糊时，直接法的精度和鲁棒性将受到严重影响。除此之外，直接法构建的场景地图点缺少特征属性，因此无法进行闭环检测和地图重用。

间接法使用影像特征代替像素亮度以克服直接法的缺点，常用的影像特征如 SIFT[33]、SURF[34]、BRIEF[35]和 ORB[36]等对光照变化以及影像姿态和尺度变化均具有一定的鲁棒性，为定位解算和建图提供了良好的影像关联。基于间接法的 PTAM 框架如图 1.12 所示，在获取新的影像后，首先根据特征提取和匹配建立该影像与前一帧影像的关联，再通过定位算法估算两张相片的几何关系[37]，并以这种逐帧渐进的方式估算序列相片的位置与姿态。以一定的规则如与前一帧的距离和时间等条件，判断该影像是否为关键帧。若不是关键帧，则继续估算新影像的位置进行影像定位；若是关键帧，则根据三维重建算法[38]，恢复关键帧中特征的三维信息。若特征点是新的三维点，则扩展当前地图；若不是，则优化当前地图。

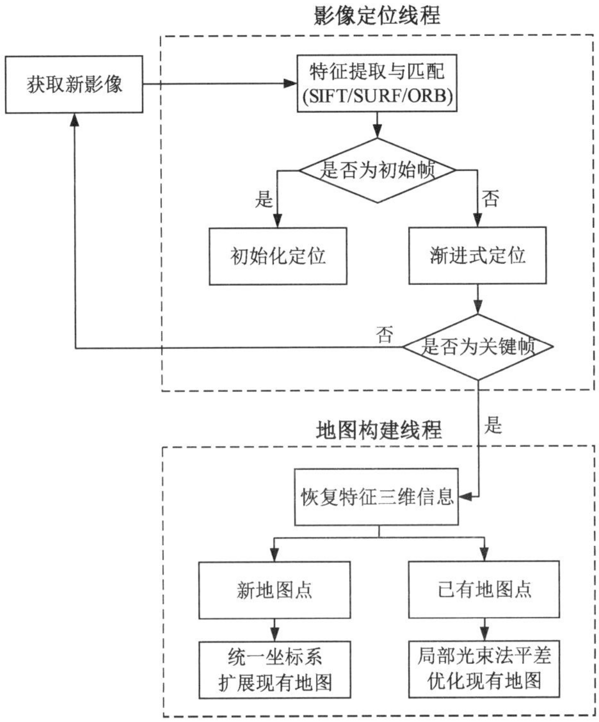

图 1.12　间接法 PTAM 算法的基本框架

在此框架基础上，大量的研究针对间接法 PTAM 算法进行了优化，并且进行了相关的扩展，以提高整体系统的效率、精度和鲁棒性。在自定位算法的影像特征提取与匹配中，经典的 SIFT 特征提取算法，尽管匹配精度较高，但计算效率低下，因此，SURF、BRIEF 和 ORB 等算法通过降低特征描述的维度，以二进制表述特征的方式提高特征提取的效率，再配合高效的特征匹配算法如 FLANN[39] 和 KD-tree[40]，大幅提高了特征提取和匹配算法的效率。根据这些高效的特征提取和匹配算法，后续的研究[41-42]相继实现了实时自定位算法。在估算两帧影像的相对几何关系时，Forster 等[18]假设影像中存在主平面，通过求解单应矩阵恢复运动参数，而 Lim 等[41]、Tan 等[43]利用五点法[44]求解基础矩阵来恢复运动参数。考虑到由于影像存在遮挡而导致定位中断的情况，Mur-Artal 等[45]通过建立场景地图与影像的关联解算影像位置，并以此为基础继续定位，从而提高系统的鲁棒性。早期的关键帧选取的策略是谨慎地选取关键帧，以防止计算复杂度过快地增加，但这也降低了数据关联性，在复杂环境中可能导致算法中断。而根据 Strasdat 等[25]的研究，计算效率最高的方式是在保留地图的前提下，仅保留足够的无重复关键帧。据此，Mur-Artal 等[46]提出了在计算资源足够的前提下，尽量多地插入关键帧，然后移除重复的关键帧，以避免增加计算复杂度。这种关键帧提取策略被证明在复杂环境中更具有鲁棒性。

PTAM方法构建的地图受影像观测噪声的影响存在一定误差，通常根据光束法平差对影像定位结果和点的三维坐标进行联合优化，以提高结果的精度。一般情况下，并非所有点都能被同一影像观测到，因此，其投影关系矩阵为稀疏矩阵，基于这个条件，Lourakis和Argyros[47]提出了稀疏光束法平差（Sparse Bundle Adjustment，SBA），通过舒尔补（Schur Complement）的方式快速求解更新量。尽管稀疏光束法平差的效率较高，但其计算量随着影像数量和点数量的增加快速增长，因此，Leutenegger等[48]提出了基于边缘化（Marginalization）的开窗光束法平差（Window Bundle Adjustment），边缘化序列中较早的变量仅更新较新的变量，以维持计算量的平衡。

渐进式影像定位方法无法避免引入定位的累积误差，对此，Strasdat等[49]于2010年在间接法PTAM的架构上，通过识别平台在运行中重复访问的场景形成闭环（Loop-Closure），并且基于位姿图优化（Pose Graph Optimization）理论来优化平台的位姿，减小闭环差，以修正定位的累积误差。在此基础上，Strasdat等[50]在2011年引入共同可见图（Covisiblity Graph）的概念，仅在可见图中识别闭环，而不是在全图中识别，提高了识别效率。此外，通过双重循环设计，在外部循环中优化全局地图的位姿图，在内部循环中采用光束法平差的方法优化局部环境地图。

分析和比较现有的V-SLAM研究，基于间接法的PTAM架构对平台的运动方式以及环境的变化具有更高的鲁棒性，并且能够通过闭环的方式修正定位的累积误差，以提高定位的精度，因此，对于复杂环境下无人车定位与建图问题更适用。尽管现有的基于PTAM架构的算法具有较高的鲁棒性，但某些复杂场景的特殊结构以及视觉表现，例如地下场景的低光照和相似结构以及开放道路环境中的移动目标等，均会对定位和建图造成一定影响。因此，本书将通过扩展相机数量增加系统获取的有效场景信息，并有针对性地提出优化算法，以提高并行定位与建图系统在复杂环境中的精度和鲁棒性。

1.3.2 视觉鲁棒估计算法

随着特征提取与匹配研究的深入，匹配的效率和精度都有所提升，但由于点特征算法本身的局限性，原始影像特征匹配的结果中不可避免地包含错误匹配（粗差），而一般的相机运动状态估计算法是基于最小二乘算法或奇异值分解算法，不具备抗差性。因此，近年来，鲁棒估计算法一直是并行定位与建图领域的研究热点，其中最常被使用的粗差剔除算法是由Fischler和Bolles[51]在1987年提出的基于假设检验的随机采样一致性算法（Random Sampling Consensus，RANSAC）。RANSAC算法是从混有粗差点的数据集中解算模型参数的经典算法，其基本思想是采用迭代的方式，随机选择数据中的子集，并解算假设的模型参数，利用剩余的数据检验假设的模型参数。该过程会被重复执行若干次，被最多数据支持的假设模型即最优模型。由于RANSAC算法建立在概率模型的基础上，它产生的模型是一定概率下合理的结果，虽然每次运行的结果不一样，但在迭代次数足够的前提下，RANSAC算法可以得到稳定的结果。

在经典的RANSAC模型中，理论迭代次数由随机抽样子集的大小、数据集中粗差点概率的先验信息以及结果正确的期望概率决定。但在复杂环境中，受人造地物中的重复结构、外界光照变化、观测角度变化等因素的影响，特征匹配包含的粗差比例较高，且粗差点概率的先验信息不准确。若给定较少的迭代次数，将导致模型解算失败；若给定较多的迭代次数，又将极大地降低算法效率。因此，从实际应用出发，相关研究在经典RANSAC模型的基础上对算法的效率、鲁棒性和精度进行了优化和改进。

对经典RANSAC模型的改进可以分为原始数据预处理、非随机数据采样、简化模型检验和模型优化四个方面。由于RANSAC算法的效率与原始数据的粗差点概率密切相关，因此，通过一定的方法对原始数据进行预处理，降低粗差点概率，将能提高RANSAC算法的效率和鲁棒性。根据这个结论，Sattler等[52]提出了SCRAMSAC改进算法，该方法通过空间一致性滤波，对原始数据进行筛选，并预先剔除明显不相容的同名点对，进而提高后续粗差剔除的效率。考虑到在相机运动估计问题中的原始数据为同名点对，Jung和Lacroix[53]提出鲁棒的特征点匹配算法，Cech等[54]提出根据序列影像约束提高匹配成功率的方法，这两种方法都可以作为RANSAC算法中原始数据的预处理方法，能起到清理原始数据、减少匹配粗差的作用，但是这类方法也相应地减少了部分正确匹配，某些情况下将导致特征数量稀少，不足以进行定位与建图。

经典的RANSAC算法由于缺少对原始数据的观测，因此，采用随机的方式进行数据采样。而在实际情况中，根据观测值或先验知识，原始数据中的某些数据应该被优先采样，这样有利于尽早生成正确的模型。Chum和Matas[55]提出的PROSAC算法根据同名点匹配的相似度设置相应的采样优选级，即匹配相似度更高的同名点将被优先采样。与随机采样的方式相比，这种采样方式能够提前生成满足条件的模型，从而提高粗差剔除算法的效率。在实际应用中，这种采样方式在大多数情况下能够有效提高效率，但是当场景中出现重复结构时，仅凭匹配相似度无法分辨粗差点，该方法将不再有效，并且该方法排序的数据点在空间上较为集聚，可能会导致模型奇异的情况。Ni等[56]提出的GroupSAC算法是基于原始数据中内点更加相似的特征，对原始数据进行分类，并根据分类情况引导采样过程，以实现提高算法效率的目的。在实际应用中，该方法能够提升采样效率，但同时由于原始数据的分类方法，如影像分割算法，需要大量运算，影响了整体粗差剔除算法的效率，降低了算法的实用性。

对简化模型检验的研究包括Preemptive RANSAC算法[57]，该算法从剩余数据点中采样一个数据进行检验，并剔除一致性最差的模型，当仅有一个模型或剩余点都检查过时终止迭代。该方法由于所需的检查次数一定，因此适用于实时模型解算。通过模型测试步骤判断假设模型是否需要进一步接受数据点检验，利用空间交会点必须被相机可视的限制条件，预先剔除不合理模型，从而减少数据点检验的计算量[58]。

模型优化最经典的改进算法为Chum等[59]在2003年根据局部最优的策略减少噪声影响而提出的LO-RANSAC (Locally Optimized RANSAC)算法。该算法以当前最优的模型参数为初始值，利用该模型对应的内点优化模型参数，以减少数据噪声对模型参数的影响，并且相应地获得更多数量的模型内点。对于现有 RANSAC 算法的诸多改进，Raguram 等[60]提出了统一的 RANSAC 优化框架，将 RANSAC 算法分为不同的阶段，并结合现有的优化方法，综合考虑算法的鲁棒性和效率对整体算法进行改进。

改进的 RANSAC 算法的效率和鲁棒性都优于经典算法，但是由于算法框架本身的局限性，通过 RANSAC 算法得到的模型参数无法保证其具有全局最优性，并且当模型的采样子集较大时，RANSAC 算法仍需较多的迭代次数以保证结果的鲁棒性。针对 RANSAC 算法的局限性，Fredriksson 等[61]提出了具有全局最优性的相对定向估计算法，利用分支定界法(Branch and Bound，BnB)对解空间进行逐步分割和验证，最终得到与最多数量模型内点相符的全局最优模型参数。与 RANSAC 算法相比，该算法获得的参数具有全局最优性，同时算法的效率仅与解空间大小有关，与数据中的粗差比例无关，但是在大多情况下，该算法的计算效率低于 RANSAC 算法，并且需要根据实际问题参数化解空间以及设计验证方法。在后续的研究中，Fredriksson 等[62]将 BnB 方法扩展到内点比例小于 $1/n$ (n 为同名点对的数量)的未匹配的特征数据，仍能得到精确的相对定向参数，更进一步证明了 BnB 方法的全局最优性和高比例粗差条件下的鲁棒性。尽管该方法不是并行定位与建图研究中常用的鲁棒估计算法，但因其具有全局最优性以及极强的抗差性，常被应用于求解相对定向、三维点云拼接[63]和前方交会[64]等基础几何问题。此外，当 RANSAC 算法由于粗差比例较高而失效时，BnB 方法可以作为一种备选方案，可以确保整体系统在一些极端情况下的鲁棒性。然而，该方法目前仅应用于单目相机系统，现有的研究未能将其完全扩展至多目相机系统。

1.3.3 视觉室内多源融合点云重建

室内三维场景重构，即获取室内场景下地面、墙壁以及天花板等建筑部件以及其他室内物品的空间几何数据，再进行三维模型重构的过程。随着场景重构技术的发展，传统的二维平面数据难以满足越来越高的场景应用需求，三维重构成为当前热门的研究方向[65]。室内三维场景重构的第一步是获取室内场景的空间数据，目前使用最多的传感器包括光学相机、激光扫描仪等，不同传感器涉及的重构方法及重构效果也有所不同。研究已有三维重构技术可以辅助以三维重构为目标导向的室内测图机器人的传感器选型和工作模式设计，机器人三维重构结果又能佐证传感器选型的正确性以及联合标定的精度。

随着研究人员的不断深入，在地图获取以及三维场景重构领域的视觉应用得到持续的进步，设备从早期的单目视觉相机发展到多目相机、深度相机，由纯视觉发展到 IMU 辅助定位以及场景重构。近几年具有代表性的算法，如 Engel 等[31]于 2014 年提出的 LSD-SLAM(Large Scale Direct monocular SLAM)算法，降低了传统视觉重构算法的计算量，在 CPU 上即可进行半稠密单目 SLAM 场景重构。对于单目相机无法获取真实场景的实际尺寸以及运动模糊造成的特征匹配困难的问题，研究人员结合 IMU 来辅助视觉影像进行定位以及三维重构，代表性的算法有香港科技大学 Qin 等[66-67]提出的 VINS-Mono 算法，该算法融合了 IMU 的高频数据采集以及相机特征匹配精准的特点。尽管视觉传感器用于场景定位与重构的算法在不断提升，但光学传感器面对室内场景下光照条件不利情况的表现仍显不足，如相机由过曝到欠曝，在光线条件差的环境下，序列相片由于特征匹配困难无法或难以实现场景重建。

1.3.4 激光室内多源融合点云重建

激光扫描仪也是场景重构常用的传感器[68]，早期使用地基激光雷达获取场景的三维数据，经过一定的预处理后利用匹配算法将多站数据拼接起来，实现场景三维重构。Surmann等[69]将二维激光扫描仪固定在云台上组成一个室内三维点云获取平台，利用ICP算法匹配相邻帧的点云数据来重构场景。这种方法依赖于帧间点云的高精度匹配，为提高匹配精度，在后来的研究中，研究人员又做了许多点云匹配算法的改进，如依赖辅助数据的点云配准算法[70]和依赖法向量等特征的匹配算法[71]。在这些研究的基础上，基于激光的地图获取以及场景重构得以发展，一些优秀的激光三维重构算法也开始逐渐开源，经典的开源算法包括谷歌的激光 SLAM 框架 cartographer[72]和卡耐基梅隆大学的 LOAM 算法[73]，这些出色的开源框架为后来的研究人员提供了很多思路以及基础源码，为基于激光的三维重构技术的发展作出了巨大的贡献。激光的应用很大程度上仍受限于高昂的价格，随着工业水平及制造能力的提升，激光的性能持续提升而价格不断下降。2019 年，Velodyne 公司宣布将旗下 16 线激光雷达的价格调为原来的 50%。未来激光在室内三维重构方面的应用将会越来越普及。

随着多传感器集成应用的发展，利用不同类型的环境感知传感器组合进行场景重构的方法也得到尝试，并取得优异的成效。利用多传感器融合进行空间数据获取以及建模的效果要优于单传感器[74-76]。不同传感器各具特色，如激光传感器可获取高精度的几何信息；视觉传感器获取的影像数据包含色彩和纹理信息，且地物间的拓扑关系可有效保存；IMU 具有稳健、不易受外界干扰的数据采集能力[77]。利用多传感器组合的方式能够有效提升系统定位、场景重构能力，但当前仍存在着如何组合多源传感器、如何融合多源传感器所提供的信息等问题[78]。学者们围绕传感器的组合进行了尝试，并取得了阶段性成果。

在定位方面，Zhang 等[79]提出了低漂移、鲁棒的视觉-激光里程计和构图方法 V-Loam，该算法自 2015 年提出以来一直是 Kitty 数据集算法测试中最佳的里程计，室外场景定位精度达到 0.54%，旋转精度达到 0.001 3°/m[80]。Tong 等[81]开发出视觉与惯导紧耦合的算法，取得了较好的传感器融合效果，融合定位精度远优于单传感器。2019 年，李帅鑫等[82]针对激光旋转估计不精准、观测数据不充分等特点添加了 IMU 进行信息补充，在线、面特征丰富的室内场景下可达到厘米级的定位精度以及优异的建图结果。

在场景重构方面，2016 年，周振华[83]提出激光-视觉融合的三维重构方法，对激光获取到的点云进行三角网格划分，并辅以视觉影像贴图，生成室内场景点云。2017 年，Martin 等[84]提出将单目影像与激光雷达组合，通过激光雷达获取全局场景较为稀疏的深度信息，建立激光点与影像像素的关联信息，利用卷积神经网络进行训练，进而对每个像素的深度值进行估计，重构局部区域的深度信息，实现局部场景重构。2019年，Li等[85]将单目视觉与激光雷达结合起来，并结合不同传感器的优势，实现了稠密表面重建，其精度和完整度均优于单传感器。

已有的经验表明，多传感器组合用于室内三维场景重构具有非常大的潜力[86]。合适的传感器配置能将传感器的优势有机地融合在一起，能够取得良好的定位以及场景重构效果，反过来思考，良好的三维重构效果亦能证明传感器配置的合理性以及传感器的检校精度。

1.4 无人平台点云建模应用

1.4.1 点云语义分割

城市场景应用需求推动了大规模城市场景点云智能处理和分析的发展。语义分割作为点云智能处理和分析的基础，已成为遥感、计算机视觉、模式识别等领域的研究热点，具有广阔的应用前景[87]。点云语义分割的目标是对每个点赋予一定的属性或类别。目前，基于图像的城市场景语义分割发展迅猛，但由于图像本身的不足，其在语义分割方面仍存在一定的局限性。而点云可以表达物体表面丰富的空间信息，激光点云技术的发展较好地弥补了图像的不足。激光点云数据采集是一种主动、非接触式的采集方式，其不受光照条件以及外界环境干扰，同时可以精准、高效地获取没有尺度变化的物体表面的点云数据。因此，基于点云的语义分割研究受到了越来越多学者的关注。

点云获取方式和平台的多样化发展提高了点云数据的完整性，使得点云能够更加全面地表达对象的细节。然而，点云获取方式和平台的多样性也使得点云数据质量、表达方式、采样粒度等存在着较大的差异，不同点云间的空间基准、尺度等也存在不一致的情况，这给点云数据的智能处理带来了巨大的挑战[88]。因此，亟须发展智能化的点云语义分割算法，为基于点云的场景智能理解提供重要支撑。

在过去几年中，点云的自动化处理算法主要基于经典机器学习的方法，该方法依据先验知识从定义的邻域点云中提取低级、局部几何特征，再利用支持向量机、随机森林、决策树等方法进行分类[89-90]。这类算法易于实现，在表达点云局部特征方面具有一定优势，其性能主要取决于邻域的定义和特征提取[91-92]。随着点云采集平台的多样化发展，点云的规模越来越大，点云的场景也越来越复杂。采用人工设计特征的模型去处理海量点云数据，效率相对较低，同时，模型面对复杂、动态的城市场景时鲁棒性较差[93]。

深度学习技术在图像智能理解上的成功使其在三维场景理解上引起了巨大的关注。深度学习模型由于稀疏化、非结构化、无序的特点，无法直接对点云进行端对端的训练。为了能够利用卷积神经网络直接处理点云数据，更多学者尝试将点云转换为规则化的数据，再输入神经网络中。目前常用的转换形式有多视图、体素化等[87]。多视图的基本思想是将点云投影到二维平面，利用投影形成的影像进行训练，实现点云的智能理解。体素化则是将点云划分成体素，利用三维卷积神经网络进行特征提取和分类。然而，多视图和体素化均会造成点云的信息损失，并且通常会占用较大的内存，处理效率不高[94-95]。因此，Charles 等[96]提出了 PointNet 架构，使用多层感知机和最大池化操作直接从原始点云中提取特征，并进行语义分割。该框架结构简单，保证了学习顺序不变的点向特征，并在点云分类、语义分割等多项任务中取得了较好的效果。受 Charles 等的启发，学者陆续开发了基于局部特征提取的方法、基于图理论的方法、基于注意力机制的方法[4]。这些方法大多沿用了 PointNet 的框架，在输入阶段均需要对点云进行分块，每次只能处理几千个点，对于大规模城市场景点云的处理效率有待进一步提升。为了进一步提升大场景点云的处理精度和效率，学者尝试直接处理大规模点云的方法[4, 97]。Landrieu 等[97]提出了一个超点图结构（Superpoint Graphs, SPGs），其依据对象的几何相似性来构建超点图，然后利用图卷积网络进行分类。SPGs 建立了相邻点之间的关系，可以实现数量在百万级别的点云分类。

1.4.2 室内点云部件应用

1. 点云部件语义分类

近年来，室内定位、建模等在测绘、计算机视觉和智能机器人等领域得到了广泛的关注[98-104]。室内部件点云的分类是其中研究的关键技术之一，在室内场景的理解中发挥着重大作用，在理论研究和实际应用中具有重要意义[105]。点云分类的核心思想是使用特定的分类器对某一对象（如点云）赋予一个类别语义标签[106]。在点云分类中，采用不同的特征提取算法和分类器，在特征空间水平上显示出不同类别对象之间的差异。与室外场景[107-108]相比，室内场景部件点云分类难度较大，原因在于室内场景环境狭窄、结构特征多样、障碍物较多。

目前的点云分类研究可以分为两类：传统的分类方法和基于深度学习的分类方法。

传统的分类方法主要采用手工形状描述符作为特征向量来学习和构造基于机器学习的分类器，用于特定识别任务中的分类[109-111]。Chen 等[112]提出了局部表面斑块的概念，这是一个二维直方图，由根据参考点法线及其相邻点之间的主曲率和角度计算出的形状指数组成。Johnson 等[113]引入旋转图像，基于点云分布描述特征，在局部圆柱坐标系中使用直方图统计邻域点分布。此外，热核特征[114]以传导时间作为尺度，通过描述任意点的邻域点到该点的热传导来表征该点周围的形状特征。点特征直方图（Point Feature Histograms，PFH）[115]是在多维直方图中统计三个角度值，这些角度值是邻域中每个点的法线与局部坐标系各坐标轴之间的夹角。快速点特征直方图[116]是 PFH 的简化和优化，减少了计算量。这些特征提取方法的可拓展性不高，针对不同的分类任务，很难找到最合适的特征表示方法[117]。

常见的机器学习方法包括支持向量机（Support Vector Machine，SVM）、决策树、随机森林（Random Forest，RF）和其他分类器。它们旨在建立分类规则或概率函数，根据特征差异确定语义标签。①支持向量机使用不同的内核函数[118-119]寻找可以有效分离类的最佳超平面。尽管支持向量机适用于小样本的分类，但它对参数和内核函数的选择非常敏感[120]。②决策树通过训练数据并建立分层的二叉树模型进行分类，从而可以基于先验知识实现分类[121]。它还可以实现高维数据快速、准确的分类，但容易过度拟合，并且信息获取偏向于数量多的类的特征[122]。③随机森林是一种集成学习方法，它使用一组决策树，为每个类提供特征重要性的度量，并在大型数据集上高效执行[123]。它减少了过度拟合，但在区分相似类和不同类的特征时效率低下。

传统分类方法依赖于特征描述符，仅对特定问题或满足特定条件时才有效[124]。因此，基于深度学习的点云分类方法引起了研究者极大的兴趣，许多基于深度学习的分类方法涌现，极大地提高了点云的分类精度。基于深度学习的分类方法与传统的机器学习方法大为不同，它基于神经网络框架，通过训练来调整每一层网络的参数，以获得输入数据在不同特征空间的特征。深度学习方法会自适应地将原始数据转换为特征向量，然后通过全连接层和激活函数来实现分类任务。

用于点云分类的深度学习方法可分为三种：①将点云转换为体素表达进行分类；②将点云转换为二维视图进行分类；③直接对点云进行深度学习分类。Wu 等[125]和 Maturana 等[126]使用体素表示点云，构建了体素分类的框架，并通过学习复杂的特征分布实现了分类。在 ModelNet40 数据集上，二者的分类准确率分别达到 77%和 83%。Shi 等[127]和 Su 等[128]将点云投影到二维平面上，使用二维卷积神经网络完成分类，并在 ModelNet40 数据集上分别以 77.63%和 90.01%的精度实现了更优的分类性能。此外，Charles 等[96]提出了一种直接处理点云的深度学习方法，并在 ModelNet40 数据集上实现了 89.2%的分类精度。该方法通过多层感知器学习每个点的特征，然后使用全局最大池化层获得用于分类的全局特征。然而，PointNet 在捕获不同特征空间中的局部特征方面有所欠缺，这限制了其识别点云局部特征并将其推广到复杂场景的能力[129]。Qi 等[130]提出了 PointNet++，通过添加集成点云局部特征的功能，改进了 PointNet。PointNet++在 ModelNet40 数据集上的点云分类中具有更优的性能，准确率为 91.9%。随后，Li 等[131]提出的 PointCNN 通过 X 变换对输入数据进行正则化，以实现点排列的不变性并表示空间局部相关性，使用卷积神经网络提取特征，在 ModelNet40 数据集上实现了 92.2%的分类精度。

深度学习方法能够自动提取并学习点云的特征，完成点云分类任务。然而，这些深度学习方法需要大量样本进行训练，并且在现实场景中，不是所有的场景都有大量标记的样本用于训练，标记数据的工作也十分耗时耗力。

在训练数据少的情况下，小样本学习就显得尤为必要。人类在感知认知的过程中，也并非要学习成千上万的数据才学会辨别，例如看一两张椅子的图片或一两件实物便能辨别出椅子。同样，让机器学会以人类的方式进行学习，小样本学习也是必需的一部分。使用小样本学习进行分类的流程包括对数据集进行特征提取和设计分类器。小样本学习最初在二维图像分类和自然语言处理中流行。语义迁移被用于解决训练样本不足的问题，一些监督学习算法和非监督学习算法也被应用于小样本学习。Mensink 等[132-133]受聚类和度量学习方法的启发，研究了 K 近邻（K-Nearest Neighbor，KNN）和最近类均值

(Nearest Class Mean，NCM)分类器，基于 ImageNet 数据集，从每个类的语义描述中学习一个度量，并在学习和训练阶段共享参数，达到通过迁移学习实现小样本分类的效果。后来，小样本学习任务开始应用深度学习中的技术，例如，使用数据增强技术来增加样本的数量[134]，通过注意力机制[135]和记忆力机制[136]来提取图像特征，设计提取特征网络和分类器之间的映射关系[137]。

目前，二维图像分类任务中小样本分类方法的相关研究较多，而基于小样本学习的点云分类方法的研究还相对较少。因此，基于小样本进行室内场景部件点云分类的研究具有重要的研究价值与意义。

2. 点云部件检索

自 20 世纪 80 年代开始，部件检索技术开始在一些专业领域得到重视[138]，并有较好的实用价值。近年来，随着计算机软硬件的快速发展，室内场景部件三维模型的种类及数量都有了较大幅度的增长，在室内认知、建图、导航控制中的应用也日益广泛。如何在大量的室内场景部件中检索出所需要的目标对象，是室内场景部件检索的主要研究方向。

室内场景部件的检索与部件分类步骤相似，都要先提取特征，因此，部件检索技术的好坏很大程度上取决于提取的特征[117, 124, 139, 140]。部件检索主要分为基于文本的检索和基于内容的检索[141]。

基于文本的检索方式是最原始的检索方式，使用文本信息标注各个部件，通过文本实现部件的检索。这种检索方式简单，但鲁棒性差，主要体现在：①文本标注信息会因为不同人的语言文化和行为习惯等方面的差异而产生错误或者混淆[139]；②文本标注依赖于人的观察与分析，主观性强，同一意思可由不同文本表达；③三维模型包含丰富的空间和几何信息，文本表示的信息有限；④不是所有的模型都能通过文本得到很好的定义；⑤海量模型的信息标注会消耗大量的人力物力，且是一些没有技术含量的重复操作；⑥用户可能不熟知模型的关键字。因此，基于部件本身内容的检索已经成为主要的发展趋势[105, 142-144]。

基于内容的检索是指针对部件实际的几何形状、拓扑结构、颜色纹理等建立部件本身特征的多维信息索引，基于多维特征空间计算待检索部件与部件库中各个部件的相似度来完成部件的检索[139, 145]，而非人工主观描述部件信息。相较于基于文本的检索方式，这种通过特征相似度比较的方式完成检索的过程，与人们在现实生活中靠视觉印象的比较方式更为相似。根据部件信息表达方式的不同，基于内容的部件检索方法可分为基于二维视图的检索算法和基于三维模型的检索算法。基于二维视图的检索算法是将三维部件投影成二维视图进行表达，提取二维视图中的部件特征并进行相似度比较。基于三维模型的检索算法是将部件模型基于三维空间进行表示，一般以点和面的空间几何结构存储表面轮廓[146]，对三维部件进行局部特征和全局特征的提取并进行相似度比较。

在部件检索过程中，最关键的是提取部件的形状特征。基于内容的部件检索方法的特征提取方法因算法的不同可分为两种：二维形状特征和三维形状特征。

二维形状特征是基于部件投影的二维视图，在变换域或空间域提取部件的轮廓特征或区域特征。在变换域中，最典型的方法是使用傅里叶变换[147]进行特征提取。该方法先对部件投影的二维视图进行采样，然后基于采样点序列进行傅里叶变换，得到频域特征。空间域特征与变换域特征有所不同，空间域特征主要基于统计学方法，以二维视图像素分布的各种统计量来描述直方图等特征。该方法使用区域二值密度与形状上下文信息[148]对部件全局和局部特征进行描述。

三维形状特征主要有局部形状特征和结构特征两种类型。局部形状特征是采用几何分析的方法提取三维部件各个区域的特征。曲率作为描述某区域的平滑度的指标，被广泛用于三维部件局部区域特征的表示。Zaharia 等[149]利用曲率构造直方图来提取三维部件的特征，Smeets 等[150]将二维图像的 SIFT 描述子拓展到三维空间，用于检测曲率的极值点。此外还有将拉普拉斯-贝尔特拉米（Laplace-Beltrami）算子[151]与热核特征[114]用于局部特征提取的方法。结构特征则主要利用三维部件的拓扑结构进行特征表示。三维部件的拓扑信息可以用部件的骨架图或分割结构图表示。Goes 等[152]最先使用骨架图实现了部件检索，他们利用变分形状近似算法将三维部件分割，以提取部件的骨架，从而构造出部件的骨架结构并进行相似度分析来完成部件检索。分割结构图是将三维部件分为几个部分，通过分析各个部分的连接关系来定义部件的拓扑图，利用不同的图匹配算法[153]实现部件的检索。

近年来的研究主要围绕如何利用深度学习来实现三维部件特征的识别，适用于室内场景部件点云的检索方法主要包括基于体素的检索、基于多视角图的检索以及基于点云的检索，这部分的相关研究将在第 4 章进行相应的分析。

在部件检索系统方面，基于已有的研究与算法，一些检索系统原型和基于 Web 平台的检索引擎已经发布，较为经典的有美国普林斯顿大学研发的三维模型检索引擎、美国卡耐基梅隆大学研发的三维模型检索系统、德国莱比锡大学基于 VRML 模型库研发的在线三维模型检索系统、中国台湾大学研发的三维模型检索系统、谷歌三维模型检索系统等，实现了基于文本、二维草图、二维视图和三维模型四种方式的部件检索。

1.4.3 室内建图

室内地图作为空间信息的表达载体，在室内定位导航、定位服务和应急响应等领域发挥着重要作用。然而，随着城市的快速发展，大量建筑被新建或翻新，导致室内地图的制作速度无法跟上建筑的更新速度，目前仅绘制了数百万个室内环境中的一小部分[154]。如何快速生成几何精确的室内地图是一个亟待解决的问题，这引起了业界的广泛关注。

现有的室内地图采集解决方案主要分为两类：手动制图和自动制图[155]。手动制图主要是指谷歌地图、OpenStreetMap 等公司或志愿者手动勘测并上传数据。手动制图虽然可以解决室内数据采集的问题，但是比较耗费人力和时间。此外，地图的覆盖范围主要集中在大城市的大型公共建筑（如医院、商场等），无法满足各种场景的需求。自动制图是指自动测绘，即从激光点云、视觉图像、扫描地图等测量数据中自动检测室内结构并重建地图[156-158]。与手动制图相比，自动制图大大提高了室内地图的制作效率和应用范围。此外，近年来，随着移动激光扫描技术的发展，激光点云因其高精度和易操作性而被广泛应用于室内环境。因此，本书重点研究从点云中自动提取室内几何地图的过程。虽然以前的研究已经考虑了从点云中检测室内基础结构的主题[159]，但是对于室内地图来说，仍然有两个主要挑战：第一个是非曼哈顿世界的挑战，非正交和弯曲的墙壁广泛存在于复杂的室内环境中；第二个是优化问题，即由于障碍物遮挡、区域扫描缺失、点云密度变化等客观条件产生的问题，相关算法提取的初始几何结构不规则、不完整，难以应用于实际，需要进行优化。

作为室内结构的重要组成部分，几何要素是表示室内环境的最简单的要素。几何要素提取已有很多经典算法，比较常见的有 Split-and-Merge 法[160-161]、霍夫变换法[162-164]、RANSAC 算法[165-167]和图像处理法[168-169]。例如，针对二维几何地图的生成，Budroni 和 Boehm [160]使用 Split-and-Merge 法的二维线排列重建了单间的封闭边界。Okorn 等[162]将三维点云投影到二维平面上，并通过霍夫变换自动提取墙边界。Oesau 等[163]在原始三维点云中将多层建筑分割成水平切片，然后通过霍夫变换在每个切片上提取墙的线段。Jung 等[169]将三维点云投影到二维二值图像上，通过骨架化生成完整的地面地图。此外，Biswajit 等[170]提出均值漂移聚类方法来提取线段，并使用基于密度的聚类方法将其合并到室内线框中。Lin 等[168]提出一种线段-半平面模型，通过将原始点云投影到不同的二维图像视图上，然后将这些线段投影回三维空间以获得三维线段，从而提取室内结构线。Hong 等[171]和 Jung 等[172]采用最小二乘约束对结构线进行建模。然而，这些室内几何要素提取方法的主要问题是，由于扫描点云中的数据缺失、物体遮挡或密度变化，它们无法构建理想的建筑物结构形状，提取的线条也是不规则和不完整的。为了解决这些问题，学界提出了一系列线段正则化和结构完整化的方法。线段正则化算法主要依赖于先验知识或假设，例如天花板和地板平面应该是水平的，墙壁平面与天花板和地板平面应该是正交的。Lach 等[173]和 Shen 等[174]采用矩形外接圆和强制分类直角法来正则化建筑物边界。Sampath 等[175]通过具有垂直关系的条件平差模型优化了初始边界。Jung 等[172]在提取规则的墙线时添加了平行和正交约束。Babacan 等[167]采用罗盘线滤波器（Compass Line Filter）进行量化，在二维空间实现了正则化[176]。

此外，由于物体遮挡和数据缺失，从点云获得的边界通常是不完整的，有许多间隙。为了获得完整的地图，Zhao 等[177]提出一种几何引导的间隙填充方法，根据共线性、接近度、曲率和长度四个几何指标来确定间隙是否应该连接。Wang 等[178]应用条件生成对抗网络深度学习模型，同时处理线段正则化和结构完整化问题。所有的线段都需要投影到二维平面上作为图像输入整个框架中。Xiao 等[179]使用矩形语义来填充缺失的区域。此外，近年来还有学者通过图割算法解决能量优化问题，其中单元分解法已被用于严重遮挡的室内环境。这种方法可以对室内结构元素进行建模，并解决非正交墙的问题。Ambrus 等[157]使用能量最小化的多类标记方法在非结构化点云中重建平面图。Previtali 等[180]通过图割算法解决曼哈顿世界中单元复形的二进制标记问题，从而建立室内二维平面图。Oesau 等[163]在拟合线之后使用单元分解法，再使用图割优化技术优化了室内地图。Cui

等[181]利用移动测量平台测得的点云和多层标记图割方法自动重建了多层室内模型。Yang 等[182]将单元复形与墙体的占用栅格相结合，实现了二维室内空间的分割。

综上所述，虽然室内几何结构的生成在过去的几年中得到了广泛的研究，但现实世界中往往存在一些结构复杂的建筑，如曲面或非正交墙。以上这些研究[160, 172, 180, 181, 184, 185]的前期工作超出了严格的曼哈顿世界假设。严格约束的曼哈顿世界假设要求地面是平面，且平面、墙壁和坐标轴对齐并两两正交，这限制了以上方法的适应性。虽然部分研究[104, 157, 161, 162, 169, 182]已经解决了非正交墙体的推导，但很少有研究致力于提取和优化室内环境中的曲面墙体。因此，从点云中获得复杂室内环境的几何精确地图仍然是一个待解决的问题。

参考文献

[1] 兰丽. 室内环境对人员工作效率影响机理与评价研究[D]. 上海：上海交通大学，2010.

[2] Henry P, Krainin M, Herbst E, et al. RGB-D mapping: Using depth cameras for dense 3D modeling of indoor environments[C]//The 12th International Symposium on Experimental Robotics, 2011: 477-491.

[3] Goad C C. The Ohio State University highway mapping project: The positioning component[C]//Proceedings of the 47th Annual Meeting of the Institute of Navigation, Williamsburg, 1991: 117-120.

[4] 李德仁，郭晟，胡庆武. 基于 3S 集成技术的 2000 系列移动道路测量系统及其应用[J]. 测绘学报，2008, 37(3): 272-276.

[5] Geiger A, Lenz P, Stiller C, et al. Vision meets robotics: The KITTI dataset[J]. The International Journal of Robotics Research, 2013, 32(11): 1231-1237.

[6] Lee G H, Li B, Pollefeys M, et al. Minimal solutions for pose estimation of a multi-camera system [M]//Robotics Research, Springer, Cham, 2016: 521-538.

[7] Cui T, Ji S, Shan J, et al. Line-based registration of panoramic images and LiDAR point clouds for mobile mapping[J]. Sensors, 2017, 17(1): 1-20.

[8] 聂顺根，姚连璧，张邵华，等. 车载移动测量系统发展历程及应用[J]. 矿山测量，2020，48(5)：18-22.

[9] Berns K, Nezhadfard A, Tosa M, et al. Unmanned ground robots for rescue tasks[M]//Search and Rescue Robotics — From Theory to Practice, 2017: 53-76.

[10] Moravec H P. The Stanford cart and the CMU rover[J]//Proceedings of the IEEE, 1983, 71(7): 872-884.

[11] Ye C, Borenstein J. A new terrain mapping method for mobile robots obstacle negotiation[C]//Unmanned Ground Vehicle Technology Ⅴ. International Society for Optics and Photonics, 2003, 5083: 52-62.

[12] Ko J H, Hwang D C, Jung Y W, et al. Intelligent mobile robot system for path planning using stereo camera-based geometry information[C]//Intelligent Robots and Computer Vision XXIII: Algorithms, Techniques, and Active Vision. International Society for Optics and Photonics, 2005.

[13] Montemerlo M, Thrun S. Large-scale robotic 3-D mapping of urban structures[M]//Experimental Robotics Ⅸ. Springer, Berlin, Heidelberg, 2006: 141-150.

[14] Shamseldin T, Manerikar A, Elbahnasawy M, et al. SLAM-based Pseudo-GNSS/INS localization system for indoor LiDAR mobile mapping systems[C]//2018 IEEE/ION Position, Location and Navigation Symposium, 2018: 197-208.

[15] Nam T H, Shim J H, Cho Y I. A 2.5D map-based mobile robot localization via cooperation of aerial and ground robots[J]. Sensors, 2017, 17(12): 2730-2754.

[16] Durrant-Whyte H, Bailey T. Simultaneous localization and mapping: Part Ⅰ[J]. Robotics & Automation Magazine, IEEE, 2006, 13(2): 99-110.

[17] Lategahn H, Geiger A, Kitt B. Visual SLAM for autonomous ground vehicles[C]//Robotics and Automation, 2011 IEEE International Conference, 2011: 1732-1737.

[18] Forster C, Pizzoli M, Scaramuzza D. SVO: Fast semi-direct monocular visual odometry[C]//Robotics and Automation, 2014 IEEE International Conference, 2014: 15-22.

[19] Cheng Y, Maimone M W, Matthies L. Visual odometry on the Mars exploration rovers — A tool to ensure accurate driving and science imaging[J]. IEEE Robotics & Automation Magazine, 2006, 13(2): 54-62.

[20] Corke P, Detweiler C, Dunbabin M, et al. Experiments with underwater robot localization and tracking[C]//Robotics and Automation, 2007 IEEE International Conference, 2007: 4556-4561.

[21] Davison A J, Reid I D, Molton N D, et al. MonoSLAM: Real-time single camera SLAM[J]. IEEE Transactions on Pattern Analysis and Machine Intelligence, 2007, 29(6): 1052-1067.

[22] Julier S J, Uhlmann J K. New extension of the Kalman filter to nonlinear systems[C]//Signal Processing, Sensor Fusion, and Target Recognition Ⅵ. International Society for Optics and Photonics, 1997, 3068: 182-194.

[23] 张文玲，朱明清，陈宗海. 基于强跟踪 UKF 的自适应 SLAM 算法[J]. 机器人，2010，32(2)：190-195.

[24] Montemerlo M, Thrun S, Koller D, et al. FastSLAM: A factored solution to the simultaneous localization and mapping problem[J]. AAAI/IAAI, 2002: 593-598.

[25] Strasdat H, Montiel J M M, Davison A J. Visual SLAM: Why filter?[J]. Image and Vision Computing, 2012, 30(2): 65-77.

[26] Klein G, Murray D. Parallel tracking and mapping for small AR workspaces[C]//Mixed and Augmented Reality, 2007. The 6th IEEE and ACM International Symposium, 2007: 225-234.

[27] Williams B, Klein G, Reid I. Real-time SLAM relocalisation[C]//Computer Vision, 2007. The 11th IEEE International Conference, 2007: 1-8.

[28] Klein G, Murray D. Parallel tracking and mapping on a camera phone[C]//Mixed and Augmented Reality, 2009. The 8th IEEE International Symposium, 2009: 83-86.

[29] Newcombe R A, Lovegrove S J, Davison A J. DTAM: Dense tracking and mapping in real-time[C]//Computer Vision, 2011 IEEE International Conference, 2011: 2320-2327.

[30] Wendel A, Maurer M, Graber G, et al. Dense reconstruction on-the-fly[C]//Computer Vision and Pattern Recognition, 2012 International IEEE Conference, 2012: 1450-1457.

[31] Engel J, Schöps T, Cremers D. LSD-SLAM: Large-scale direct monocular SLAM[C]//European Conference on Computer Vision. Springer, Cham, 2014: 834-849.

[32] Engel J, Stückler J, Cremers D. Large-scale direct SLAM with stereo cameras[C]//Intelligent Robots and Systems, 2015 IEEE/RSJ International Conference, 2015: 1935-1942.

[33] Lowe D G. Distinctive image features from scale-invariant keypoints[J]. International Journal of Computer Vision, 2004, 60(2): 91-110.

[34] Bay H, Ess A, Tuytelaars T, et al. Speeded-up robust features (SURF)[J]. Computer Vision and Image Understanding, 2008, 110(3): 346-359.

[35] Calonder M, Lepetit V, Strecha C, et al. Brief: Binary robust independent elementary features [C]//European Conference on Computer Vision. Springer, Berlin, Heidelberg, 2010: 778-792.

[36] Rublee E, Rabaud V, Konolige K, et al. ORB: An efficient alternative to SIFT or SURF[C]// Computer Vision, 2011 IEEE International Conference, 2011: 2564-2571.

[37] Stewenius H, Engels C, Nistér D. Recent developments on direct relative orientation[J]. ISPRS Journal of Photogrammetry and Remote Sensing, 2006, 60(4): 284-294.

[38] Avidan S, Shashua A. Trajectory triangulation: 3D reconstruction of moving points from a monocular image sequence[J]. IEEE Transactions on Pattern Analysis and Machine Intelligence, 2000, 22(4): 348-357.

[39] Muja M, Lowe D G. Fast matching of binary features[C]//Computer and Robot Vision, the 9th IEEE Conference, 2012: 404-410.

[40] Silpa-Anan C, Hartley R. Optimised KD-trees for fast image descriptor matching[C]//Computer Vision and Pattern Recognition. 2008 IEEE International Conference, 2008: 1-8.

[41] Lim H, Lim J, Kim H J. Real-time 6-DOF monocular visual SLAM in a large-scale environment [C]//Robotics and Automation, 2014 IEEE International Conference, 2014: 1532-1539.

[42] Song S, Chandraker M, Guest C C. Parallel, real-time monocular visual odometry[C]//Robotics and Automation, 2013 IEEE International Conference, 2013: 4698-4705.

[43] Tan W, Liu H, Dong Z, et al. Robust monocular SLAM in dynamic environments[C]//Mixed and Augmented Reality, 2013 IEEE International Symposium, 2013: 209-218.

[44] Nistér D. An efficient solution to the five-point relative pose problem[J]. IEEE Transactions on Pattern Analysis and Machine Intelligence, 2004, 26(6): 756-770.

[45] Mur-Artal R, Tardós J D. Fast relocalisation and loop closing in keyframe-based SLAM[C]// Robotics and Automation, 2014 IEEE International Conference, 2014: 846-853.

[46] Mur-Artal R, Montiel J M M, Tardos J D. ORB-SLAM: A versatile and accurate monocular SLAM system[J]. IEEE Transactions on Robotics, 2015, 31(5): 1147-1163.

[47] Lourakis M I A, Argyros A A. SBA: A software package for generic sparse bundle adjustment[J]. ACM Transactions on Mathematical Software, 2009, 36(1): 1-30.

[48] Leutenegger S, Lynen S, Bosse M, et al. Keyframe-based visual-inertial odometry using nonlinear optimization[J]. The International Journal of Robotics Research, 2015, 34(3): 314-334.

[49] Strasdat H, Montiel J M M, Davison A J. Scale drift-aware large scale monocular SLAM[J]. Robotics: Science and Systems Conference, 2011: 2-9.

[50] Strasdat H, Davison A J, Montiel J M M, et al. Double window optimisation for constant time visual SLAM[C]//Computer Vision, 2011 IEEE International Conference, 2011: 2352-2359.
[51] Fischler M A, Bolles R C. Random sample consensus: A paradigm for model fitting with applications to image analysis and automated cartography[M]//Readings in Computer Vision, 1987: 726-740.
[52] Sattler T, Leibe B, Kobbelt L. SCRAMSAC: Improving RANSAC's efficiency with a spatial consistency filter[C]//Computer Vision, the 12th IEEE International Conference, 2009: 2090-2097.
[53] Jung I K, Lacroix S. A robust interest points matching algorithm[C]//Computer Vision, 2001. The 8th IEEE International Conference, 2001: 538-543.
[54] Cech J, Matas J, Perdoch M. Efficient sequential correspondence selection by co-segmentation[J]. IEEE Transactions on Pattern Analysis and Machine Intelligence, 2010, 32(9): 1568-1581.
[55] Chum O, Matas J. Matching with PROSAC-progressive sample consensus[C]//Computer Vision and Pattern Recognition, 2005. IEEE Computer Society Conference, 2005: 220-226.
[56] Ni K, Jin H, Dellaert F. Groupsac: Efficient consensus in the presence of groupings[C]//Computer Vision, the 12th IEEE International Conference, 2009: 2193-2200.
[57] Nistér D. Preemptive RANSAC for live structure and motion estimation[J]. Machine Vision and Applications, 2005, 16(5): 321-329.
[58] Chum O, Werner T, Matas J. Epipolar geometry estimation via RANSAC benefits from the oriented epipolar constraint[C]//Pattern Recognition, 2004. Proceedings of the 17th International Conference on IEEE, 2004: 112-115.
[59] Chum O, Matas J, Kittler J. Locally optimized RANSAC[C]//Joint Pattern Recognition Symposium. Springer, Berlin, Heidelberg, 2003: 236-243.
[60] Raguram R, Chum O, Pollefeys M, et al. USAC: A universal framework for random sample consensus[J]. IEEE Transactions on Pattern Analysis and Machine Intelligence, 2013, 35(8): 2022-2038.
[61] Fredriksson J, Larsson V, Olsson C. Practical robust two-view translation estimation[C]//Proceedings of the IEEE Conference on Computer Vision and Pattern Recognition, 2015: 2684-2690.
[62] Fredriksson J, Larsson V, Olsson C, et al. Optimal relative pose with unknown correspondences[C]//Computer Vision and Pattern Recognition, 2016: 1728-1736.
[63] Yang J, Li H, Campbell D, et al. Go-ICP: A globally optimal solution to 3D ICP point-set registration[J]. IEEE Transactions on Pattern Analysis and Machine Intelligence, 2016, 38(11): 2241-2254.
[64] Li H. A practical algorithm for L triangulation with outliers[C]//2007 IEEE Conference on Computer Vision and Pattern Recognition, 2007: 1-8.
[65] 金鑫彤. 基于三维激光测距的移动机器人室内场景重构与导航[D]. 大连:大连理工大学,2017.
[66] Qin T, Li P L, Shen S J. VINS-Mono: A robust and versatile monocular visual-inertial state estimator[J]. IEEE Transactions on Robotics, 2018,34(4): 1004-1020.
[67] Qin T, Li P, Yang Z, et al. VINS-Fusion: A general optimization-based framework for multi-sensor

fusion[C]//IEEE International Conference on Robotics and Automation, Montreal, Canada, 2019: 1276-1283.

[68] 王令文,程效军,万程辉. 基于三维激光扫描技术的隧道检测技术研究[J]. 工程勘察,2013(7):56-60.

[69] Surmann H, Andreas N, Hertzberg J. An autonomous mobile robot with a 3D laser range finder for 3D exploration and digitalization of indoor environments[J]. Robotics & Autonomous Systems, 2003, 45(3-4): 181-198.

[70] Houshiar H, Elseberg J, Borrmann D, et al. A study of projections for key point based registration of panoramic terrestrial 3D laser scan[J]. Geo-spatial Information Science, 2015, 18(1): 11-31.

[71] Yang J, Li H, Jia Y. Go-ICP: Solving 3D registration efficiently and globally optimally[C]//2013 IEEE International Conference on Computer Vision, 2013: 1457-1464.

[72] Hess W, Kohler D, Rapp H, et al. Real-time loop closure in 2D LiDAR SLAM[C]//2016 IEEE International Conference on Robotics and Automation, 2016.

[73] Zhang J, Singh S. Low-drift and real-ime lidar odometry and mapping[J]. Autonomous Robots, 2017, 41(2): 401-416.

[74] Jonathan K, Sukhatme G S. Visual-inertial simultaneous localization, mapping and sensor-to-sensor self-calibration[C]//IEEE International Symposium on Computational Intelligence in Robotics & Automation, 2010.

[75] Lynen S, Achtelik M W, Weiss S, et al. A robust and modular multi-sensor fusion approach applied to MAV navigation[C]//IEEE/RSJ International Conference on Intelligent Robots & Systems, 2013.

[76] 张学习,杨宜民. 基于多传感器信息融合的移动机器人快速精确自定位[J]. 控制理论与应用,2011, 28(3):443-448.

[77] 李魁,高鹏宇. 混合式惯导系统自标定技术研究[J]. 仪器仪表学报,2019(4):9-17.

[78] 李东轩. 多传感器融合的室内移动机器人定位[D]. 杭州:浙江大学,2018.

[79] Zhang J, Singh S. Visual-lidar odometry and mapping: Low-drift, robust, and fast[C]//IEEE Conference on Robotics and Automation, 2015.

[80] Karlsruhe Institute of Technology. Visual odometry/SLAM evaluation 2012[Z/OL]. (2020-04-01). http: //www. cvlibs. net/datasets/kitti/eval_odometry. php.

[81] Tong Q, Peiliang L, Shaojie S. VINS-Mono: A robust and versatile monocular visual-inertial state estimator[J]. IEEE Transactions on Robotics, 2018: 1-17.

[82] 李帅鑫,李广云,王力,等. LiDAR/IMU 紧耦合的实时定位方法[J]. 自动化学报,2021,47(6): 1377-1389.

[83] 周振华. 基于激光视觉数据融合的三维场景重构研究[J]. 自动化与仪器仪表,2016(12):10-12.

[84] Martin D, Bart G, Peter V, et al. High resolution depth reconstruction from monocular images and sparse point clouds using deep convolutional neural network[C]//Unconventional and Indirect Imaging, Image Reconstruction, and Wave front Sensing, 2017.

[85] Li Z, Prakruti C G, Kaess M, et al. Dense surface reconstruction from monocular vision and LiDAR [C]// 2019 International Conference on Robotics and Automation, 2019: 6905-6911.

[86] 吴桥. 基于激光-视觉的室内移动三维制图研究与实现[D]. 武汉:武汉理工大学,2017.

[87] Guo Y, Wang H, Hu Q, et al. Deep learning for 3D point clouds: A survey[J]. IEEE Transactions on Pattern Analysis and Machine Intelligence, 2020: 1-27.

[88] 朱庆,李世明,胡翰,等. 面向三维城市建模的多点云数据融合方法综述[J]. 武汉大学学报(信息科学版),2018,43(12):1962-1971.

[89] Weinmann M, Jutzi B, Mallet C. Semantic 3D scene interpretation: A framework combining optimal neighborhood size selection with relevant features[J]. ISPRS Annals of Photogrammetry, Remote Sensing and Spatial Information Sciences, 2014: 181-188.

[90] Huang R, Xu Y S, Hong D F, et al. Deep point embedding for urban classification using ALS point clouds: A new perspective from local to global[J]. ISPRS Journal of Photogrammetry and Remote Sensing, 2020, 163: 62-81.

[91] Brodu N, Lague D. 3D terrestrial lidar data classification of complex natural scenes using a multi-scale dimensionality criterion: Applications in geomorphology [J]. ISPRS Journal of Photogrammetry and Remote Sensing, 2012, 68(none): 121-134.

[92] Weinmann M, Jutzi B, Hinz S, et al. Semantic point cloud interpretation based on optimal neighborhoods, relevant features and efficient classifiers[J]. ISPRS Journal of Photogrammetry and Remote Sensing, 2015, 105: 286-304.

[93] Qing Y H, Bo Y, Linhai X, et al. RandLA-Net: Efficient semantic segmentation of large-scale point clouds[C]//2020 IEEE/CVF Conference on Computer Vision and Pattern Recognition (CVPR), Los Alamitos,USA, 2020.

[94] Xie Y, Tian J, Zhu X X. Linking points with labels in 3D: A review of point cloud semantic segmentation[J]. IEEE Geoscience and Remote Sensing Magazine, 2020, 8(4): 38-59.

[95] 张佳颖,赵晓丽,陈正. 基于深度学习的点云语义分割综述[J]. 激光与光电子学进展,2020,57(4): 28-46.

[96] Charles R Q, Hao S, Mo K, et al. PointNet: Deep learning on point sets for 3D classification and segmentation[J]. Proceedings of the 2017 IEEE Conference on Computer Vision and Pattern Recognition, 2017: 77-85.

[97] Landrieu L, Simonovsky M. Large—scale point cloud semantic segmentation with superpoint graphs [C]//Proceedings of the IEEE Computer Society Conference on Computer Vision and Pattern Recognition, 2018: 4558-4567.

[98] Chang H J, Lee C S G, Lu Y H, et al. P-SLAM: Simultaneous localization and mapping with environmental-structure prediction[J]. IEEE Transactions on Robotics, 2007, 23(2): 281-293.

[99] Felix E, Hess J, Sturm J, et al. 3-D mapping with an RGB-D camera[J]. IEEE Transactions on Robotics, 2014, 30(1): 177-187.

[100] Bassier M, Vergauwen M. Topology reconstruction of BIM wall objects from point cloud data[J]. Remote Sensing, 2020, 12(11): 1-17.

[101] Tashakkori H, Rajabifard A, Kalantari M. A new 3D indoor/outdoor spatial model for indoor emergency response facilitation[J]. Building and Environment, 2015, 89(7): 170-182.

[102] Fernández-Caramés C, Serrano F J, Moreno V, et al. A real-time indoor localization approach

integrated with a Geographic Information System (GIS)[J]. Robotics & Autonomous Systems, 2015: 475-489.

[103] Musialski P, Wonka P, Aliaga D G, et al. A survey of urban reconstruction[J]. Computer Graphics Forum, 2013, 32(6): 146-177.

[104] Tran H, Khoshelham K. Procedural reconstruction of 3D indoor models from Lidar data using reversible jump Markov Chain Monte Carlo[J]. Remote Sensing, 2020, 12(5): 1-26.

[105] Liu W P, Sun J, Li W Y, et al. Deep learning on point clouds and its application: A survey[J]. Sensors, 2019, 19(19): 1-22.

[106] Grilli E, Menna F, Remondino F. A review of point clouds segmentation and classification algorithms[J]. ISPRS — The International Archives of the Photogrammetry, Remote Sensing and Spatial Information Sciences, 2017, XLII-2/W3: 339-344.

[107] Luo H, Wang C, Wen Y Q, et al. 3-D object classification in heterogeneous point clouds via Bag-of-Words and joint distribution adaption[J]. IEEE Geoscience and Remote Sensing Letters, 2019, 16(12): 1909-1913.

[108] Yu Y T, Li J, Guan H Y, et al. Automated extraction of urban road facilities using mobile laser scanning data[J]. IEEE Transactions on Intelligent Transportation Systems, 2015, 16(4): 2167-2181.

[109] Song Y, Chen X, Li J, et al. Embedding 3D geometric features for rigid object part segmentation [C]//2017 IEEE International Conference on Computer Vision, 2017.

[110] Wang X, Zhou B, Wang Z, et al. Efficiently consistent affinity propagation for 3D shapes co-segmentation[J]. The Visual Computer, 2018, 34(6-8): 997-1008.

[111] Guo Y, Bennamoun M, Sohel F, et al. 3D object recognition in cluttered scenes with local surface features: A survey[J]. IEEE Transactions on Pattern Analysis & Machine Intelligence, 2014, 36 (11): 2270-2287.

[112] Chen H, Bhanu B. 3D free-form object recognition in range images using local surface patches[J]. Pattern Recognition Letters, 2007, 28(10): 1252-1262.

[113] Johnson A E, Hebert M. Using spin images for efficient object recognition in cluttered 3D scenes [J]. IEEE Transactions on Pattern Analysis and Machine Intelligence, 1999, 21(5): 433-449.

[114] Sun J, Ovsjanikov M, Guibas L. A concise and provably informative multi-scale signature based on heat diffusion[J]. Computer Graphics Forum, 2009, 28(5): 1383-1392.

[115] Rusu R B, Blodow N, Marton Z C, et al. Aligning point cloud views using persistent feature histograms[C]// 2008 IEEE/RSJ International Conference on Intelligent Robots and Systems, 2008: 3384-3391.

[116] Rusu R B, Blodow N, Beetz M. Fast point feature histograms (FPFH) for 3D registration[C]// 2009 IEEE International Conference on Robotics and Automation, 2009.

[117] 侯宇昆.基于深度学习和视图的三维 CAD 模型分类技术研究[D].银川:北方民族大学,2017.

[118] Secord J, Zakhor A. Tree detection in urban regions using aerial lidar and image data[J]. IEEE Geoscience and Remote Sensing Letters, 2007, 4: 196-200.

[119] Nan L, Norbert P, Chun L. Tensor-based sparse representation classification for urban airborne LiDAR points[J]. Remote Sensing, 2017, 9(12): 1-22.

[120] Manevitz L M, Yousef M. One-class SVMs for document classification[J]. Journal of Machine Learning Research, 2002, 2(1): 139-154.

[121] Garcia-Gutierrez J, Goncalves-Seco L, Riquelme-Santos J C. Decision trees on lidar to classify land uses and covers[C]//Proceedings of the ISPRS Workshop: Laser Scanning, 2009: 323-328.

[122] Barros R C. A survey of evolutionary algorithms for decision-Tree induction [J]. IEEE Transactions on Systems, Man and Cybernetics, Part C, 2012, 42(3): 291-312.

[123] Breiman L. Random forests[J]. Machine Learning, 2001, 45(1): 5-32.

[124] 司庆龙. 基于深度学习的三维模型识别技术研究[D]. 银川:北方民族大学,2018.

[125] Wu N Z, Song S, Khosla A, et al. 3D ShapeNets: A deep representation for volumetric shapes [C]//2015 IEEE Conference on Computer Vision and Pattern Recognition, 2015.

[126] Maturana D, Scherer S. VoxNet: A 3D convolutional neural network for real-time object recognition[C]//2015 IEEE/RSJ International Conference on Intelligent Robots and Systems (IROS), 2015.

[127] Shi B, Bai S, Zhou Z, et al. DeepPano: Deep panoramic representation for 3-D shape recognition [J]. IEEE Signal Processing Letters, 2015, 22(12): 2339-2343.

[128] Su H, Maji S, Kalogerakis E, et al. Multi-view convolutional neural networks for 3D shape recognition[J]. 2015 IEEE International Conference on Computer Vision, 2015: 945-953.

[129] Griffiths D, Boehm J. A review on deep learning techniques for 3D sensed data classification[J]. Remote Sensing, 2019, 11(12): 1-25.

[130] Qi C R, Yi L, Su H, et al. PointNet++: Deep hierarchical feature learning on point sets in a metric space[J]. Stanford University, 2017: 1-14.

[131] Li Y Y, Bu R, Sun M C, et al. PointCNN: Convolution on X-transformed points[C]//Proceedings of the NeurIPS, 2018.

[132] Mensink T, Verbeek J, Perronnin F, et al. Metric learning for large scale image classification: Generalizing to new classes at near-zero cost [C]//Computer Vision-ECCV 2012, 2012: 488-501.

[133] Mensink T, Verbeek J, Perronnin F, et al. Distance-based image classification: Generalizing to new classes at near-zero cost[J]. IEEE Transactions on Pattern Analysis and Machine Intelligence, 2013, 35(11): 2624-2637.

[134] 甘俊英, 翟懿奎, 黄聿,等. 基于双激活层深度卷积特征的人脸美丽预测研究[J]. 电子学报, 2019, 47(3): 636-642.

[135] Chen Z, Fu Y, Zhang Y, et al. Multi-level semantic feature augmentation for one-shot learning[J]. IEEE Transactions on Imagc Proccssing, 2019, 28(9): 4594-4605.

[136] Santoro A, Bartunov S, Botvinick M, et al. Meta-learning with memory-augmented neural networks[C]// International Conference on Machine Learning, New York, 2016: 1842-1850.

[137] Finn C, Abbeel P, Levine S. Model-agnostic meta-learning for fast adaptation of deep networks[J/OL]. (2017-03-09). https: //arxiv. org/pdf/1703. 03400. pdf.

[138] 陈芳育. 三维模型检索技术研究与系统实现[D]. 哈尔滨:哈尔滨工业大学,2008.

[139] 徐士彪,车武军,张晓鹏. 基于形状特征的三维模型检索技术综述[J]. 中国体视学与图像分析,

2010, 15(4):439-450.

[140] 张静,曲志坚,刘晓红. 基于深度学习的三维模型检索研究[J]. 智能计算机与应用,2019,9(3):54-58.

[141] 权胜赫. 基于形状特征三维模型检索的一些关键技术实现研究[D]. 长春:吉林大学,2007.

[142] Kuang Z, Yu J, Fan J, et al. Deep point convolutional approach for 3D model retrieval[C]//2018 IEEE International Conference on Multimedia & Expo, 2018: 1-6.

[143] Lu W, Zhang X, Liu Y. L1-medial skeleton-based 3D point cloud model retrieval[J]. Multimedia Tools and Applications, 2019, 78(1): 479-488.

[144] Xie J, Dai G, Fang Y. Deep multimetric learning for shape-based 3D model retrieval[J]. IEEE Transactions on Multimedia, 2017, 19(11): 2463-2474.

[145] Funkhouser T, Min P, Kazhdan M, et al. A search engine for 3D models[J]. Acm Transactions on Graphics, 2003, 22(1): 83-105.

[146] Song J J, Golshani F. Shape-based 3D model retrieval[C]//The 15th IEEE International Conference on Tools with Artificial Intelligence, 2003: 636-640.

[147] Zhang D, Lu G. Shape-based image retrieval using generic Fourier descriptor[J]. Signal Processing Image Communication, 2002, 17(10): 825-848.

[148] Kanai S. Content-based 3D mesh model retrieval from hand-written sketch[J]. International Journal on Interactive Design & Manufacturing, 2008, 2(2): 87-98.

[149] Zaharia T, Preteux F J. 3D - shape-based retrieval within the MPEG - 7 framework[C]// Proceedings of SPIE — The International Society for Optical Engineering, 2001, 4304: 133-145.

[150] Smeets D, Keustermans J, Vandermeulen D, et al. MeshSIFT: Local surface features for 3D face recognition under expression variations and partial data[J]. Computer Vision and Image Understanding, 2013, 117(2): 158-169.

[151] Reuter M, Wolter F E, Peineke N. Laplace-Beltrami spectra as "Shape-DNA" of surfaces and solids[J]. Computer-Aided Design, 2006, 38(4): 342-366.

[152] Goes F D, Goldenstein S, Desbrun M, et al. Exoskeleton: Curve network abstraction for 3D shapes[J]. Computers & Graphics, 2011, 35(1): 112-121.

[153] 潘翔,张三元,张引,等. 一种基于拓扑连接图的三维模型检索方法[J]. 计算机学报,2004,27(9): 1250-1255.

[154] Gao R, Zhao M, Ye T, et al. Jigsaw: Indoor floor plan reconstruction via mobile crowdsensing [C]//Proceedings of the 20th Annual International Conference on Mobile Computing and Networking, 2014.

[155] Hu X, Fan H, Noskov A, et al. Room semantics inference using random forest and relational graph convolutional networks: A case study of research building[J]//Transaction in GIS, 2021, 25 (1): 71-111.

[156] Borges G A, Aldon M J. A split-and-merge segmentation algorithm for line extraction in 2D range images[C]//IEEE International Conference on Pattern Recognition, 2000: 441-444.

[157] Ambrus R, Claici S, Wendt A. Automatic room segmentation from unstructured 3 - D data of

indoor environments[J]. IEEE Robotics and Automation Letters, 2017, 2(2): 749-756.

[158] Heras L P D L, Terrades O R, Llados J. Attributed graph grammar for floor plan analysis[C]//IEEE International Conference on Document Analysis and Recognition, 2015: 726-730.

[159] Xia S, Chen D, Wang R, et al. Geometric primitives in lidar point clouds: A review[J]. IEEE Journal of Selected Topics in Applied Earth Observations and Remote Sensing, 2020: 685-707.

[160] Budroni A, Boehm J. Automatic 3D modelling of indoor Manhattan-world scenes from laser data [J]. International Society for Photogrammetry and Remote Sensing, 2010, 38(5): 115-120.

[161] Ochmann S, Vock R, Klein R. Automatic reconstruction of fully volumetric 3D building models from oriented point clouds[J]. International Society for Photogrammetry and Remote Sensing, 2019, 151: 251-262.

[162] Okorn B, Xiong X, Akinci B, et al. Toward automated modeling of floor plans[C]//Proceedings of the Symposium on 3D Data Processing, Visualization and Transmission 2, 2010.

[163] Oesau S, Lafarge F, Alliez P. Indoor scene reconstruction using feature sensitive primitive extraction and graph-cut[J]. International Society for Photogrammetry and Remote Sensing, 2014, 90: 68-82.

[164] Ravankar A, Ravankar A A, Hoshino Y, et al. On a hopping-points SVD and Hough transform-based line detection algorithm for robot localization and mapping[J]. International Journal of Advanced Robotic Systems, 2016, 13(3): 1-15.

[165] Sanchez V, Zakhor A. Planar 3D modeling of building interiors from point cloud data[C]//The 19th IEEE International Conference on Image Processing, 2012: 1777-1780.

[166] Ochmann S, Vock R, Wessel R, et al. Automatic generation of structural building descriptions from 3D point cloud scans[C]//2014 International Conference on Computer Graphics Theory and Applications, 2014.

[167] Babacan K, Jung J, Wichmann A, et al. Towards object driven floor plan extraction from laser point cloud[C]//ISPRS — The International Archives of the Photogrammetry, Remote Sensing and Spatial Information Sciences, XLI-B3, 2016.

[168] Lin Y, Wang C, Cheng J, et al. Line segment extraction for large scale unorganized point clouds [J]. ISPRS Journal of Photogrammetry and Remote Sensing, 2015, 102: 172-183.

[169] Jung J, Stachniss C, Kim C. Automatic room segmentation of 3D laser data using morphological processing[J]. ISPRS International Journal of Geo-Information, 2017, 6(7): 1-26.

[170] Biswajit S, Pal P K, Sarkar D. Building maps of indoor environment by merging line segments extracted from registered laser range scans[J]. Robotics and Autonomous Systems, 2014, 62(4): 603-615.

[171] Hong S, Jung J, Kim S, et al. Semi-automated approach to indoor mapping for 3D as-built building information modeling[J]. Computers, Environment and Urban Systems, 2015, 51: 34-46.

[172] Jung J, Hong S, Yoon S, et al. Automated 3D wireframe modeling of indoor structures from point clouds using constrained least-squares adjustment for as-built BIM[J]. Journal of Computing in Civil Engineering, 2016, 30(4): 1-15.

[173] Lach S R, Kerekes J P. Robust extraction of exterior building boundaries from topographic LiDAR

data[C]//2008 IEEE International Geoscience and Remote Sensing Symposium, 2008: 85-88.

[174] Shen W, Li J, Chen Y H, et al. Algorithms study of building boundary extraction and normalization based on Lidar data[J]. Journal of Remote Sensing, 2008, 12(5): 692-698.

[175] Sampath A, Shan J. Building boundary tracing and regularization from airborne LiDAR point clouds[J]. Photogrammetric Engineering & Remote Sensing, 2007, 73(7): 805-812.

[176] Sohn H J, Kim B K. VecSLAM: An efficient vector-based SLAM algorithm for indoor environments[J]. Journal of Intelligent & Robotic Systems, 2009, 56(3): 301-318.

[177] Zhao J, You S, Huang J. Rapid extraction and updating of road network from airborne LiDAR data [C]//2011 IEEE Applied Imagery Pattern Recognition Workshop, 2011:1-7.

[178] Wang C, Hou S, Wen C, et al. Semantic line framework-based indoor building modeling using backpacked laser scanning point cloud[J]. ISPRS Journal of Photogrammetry and Remote Sensing, 2018, 143: 150-166.

[179] Xiao J, Furukawa Y. Reconstructing the world's museums[J]. International Journal of Computer Vision, 2014, 110(3): 243-258.

[180] Previtali M, Díaz-Vilariño L, Scaioni M. Indoor building reconstruction from occluded point clouds using graph-cut and ray-tracing[J]. Applied Sciences, 2018, 8(9): 1-22.

[181] Cui Y, Li Q, Yang B, et al. Automatic 3-D reconstruction of indoor environment with mobile laser scanning point clouds[J]. IEEE Journal of Selected Topics in Applied Earth Observations and Remote Sensing, 2019, 12(8): 3117-3130.

[182] Yang F, Li L, Su F, et al. Tang. Semantic decomposition and recognition of indoor spaces with structural constraints for 3D indoor modelling[J]. Automation in Construction, 2019, 106: 1-21.

[183] Xiong X, Adan A, Akinci B D. Automatic creation of semantically rich 3D building models from laser scanner data[J]. Automation in Construction, 2013, 31(3): 325-337.

[184] Macher H, Landes T, Grussenmeyer P. From point clouds to building information models: 3D semi-automatic reconstruction of indoors of existing buildings[J]. Applied Sciences, 2017, 7(10): 1-30.

CHAPTER
2

第2章 室内无人平台的集成与设计

本章首先介绍了室内无人平台的典型传感器，然后介绍了室内无人平台的集成与设计的两种方案：以视觉传感器为主的无人平台和以激光系统为主、视觉系统为辅的无人平台。通过本章的介绍，读者能够对这两种主流的无人平台的搭建方式和工作原理有基本的了解。

本章指引 | 阅读本章节，你会了解到

- ☑ 无人平台常见的传感器
- ☑ 无人平台的集成与设计
- ☑ 无人平台数据采集与存储方法

与其他章节的联系

- ☑ 本章介绍了无人平台的系统搭建，为后续软硬件处理提供依据。

2.1 无人平台常见的传感器

感知是无人平台的基础功能之一。传感器是无人平台的感知元件，承担着对周边环境以及自身状态的感知任务。本节主要介绍典型的无人平台传感器。

2.1.1 视觉传感器

室内无人平台需要实现室内场景的三维重构，如果单纯地依赖激光雷达，其仅能获取室内结构的几何信息，无法获取场景的纹理及色彩信息，所以平台增加了视觉相机模块来辅助获取此类信息。在选择相机时应考虑相机的水平视场角和垂直视场角，选择合适尺寸的传感器与合适焦距的镜头组合。相机的水平视场角 FOV_h 和垂直视场角 FOV_v 的计算如式(2.1)所示：

$$\begin{cases} FOV_h = 2\arctan\left(\dfrac{w}{2f}\right) \\ FOV_v = 2\arctan\left(\dfrac{h}{2f}\right) \end{cases} \tag{2.1}$$

式中，w 为传感器的宽度；h 为传感器的高度；f 为镜头的焦距。

为保证数据采集的完整性，室内无人平台的水平视场角宜超过 180°。为了尽可能减小相机量测的不利影响，宜选用畸变较小的镜头。

以菲力尔公司生产的 BFLY. U3. 23S6C. C 型号相机搭配 Kowa LM8HC 的焦距为 8 mm 的镜头为例，组合后的相机参数如表 2.1 所示。

表 2.1　相机主要技术参数

指标	技术参数
型号	BFLY. U3. 23S6C. C
传感器	SonyIMX249，CMOS，1/1. 2″
镜头卡口	C. mount
分辨率	1 920×1 200
像素大小	5. 86 μm
帧率	41FPS
快门	0. 019 ms～3. 9 s
接口	USB 3. 1
温度要求	0～45℃
尺寸及质量	29 mm×29 mm×30 mm/36 g
镜头参数	8 mm/1. 4

2.1.2　激光雷达传感器

1. 单线激光雷达

室内无人平台选用激光雷达作为获取室内三维空间信息的主要传感器。因为单线激光雷达在获取数据时具有极高的采集频率(高性能单线激光雷达扫描频率甚至可超过 100 Hz),所以其获取的点云的运动畸变较小。此外,与多线激光雷达相比,单线激光雷达较少的数据量可以减轻工控机数据输入、输出的压力。

以日本北阳(Hokuyo)公司生产的 UTM. 30. LX. EW 型单线激光雷达(图 2. 1)为例,图 2. 2 表示的是该激光雷达扫描仪的有效视场,其覆盖度可达 270°,激光绕轴做逆时针旋转,观测频率可达 40 Hz,单帧数据获取过程中每 0. 25°采样一个距离观测值,即一个周期采样 1 081 个点,经式(2. 2)解译得到坐标值。

$$\begin{cases} x = Dis_i \cdot \sin\,(i \cdot 0.25°) \\ y = Dis_i \cdot \cos\,(i \cdot 0.25°) \\ z = 0 \end{cases} \tag{2.2}$$

式中,i 为每帧数据采集过程中的第 i 个采样点;Dis_i 为该点的距离观测值。

图 2. 1　UTM. 30. LX. EW 单线激光雷达实物图

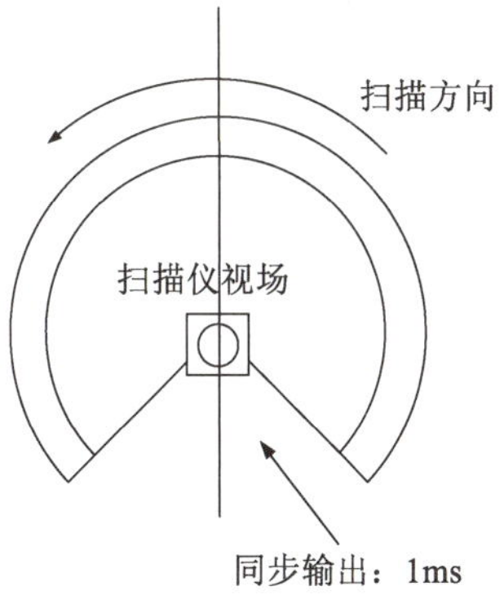

图 2. 2　激光雷达扫描仪有效视场

单线激光雷达的主要技术参数见表 2. 2,其观测范围以及其他参数均可满足室内场景下的数据采集要求。

表 2. 2　单线激光雷达主要技术参数

指标	技术参数
型号	UTM. 30. LX. EW
光源类型	波长为 905 nm 的一级光
观测距离	0. 1～30 m
扫描角度	270°
角度分辨率	0. 25°
扫描速度	25 ms(电机转速：2 400 r/min)

（续表）

指标	技术参数
观测精度	0.1～10 m：±30 mm 10～30 m：±50 mm
供电电压	12 VDC±10%×12 VDC
供电电流	最大：1 A，正常：0.7 A
功率	≤8 W
温度要求	10～50℃
尺寸及质量	62 mm×62 mm×87.5 mm/210 g

2. 多线激光雷达

多线激光雷达是室内定位的重要传感器，根据型号以及级别的不同，采集频率从数帧到数十帧均有分布。以 Velodyne 公司生产的 16 线激光雷达（图 2.3）为例，其具体参数如表 2.3 所示。多线激光雷达基于光电测距原理，通过多个激光线束同时扫描，迅速获取视场范围内地物的几何信息。多线激光雷达是室内定位、无人驾驶等领域最常用、最可靠的传感器，可以满足绝大部分室内场景的定位和高精度数据获取的需求。

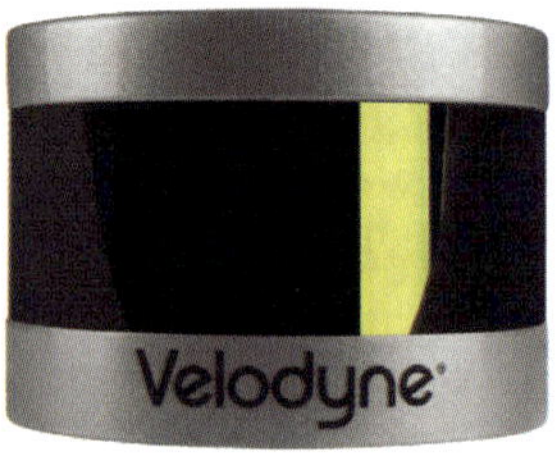

图 2.3　VLP.16 多线激光雷达实物图

表 2.3　多线激光雷达主要技术参数

指标	技术参数
型号	VLP.16
光源类型	波长为 905 nm 的一级光
观测距离	0.1～100 m
视场角	0°～360°（水平） −15°～+15°（垂直）
角度分辨率	0.1°～0.4°（水平）
	2°（垂直）
精度	±3 cm（常规）
供电电压	12 VDC±10%×12 VDC
旋转速率	5～20 Hz
输出	≥30 万点/s
功率	≤8 W
尺寸	103 mm（直径）×72 mm（高）
质量	830 g

2.1.3　惯性传感器

IMU 内置陀螺仪和加速度计，用来测量运动载体的角速度和加速度。以牛顿力学定律为基础，在运动载体中对观测量进行积分可以获得载体的姿态、速度以及位置等相关信息，其解算原理如图 2.4 所示。

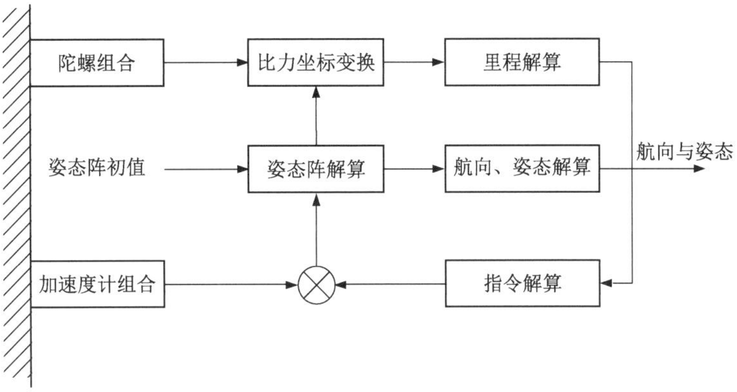

图 2.4　IMU 姿态解算原理

考虑到室内无人平台需要构建室内三维地图，本书在 IMU 的选型上选择了具有三轴测量能力的加速度计和陀螺仪的设备，便于解算载体在三个坐标轴上的角速度与加速度。为了提高姿态角的解算能力，便于与大地坐标系的转换，宜选用配备三轴磁力计的 IMU。高频的姿态输入能够为激光里程求解提供先验知识，克服在急转等姿态角骤变的情况下激光里程匹配失败的问题。同时为保证室内测图平台的机动性，优先选择高精度、体积小的 IMU。以 Inertial Labs 公司生产的 MRU. E（Motion Reference Unit. Enhanced）型号的轻小型 IMU（图 2.5）为例，其具体参数如表 2.4 所示。该 IMU 可在完成 30 s 的初始化后开始高频采集数据，采集频率最高可达 1 000 Hz，零偏稳定性达到 1°/h。

图 2.5　MRU. E 型号的轻小型 IMU 实物图

表 2.4　IMU 主要技术参数

指标		技术参数
航向	测量范围	0°～360°
精度	角度分辨率	0.01°
	静态精度	0.3°
	动态精度	0.6°
	后处理精度	0.1°

（续表）

指标		技术参数
陀螺仪	量程	450°/s
	零偏稳定性	1°/h
	噪声	0.004°/(s·$\sqrt{\text{Hz}}$)
加速度计	量程	8g
	零偏稳定性	0.005 mg
	噪声	0.025 mg $\sqrt{\text{Hz}}$
	温度要求	−40～70℃
	供电电压	9～36 VDC
	功耗	1.4 W
	电气接口	RS422/232
	尺寸及质量	120 mm×50 mm×53 mm/280 g

IMU 数据各个字段的含义见表 2.5。陀螺仪和加速度计等传感器的数据由于量级较小，故输出时在原始数据的基础上乘以一个系数，如线速度用重力加速度 g 的倍数形式进行表示，而角速度乘以的系数 KG、线加速度乘以的系数 KA 等参数会随着 IMU 输出模式的变化而改变。当改变 IMU 的采集频率以及输出模式时，应当在后处理程序中更改相应的参数数值。

表 2.5　IMU 数据格式

列数	定义	单位格式	范例
1	相对于起始时间的时间增量	ms	2002323
2	偏航角（导航系下）	rad	30871
3	俯仰角（导航系下）	rad	35
4	翻滚角（导航系下）	rad	45
5	X 轴角速度	KG·rad/s	1
6	Y 轴角速度	KG·rad/s	1
7	Z 轴角速度	KG·rad/s	1
8	X 轴线加速度	KA·g	31
9	Y 轴线加速度	KA·g	24
10	Z 轴线加速度	KA·g	3995
11	X 轴磁力计	nT/10	1603

（续表）

列数	定义	单位格式	范例
12	Y 轴磁力计	$nT/10$	1625
13	Z 轴磁力计	$nT/10$	3508
14	工作温度	10 • ℃	150
15～17	三轴位移	100 • 100 m	—
18～20	三轴线速度	100 • m/s	—

2.2 无人平台硬件集成设计

常见的室内无人平台的数据采集方案一般有两种：以视觉为主的方案和以激光为主的方案。根据实际项目的需要，无人平台常会搭载相应的惯导系统，与数据采集传感器组合成完整的无人平台硬件系统。

利用视觉系统进行数据采集的方案具有设备性价比高、装配简单、获取数据快速、数据内容丰富等优点，是室内外场景数据采集的重要手段。利用视觉系统获取无人平台行进过程中的影像，通过一系列算法处理，获取高精度场景地图是当前主流研究方向之一。相比于纯视觉系统，视觉激光雷达组合系统可以更加高效和准确地获取室内场景的点云数据。本节将对常见的双目数据采集平台（如 KITTI 数据集平台[1]）和多目视觉-激光综合采集平台[2]两种方案进行介绍。

2.2.1 双目数据采集平台

本书介绍的双目数据采集平台是以小型电动车为车体平台，以定制的单片机为控制单元，以两台相机（佳能 600D）组成的双目立体相机系统为数据采集单元，以一台笔记本电脑为数据存储单元。笔记本电脑可用于设置数据采集参数和存储数据采集结果。该平台可由遥控设备远程控制车体运动。

双目数据采集平台的外观与具体配置如图 2.6 所示。车体大小为 1.4 m×0.7 m×1.4 m，除了基本配置之外，还配备了 LED 照明灯，可以在光照不足环境中提供额外的照明；另外还配备了防碰撞雷达，可以感应车体前方障碍物，当距离小于一定阈值时会强制停止车体运动，以保障车体安全运行，防止发生碰撞事故。在双目立体相机系统配置方面，选用两台佳能 600D 单反相机，其感光元件为 22.3 mm×14.9 mm 的 CMOS，对应的有效像素为 1 800 万。但考虑到数据冗余和处理效率，在试验过程中影像采集的分辨率设置为 1 920×1 280 像素。配置的镜头为佳能 EF　35 mm　f/2 IS USM 镜头，该镜头在佳能 600D 相机上的等效焦距为 56 mm，有效视场角为 42°。如图 2.7 所示，两相机水平排列，

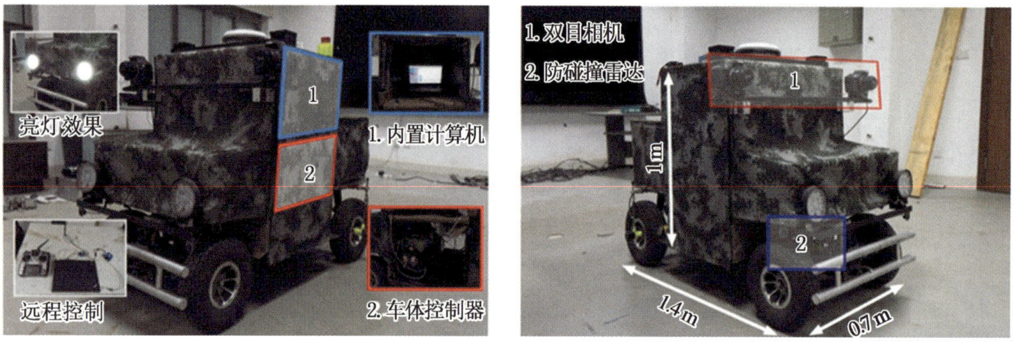

图 2.6　双目数据采集平台外观与配置

水平方向距离为 53.5 cm，在距相机光心 63.0 cm 外两相机能够形成重叠视场。

为了使两台相机同步曝光，两台相机均配备了无线快门信号接收器并设定信号接收频道一致，利用同一个无线快门信号发生器在相同频道内发出曝光信号进行同步。经测试，两台相机的同步误差小于 1 ms，满足了平台系统对数据同步采集的要求。当进入数据采集环节后，两相机接收曝光信号进行同步曝光，采集的影像将实时存储在相机的内存卡中。

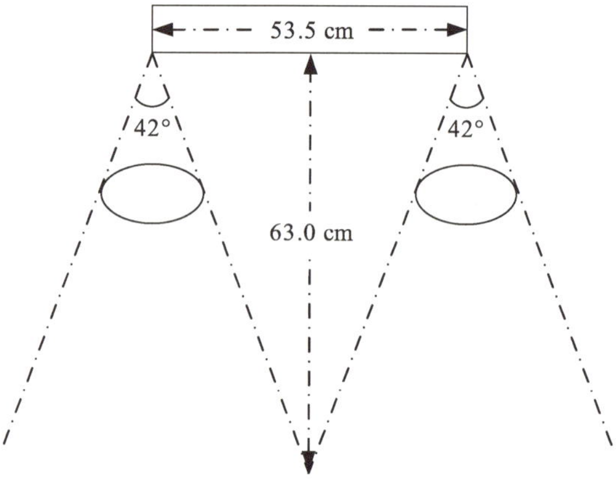

图 2.7　双目相机视场角情况

2.2.2　多目视觉-激光综合采集平台

双目系统在一般的室内场景中可以达到环境感知、视觉定位、场景建图等目的。然而，在一些特殊的室内场景中，双目视觉系统受到有效视场角的限制，在环境感知、定位、建图等方面存在一定的限制。在双目数据采集平台的基础上，本书整合并升级了车体控制系统以及传感器配置，给出了一种融合多目相机和激光雷达的采集方案。

根据室内场景高精度建图的需要，激光无人平台需要获取的室内场景的空间信息包括几何尺寸以及颜色、纹理等相关信息。获取的空间信息的覆盖范围需包括地面、墙壁以及天花板，采集的数据应尽可能均匀有效地覆盖所有观测范围。为增加多余观测量，各个传感器的有效视场应有一定程度的重叠。为方便数据采集，平台底盘应运动灵活、易于控制，传感器的采集宜集成在统一界面上。综上考虑，本书结合单线激光雷达、多线激光雷达、多目相机、IMU 和移动控制系统一体化设计了多目视觉-激光综合采集平台(图 2.8)。

根据平台的应用环境，平台结构可分为三部分：底盘、躯干、头部。考虑到平台运动过程中的稳定性，将大部分设备安装在平台底盘上，以此来保证整个平台的低重心。由于影像及激光点云数据采集对高度有一定要求，故将多目相机系统、激光雷达安装在平台的头

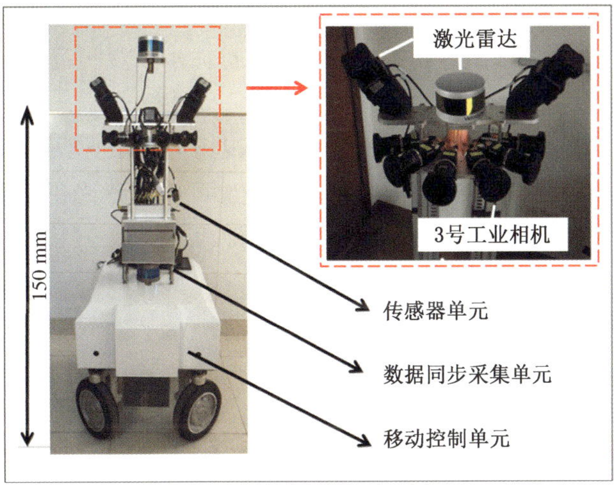

图 2.8　多目视觉-激光综合采集平台

部，以减少遮挡，确保数据的有效采集。将工控机的触摸屏安装在躯干的中部偏上位置，方便观察平台的运行状态和对平台进行操作。

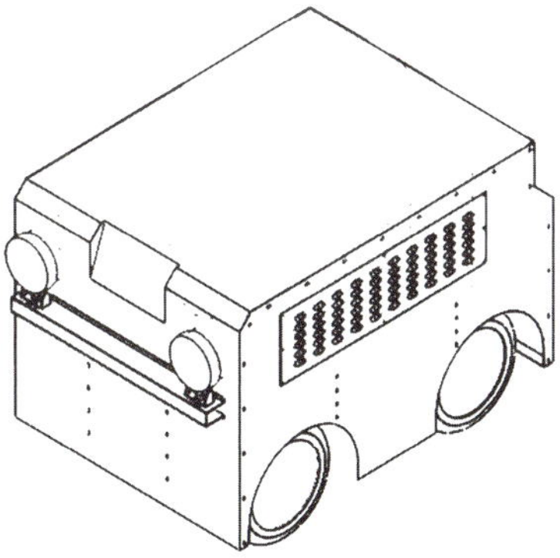

图 2.9　移动平台设计图

底盘采用由中山大学设计的四轮机器人移动平台，平台设计图如图 2.9 所示。该移动平台的载重能力超过 50 kg，可承载大量的传感器与操作设备，对复杂环境的适应性好，具有良好的运动能力，在续航时间超过 8 h 的情况下，具有最大爬坡角度为 15°以上的爬坡能力以及优秀的越障能力，并且可以在涉水、温差大等各种复杂环境中驻车执行任务，能够满足大部分工作场景的需求。机器人线控底盘采用四轮独立驱动，每个轮子都可以实现正反 90°的转动，可以全方位任意角度行进，同时支持原地转向。该平台采用高精度工业级编码器，控制精度和操作精度极大提升，可执行高精度的工作任务。同时，该平台还具有双重安全保障，遥控机以及车载的急停按钮可以保护机器人底盘运行安全，这两种安全措施均采用一键停止策略，可以迅速切断机器人底盘的动力，在不影响上层应用运行的情况下快速停止运动。

无人平台中最为核心的是用来完成室内定位以及三维重构的传感器单元，该单元放置在机器人头部。其中，16 线激光雷达放置在最高处以减少定位遮挡的情况，IMU 放置在激光雷达下方约 15 cm 的位置，这两个传感器的三个轴线以平行的关系安置，以保证有效的组合定位，两台单线激光雷达倾斜安置在机器人头部的两侧。光学传感器则朝向机器人前进方向，覆盖机器人正前方超过 180°的水平视场。传感器单元的实物图如图 2.10 所示。

在传感器单元中，水平放置的 VLP. 16 多线激光雷达与 MRU. E IMU 相辅助以计算机器人平台的位置和姿态信息，多目相机与单线激光雷达结合以重建场景地图。

在相机配置方面，本书采用多相机组合的方式扩大水平观测范围，以尽可能地提高获取数据的效率和完整性。6 台 BFLY. U3. 23S6C. C 型号相机搭配 Kowa LM8HC 的焦距为 8 mm 的镜头等角度安置，相邻相机间有充足的视场重叠以便于获取具有深度信息的视差图像，可以满足三维建模等需求。如果有需要，也可以与激光雷达获取的数据互为参照，检测数据获取的完整性等。相机组合方法如图 2. 11 所示。

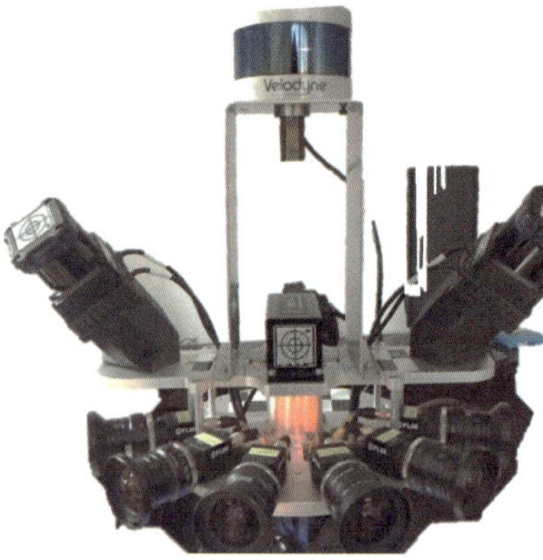

图 2. 10　传感器单元实物图

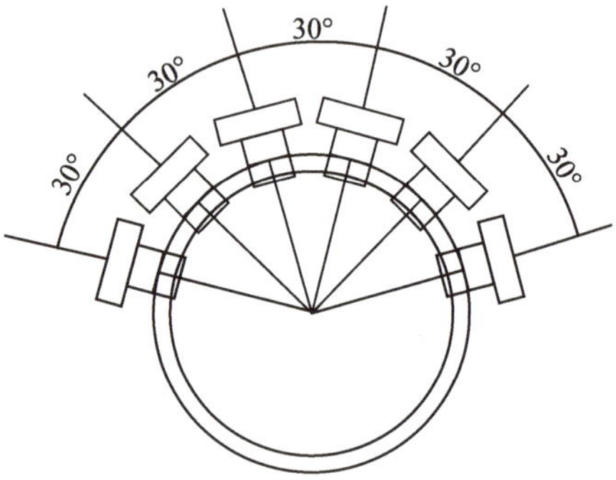

图 2. 11　相机组合示意图

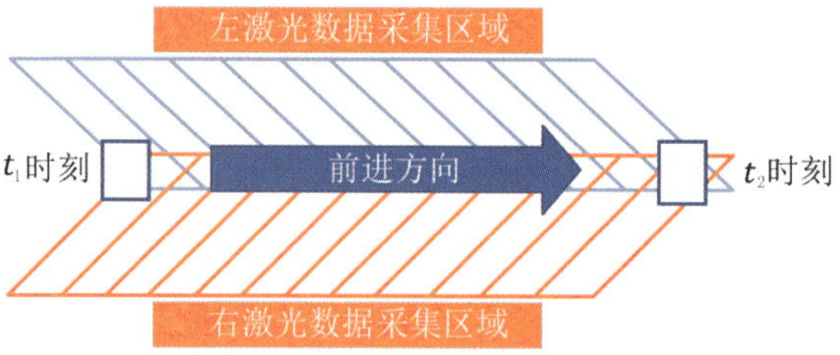

图 2. 12　单线激光雷达数据采集过程示意图

传感器单元中配备的单线激光雷达扫描频率高达 40 Hz，扫描速度约为常规 16 线激光雷达的 2 倍，因此获取的点云的运动畸变也随之减小一半。图 2. 12 展示了单线激光扫描仪的数据获取过程：无人平台的顶部两侧倾斜约 45°分别安置一台单线激光雷达；随着室内无人平台向前移动，单线激光雷达可以获取地面、墙面以及天花板的三维空间数据；获取到数据采集瞬间激光坐标系在全局坐标系中的位置与姿态后，就可以通过坐标转换将每一帧数据归算到全局坐标系中，进而通过拼接每一帧的点云数据重构出场景点云。

2.3　无人平台数据采集软件架构

2.3.1　软件整体架构

无人平台实质上是一个机器人集成平台，是一个非常复杂的系统工程，涉及机械、电子、控制、通信、软件等诸多学科的知识，然而，一个团队很难覆盖所有这些学科的知识，这给机器人的发展带来一定困难。随着机器人技术的不断发展以及各项技术的不断细化，如今机器人的部件如电机、底盘、传感器等均由不同的厂家生产，并且针对这些部件开发了具有多种功能的开源 SDK（Software Development Kit）包，使用者仅需调用 SDK 包里面的功能包即可实现诸多复杂的功能。这些部件需要一个公共的软件平台进行集成（图 2.13），机器人操作系统（Robot Operating System，ROS）便是当今使用最广泛的平台。

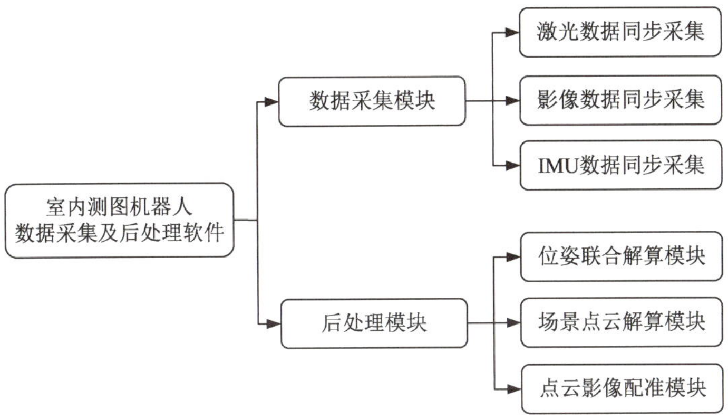

图 2.13　室内无人平台数据采集及后处理软件框架

ROS 是 Willow Garage 公司与斯坦福大学的人工智能实验室合作，于 2009 年推出的一个适用于编写机器人软件的灵活框架。它提供了一系列的程序库文件和工具包，可以实现传感器驱动支持、数据可视化以及信息传递等功能。考虑到室内测图平台的传感器集成、数据可视化等需求，室内测图机器人的传感器控制、触发以及数据采集在该框架下进行，可以实现传感器的数据传输、通信以及存储等功能。ROS 的消息传递通过 Subscribe（订阅）和 Publication（发布）实现，通信则依赖于 Node（节点）、Message（消息）、Topic（话题）以及 Service（服务），消息的记录通过日志（Logging）的形式进行存储，它们在 ROS 系统下的功能如图 2.14 所示，这些功能模块的具体使用方法可参考官方说明文档[①]。

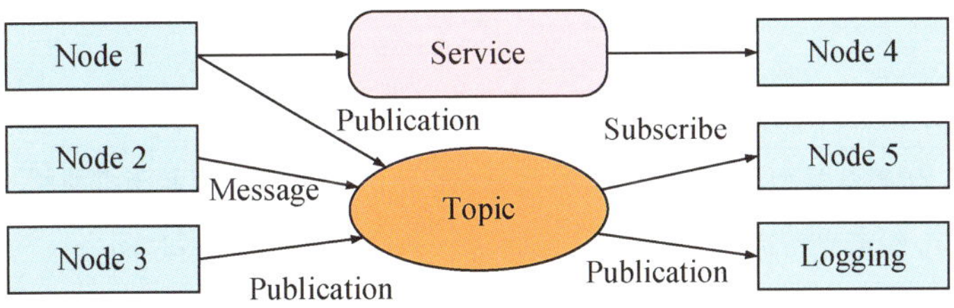

图 2.14　ROS 数据通信示意图

在 Ubuntu16.04 和 ROS 系统的基础上，本书开发了一套可视化数据采集软件。该软件使用 C++结合 Qt 开发了图形界面，使用该界面程序可以实现各类传感器的启动触

① https://docs.ros.org/ ROS。

发，并开展数据采集。该图形界面的主界面如图 2.15 所示，左侧各个触发按钮用于启动各类传感器，上方的触发按钮用于存储传感器数据，点击数据存储可跳出子界面进行传感器数据的实时显示与存储控制，在界面右侧可实时观察数据采集过程中传感器的工作状态。

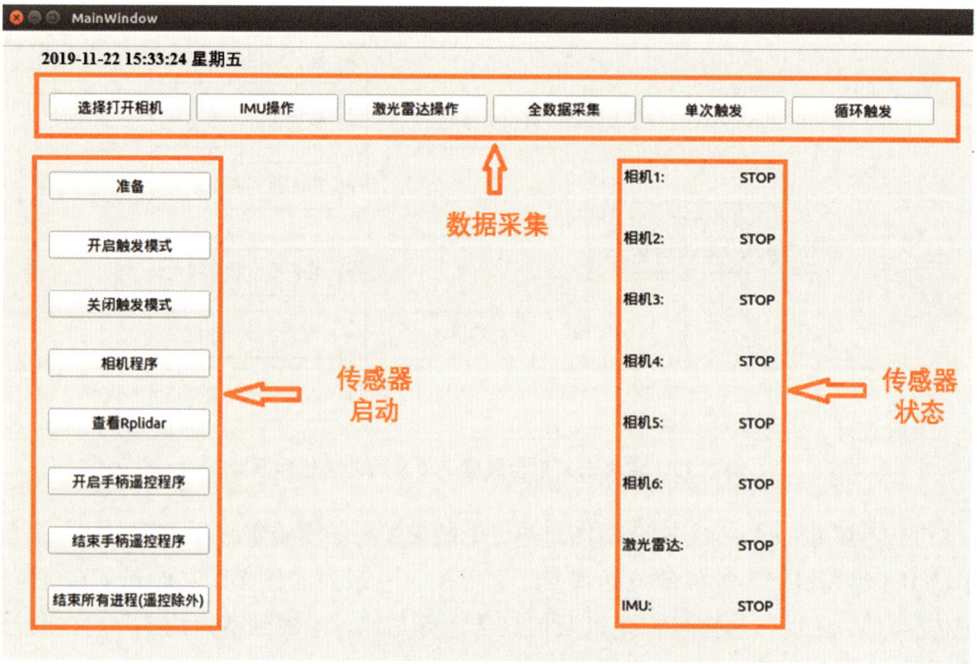

图 2.15　室内无人平台数据采集软件主界面

数据采集软件在后端主要利用 C++作为编译语言，利用传感器组合中各个传感器预留的 SDK 接口和 ROS 相应的 Topic 等实现了数据的同步采集。数据采集主要分为三个部分：影像数据同步采集、激光数据同步采集和 IMU 数据同步采集，各传感器采集的数据存储格式如表 2.6 所示。

表 2.6　室内测图机器人原始数据格式

传感器类型	原始数据格式
16 线激光雷达	Rosbag
单线激光雷达	txt 格式/Rosbag
IMU	txt 格式/Rosbag
相机	jpeg 格式/Rosbag

2.3.2　影像数据同步采集

相机选用 Point Grey 公司生产的 USB 接口的工业相机，配套支持相机采集、开发功能的 Fly Capture SDK，该 SDK 提供 C++语言的接口函数(Application Programming

Interface，API)进行开发工作。在集成过程中，直接调用 SDK 里面的工具包即可实现相机的各类参数设置以及启动触发。选择主界面中的相机程序，即可跳出图 2.16 所示 FlyCapture2 版本的相机启动界面，在相机列表里可显示与工控机相连的 6 台工业相机及其具体型号，相机接口支持 USB 3.0 数据传输。

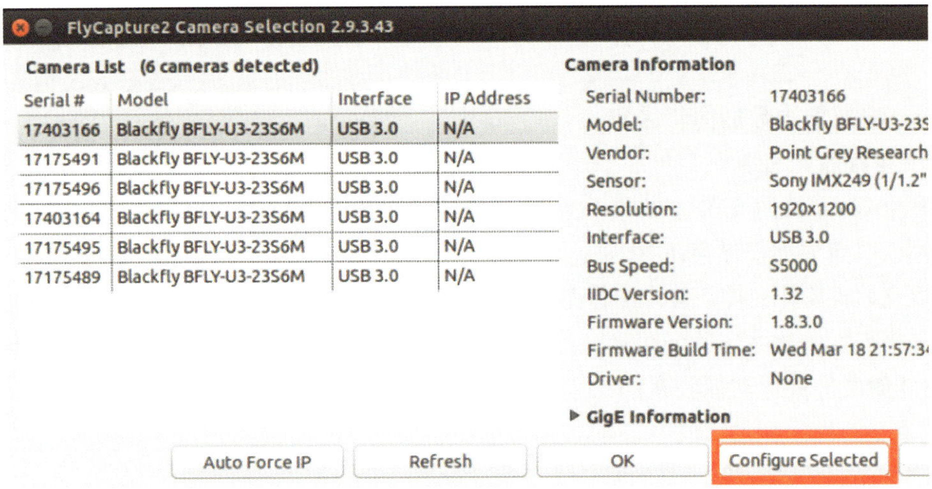

图 2.16　相机启动界面

点击图 2.16 中右下角的“ConFigure Selected”，即可跳转至图 2.17 所示相机参数设置界面，可对相机的运行模式、曝光、采样频率等信息，以及采样相片的亮度、锐度等参数进行设置，以获取所需频率的相片。

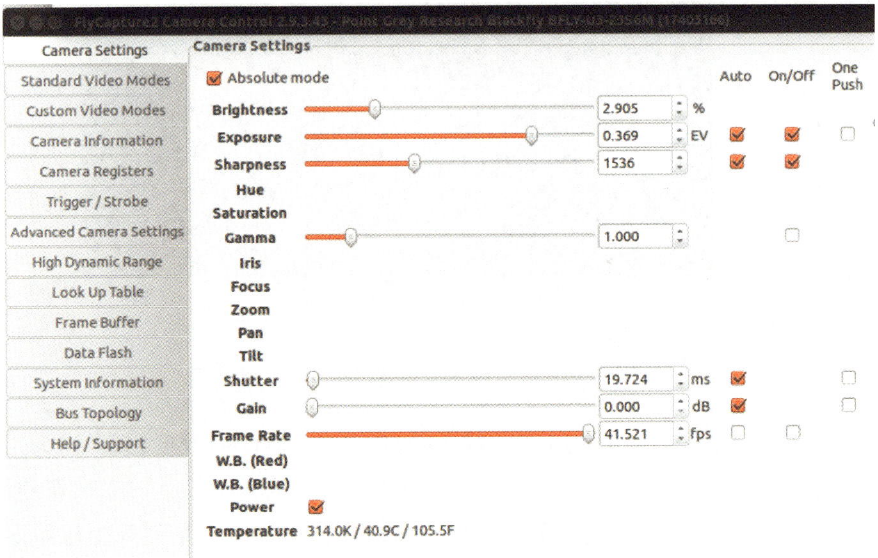

图 2.17　相机参数设置界面

相机采集到的影像数据将同时以如下两种方式保存。

(1) 直接存储为相片文件，存储在 6 个以相机名命名的文件夹里，对应每个相机采集到的数据，默认设置每 1 s 采样一张相片，相片的命名中包含相片的采样时间，该时间由工控机的系统时间进行授时。

(2) 以 ROS 数据流的形式存储在 Rosbag 中，数据流的每条数据包含该相片的影像数据、拍摄时间、拍摄相机等信息。

2.3.3 激光雷达数据同步采集

1. 单线激光雷达

Hokuyo 单线激光雷达在 ROS 环境下提供了驱动以及数据采集源程序，获取到的点云数据以节点的形式保存在 Rosbag 中。在数据采集过程中，可以使用 ROS 环境下的三维可视化软件 RViz 来实现点云的实时显示，图 2.18 所示为 Hokuyo 单线激光雷达数据实时采集界面。考虑到数据存储以及解算的方便，单线激光雷达数据可保存成 Rosbag 和 txt 格式的文件进行存储。在一次采集过程中，将单线激光雷达数据保存成一个完整的 txt 文件。

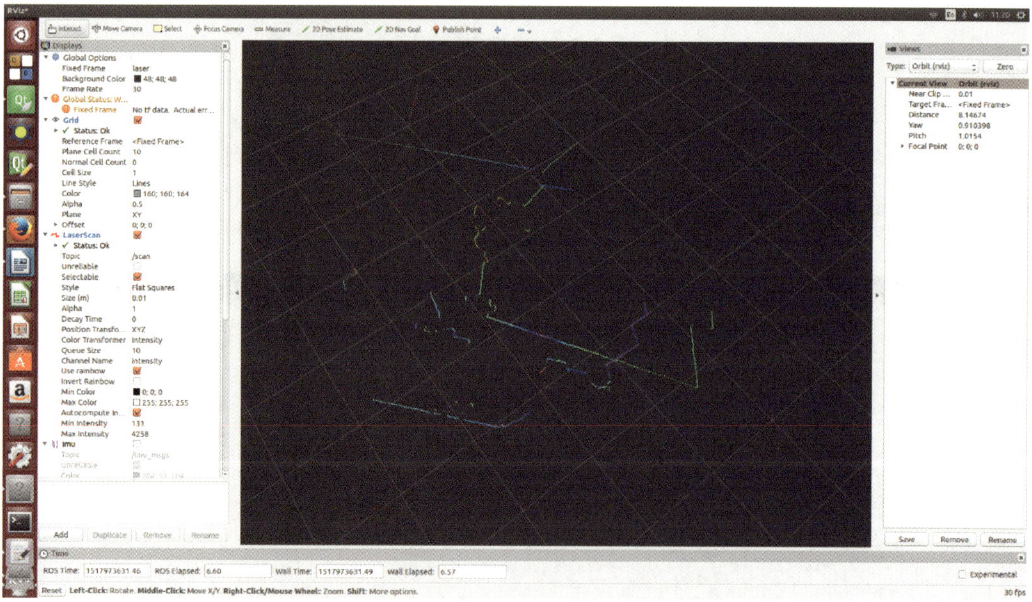

图 2.18　Hokuyo 单线激光雷达数据实时采集界面

在 txt 文件中，每一行为一帧扫描数据，一行共包含 1 087 列数据，第 1 列为系统授予的每一行数据获取的时间，其余第 7 列至第 1 087 列保存的数据为 0°～270°观测范围下，角度分辨率为 0.25°的距离采样值，采用式(2.2)进行解译，可以获取激光坐标系下的坐标观测值。表 2.7 对该 txt 文件中数据的具体含义进行了详尽的说明。

表 2.7　单线激光雷达数据格式

列数	定义	单位格式	示例
1	Unix 时间	s	1502330906.9175
2	单次扫描起始角度	rad	0.78551
3	单次扫描角度增量	rad	0.004363
4	单次扫描结束角度	rad	0.78551
5	距离单位类型	—	3 代表 m
6	单次采样点个数	—	1081
7～1 087	距离观测值	m	1.00000

2. 多线激光雷达

Velodyne 在 ROS 环境下提供了驱动以及数据采集源程序，获取到的点云数据以节点形式保存在 Rosbag 中。在数据采集过程中，可以使用 ROS 环境下的三维可视化软件 RViz 来实现点云的实时显示，图 2.19 所示为 Velodyne 16 线激光雷达数据实时采集界面。激光雷达获取的距离观测值通过初步解译，可以得到激光坐标系下的点云数据。考虑到数据存储以及解算的方便，数据量庞大的 16 线激光雷达数据仍以 Rosbag 的形式存储。

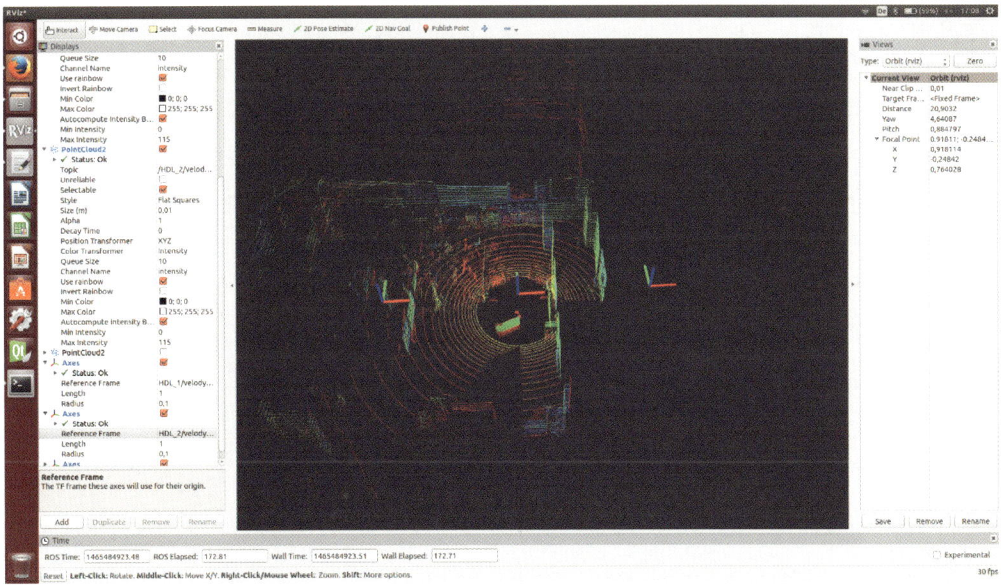

图 2.19　Velodyne 16 线激光雷达数据实时采集界面

2.3.4　IMU 数据同步采集

IMU 以极高的频率记录了无人平台的姿态信息。数据采集软件在完成初始化后以一定的频率(如 100 Hz)进行数据采集，以文件的形式存储惯性测量数据，该文件第一行记录了开始记录的时间(系统时间)。图 2.20 为 IMU 原始数据的示例，第一列记录的是每一帧数据的观测时间，该时间相对于初始记录时间以时间增量的形式进行记录，在解算过程中，将时间增量的单位由毫秒换算成秒，再加上初始记录时间，即可得到 IMU 每一帧数据的观测时间。接下来的数据包括陀螺仪观测到的角速度信息、加速度计获取的线加速度数据、磁力计计算得到的磁强度观测值以及温度、压强等数据。以上提到的角速度、线速度、磁力计观测数据为直接观测数据，无人平台的姿态、不同轴向的速度、位置等数据为仪器内置程序解算得到的结果。

IMU_Data start:1578985746																
delt_time	Heading	Pitch	Roll	GyroX	GyroY	GyroZ	AccX	AccY	AccZ	MagX	MagY	MagZ	Temper	Heave	Surge	
us	deg*100	deg*100	deg*100	deg/s*KG	deg/s*KG	deg/s*KG	g*KA	g*KA	g*KA	nT/10	nT/10	nT/10	℃*10	m*100	m*100	
2001813	57	116	301	0	0	32	0	0	0	49	0	0	0	7	0	
2241832	29866	-22	-260	0	0	0	182	-16	3992	2425	1802	-3873	125	0	0	
2241888	29866	-22	-260	2	-4	0	165	-15	3986	2416	1801	-3870	125	0	0	
2241981	29866	-22	-260	3	1	-1	170	-16	3993	2417	1806	-3867	125	0	0	
2242019	29866	-22	-260	4	-4	-4	172	-17	3991	2422	1811	-3866	125	0	0	
2242133	29866	-22	-260	1	-2	-8	174	-12	3991	2429	1811	-3866	125	0	0	
2242171	29867	-22	-260	3	0	0	174	-10	3995	2435	1808	-3867	125	0	0	
2242243	29867	-21	-260	2	-2	3	173	-7	3988	2438	1803	-3870	125	0	0	
2242280	29866	-21	-260	0	-2	4	173	-5	3987	2437	1797	-3873	125	0	0	
2242705	29866	-21	-260	1	-3	2	173	-4	3995	2432	1793	-3875	125	0	0	
2242739	29867	-21	-260	0	-5	-1	174	-3	3993	2424	1792	-3874	125	0	0	
2242858	29867	-21	-260	-2	-3	2	179	-4	3993	2418	1795	-3873	125	0	0	
2242906	29867	-21	-260	-3	-4	3	184	-10	3994	2415	1801	-3870	125	0	0	

图 2.20　IMU 原始数据示例

参考文献

[1] Andreas G, Philip L, Raquel U, et al. Are we ready for autonomous driving? The KITTI vision benchmark suite[C]//2012 IEEE Conference on Computer Vision and Pattern Recognition, 2012: 3354-3361.

[2] Yang Y, Tang D, Wang D, et al. Multi-camera visual SLAM for off-road navigation[J]. Robotics and Autonomous Systems, 2020, 128: 1-11.

CHAPTER

3

第 3 章 室内无人平台系统的时空检校

本章主要介绍了激光、视觉等主要传感器的标定与检校，标定成果直接服务于后续室内三维场景重构中。此外，标定成果亦可为多目视觉相机的交会观测提供先验知识，为视觉和激光对环境的融合感知提供基准参考，以及应用于室内测图机器人的其他研究中。

本章指引 | 阅读本章节，你会了解到

- ☑ 多传感器平台的空间位置标定方式
- ☑ 多传感器平台的时间同步控制方法
- ☑ 视觉相机检校方法
- ☑ 激光雷达检校方法

与其他章节的联系

- ☑ 对第 4 章“无人平台的定位与定姿”涉及的技术及知识进行了介绍。

3.1 室内无人平台的空间坐标系统

3.1.1 空间位置标定的必要性

无人平台集成了多种不同的传感器，同类别的传感器由于安装位置与姿态不同，获取数据的空间基准也有所不同。对于相机及激光雷达扫描仪这两种不同类型的传感器，由于几何参考框架不同，获取的光学影像与激光点云是两种跨模态(Cross-Modal)的异源数据，这两类数据在精确对准上仍存在困难[1]。对传感器外参数进行精确标定，可以为不同传感器在空间基准上的统一奠定基础，为多相机交会测量、三维重构等相关研究提供数据支撑。

在多个传感器集成的情况下，传感器之间会存在视场不重叠的情况，传感器两两间借助特征进行互相标定，获取的相对位置与姿态并不适用于多传感器集成的系统平台，因此需要建立统一的坐标基准，即无人平台机身坐标系，通过标定手段获取各个传感器坐标系与无人平台坐标系的转换关系，借助无人平台机身坐标系可获取任意两个传感器坐标系间的基准转换方法。为更好地表述传感器的标定方法，下面以多目视觉-激光平台为例，对传感器的坐标系进行简要介绍。

图 3.1 为无人平台上各个传感器的坐标系示意图，其包括以下四个坐标系统。

(1) 机身坐标系：以 IMU 的中心点为坐标原点，X 轴指向无人平台前进方向的正右方，Y 轴指向无人平台的正前方，Z 轴指向无人平台的正上方，三个坐标轴共同构成笛卡尔右手坐标系 O_b-XYZ。机身坐标系的确定参考 IMU 坐标系，两个坐标系的三个轴系均保持平行关系。

(2) 相机坐标系：以相机光心为坐标原点，X 轴指向相机右侧，Y 轴向下，Z 轴指向相机正前方，构成右手坐标系 O_c-XYZ。

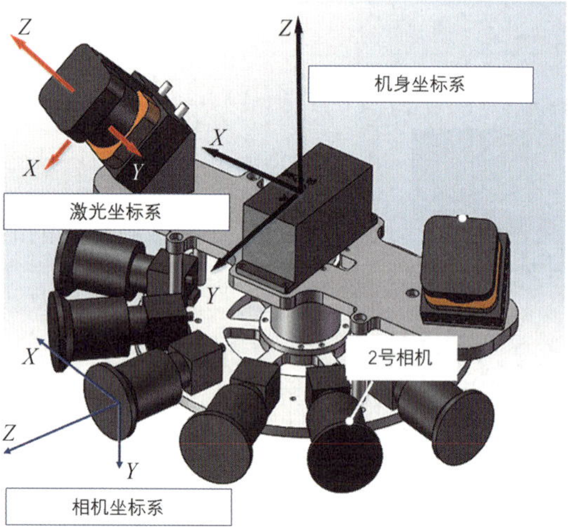

图 3.1　无人平台传感器坐标系示意图

(3) 单线激光雷达坐标系：以激光发射中心为坐标原点，X 轴指向激光雷达正右方，Y 轴指向激光雷达正前方，构成二维坐标系 O_l-XY。

(4) 多线激光雷达坐标系：以激光发射中心为坐标原点，X 轴指向激光雷达正右方，Y 轴指向激光雷达正前方，Z 轴指向激光雷达正上方，构成右手坐标系 O_L-XYZ。

3.1.2 与相机标定相关的坐标系

相机检校涉及的坐标系包括世界坐标系、相机坐标系、图像物理坐标系以及图像像素坐标系。相机成像是基于小孔成像的三维点映射到二维平面的过程，物点 P_w、像点 P_p 与投影中心 O 在一条直线上，物点经外参数矩阵平移、旋转至相机坐标系，再结合相机内参数矩阵可投影至像平面实现成像，其坐标系转换过程如图 3.2 所示。

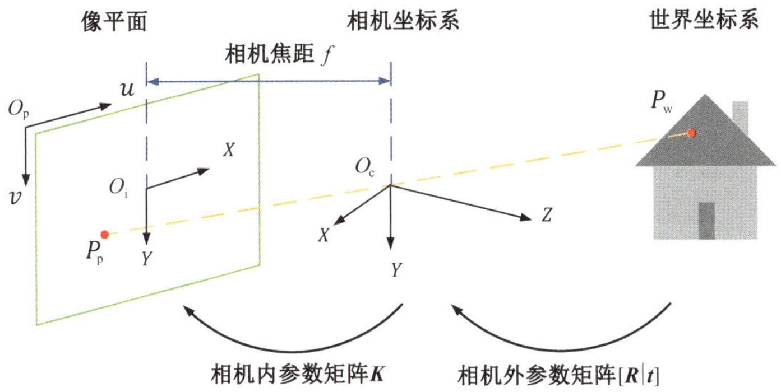

图 3.2　相机成像原理图

相机成像涉及四个坐标系，相机坐标系已在 3.1.1 节中介绍，以下对其余三个坐标系进行逐一介绍。

(1) 图像像素坐标系：固定在相机平面上以像素为单位的平面直角坐标系。以图像左上角为坐标原点 O_p，u 轴和 v 轴两个坐标轴分别沿着图像的行和列两个方向共同构成图 3.2 中左侧所示的 $O_p\text{-}uv$ 坐标系，该坐标系下的坐标通常用 (u, v) 表示。

(2) 图像物理坐标系：固定在相机平面上以毫米为单位的平面直角坐标系。以相机像主点为原点，X 轴和 Y 轴分别平行于图像像素坐标系的 u 轴和 v 轴，共同构成图 3.2 中左侧所示的 $O_i\text{-}XY$ 坐标系，该坐标系下的坐标通常用 (X, Y) 表示。

(3) 世界坐标系：为现实世界使用的坐标系，或者为一个测区使用的全局坐标系。它是在现实世界中建立的三维笛卡尔坐标系 $O_w\text{-}XYZ$，常使用右手坐标系，用以描述相机的位置以及物点的相对位置，该坐标系下的坐标通常用 $P_w(x_w, y_w, z_w)$ 表示。

3.1.3　相机成像模型

假设世界坐标系下有一点 $P_w(x_w, y_w, z_w)$，经过平移、旋转，将坐标转换至相机坐标系，得到相机坐标系下的点 $P_c(x_c, y_c, z_c)$，则坐标系转换满足式(3.1)。

$$\begin{bmatrix} x_c \\ y_c \\ z_c \\ 1 \end{bmatrix} = \begin{bmatrix} \boldsymbol{R} & \boldsymbol{t} \\ 0 & 1 \end{bmatrix} \begin{bmatrix} x_w \\ y_w \\ z_w \\ 1 \end{bmatrix} \tag{3.1}$$

式中，$\boldsymbol{R}$ 为 3×3 的矩阵，表示两个三维直角坐标系间的旋转关系；$\boldsymbol{t}$ 为 3×1 的行列式，用来表示平移变换。

接着进行从相机坐标系向图像物理坐标系的投影变换，假设 P_c 经过投影变换得到图像物理坐标系下的点 $P_i(x_i, y_i)$，则有以下关系：

$$\frac{x_c}{x_i}=\frac{y_c}{y_i}=\frac{f}{z_i} \tag{3.2}$$

式中，f 为相机的焦距。

将式(3.2)换算成齐次方程的形式，可以表示为

$$z_c\begin{bmatrix}x_i\\y_i\\1\end{bmatrix}=\begin{bmatrix}f&0&u_0&0\\0&f&v_0&0\\0&0&1&0\end{bmatrix}\begin{bmatrix}x_c\\y_c\\z_c\\1\end{bmatrix} \tag{3.3}$$

最后进行图像物理坐标系与像素坐标系间的坐标转换。摄影中心点在像平面的坐标为 (u_0, v_0)，图像中每个像素的物理尺寸为 $\mathrm{d}X$ 和 $\mathrm{d}Y$，则物理坐标系中的点 (X, Y) 与像素坐标系中的点 (u, v) 有以下关系：

$$\begin{cases}u=\dfrac{X}{\mathrm{d}X}+u_0\\[2ex] v=\dfrac{Y}{\mathrm{d}Y}+v_0\end{cases} \tag{3.4}$$

换算成齐次方程的形式为

$$\begin{bmatrix}u\\v\\1\end{bmatrix}=\begin{bmatrix}\dfrac{1}{\mathrm{d}X}&0&u_0\\0&\dfrac{1}{\mathrm{d}Y}&v_0\\0&0&1\end{bmatrix}\begin{bmatrix}X\\Y\\1\end{bmatrix} \tag{3.5}$$

综上可得：

$$\begin{aligned}z_i^c\begin{bmatrix}u\\v\\1\end{bmatrix}&=\begin{bmatrix}\dfrac{1}{\mathrm{d}X}&0&u_0\\0&\dfrac{1}{\mathrm{d}Y}&v_0\\0&0&1\end{bmatrix}\begin{bmatrix}f&0&0&0\\0&f&0&0\\0&0&1&0\end{bmatrix}\begin{bmatrix}\boldsymbol{R}&\boldsymbol{t}\\0&1\end{bmatrix}\begin{bmatrix}x_w\\y_w\\z_w\\1\end{bmatrix}\\&=\begin{bmatrix}f_u&0&u_0\\0&f_v&v_0\\0&0&1\end{bmatrix}\begin{bmatrix}\boldsymbol{R}&\boldsymbol{t}\\0&1\end{bmatrix}\begin{bmatrix}x_w\\y_w\\z_w\\1\end{bmatrix}=\boldsymbol{K}[\boldsymbol{R}\mid\boldsymbol{t}]\boldsymbol{P}_w\end{aligned} \tag{3.6}$$

式中，$\boldsymbol{K}$ 为内参数矩阵；$[\boldsymbol{R}\mid\boldsymbol{t}]$ 为外参数矩阵。

3.1.4　镜头畸变

由于相机镜头、感光单元存在加工、装配误差，所有的相机都存在着几何畸变，导致实际像点位置与中心投影计算得到的像点位置存在差异，因此，相机的检校还需要加上畸变参数的纠正，畸变参数主要包括三个径向畸变系数 k_1、k_2、k_3 和两个切向畸变系数 p_1、p_2。

1. 径向畸变

径向畸变是相片以畸变中心为原点沿着径向发生的位置偏移，是相机畸变中对像素位置影响最大的畸变类型。其表现形式为相片中心点的畸变近乎为0，离中心点越远，畸变越大，在成像边缘地区，径向畸变达到最大值。径向畸变按照其向径向发生变化的方向可以分为枕形畸变和桶形畸变，其像点偏移的整体趋势如图3.3所示。径向畸变与镜头设计有关，短焦距镜头成像倾向于枕形畸变，长焦距镜头成像倾向于桶形畸变。

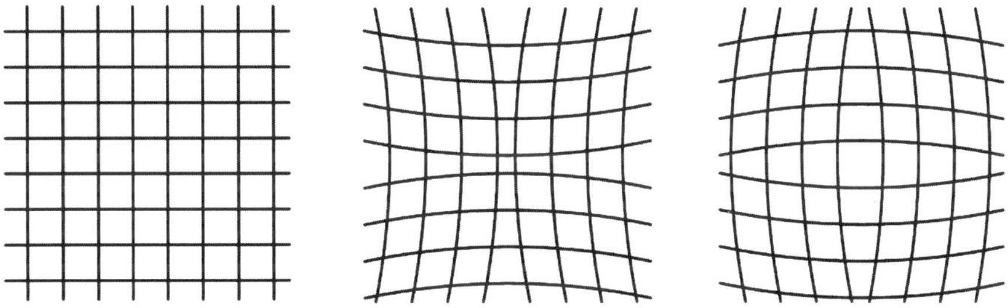

(a) 正常物体　　(b) 枕形畸变　　(c) 桶形畸变

图3.3　径向畸变类型

相片径向畸变模型如式(3.7)所示：

$$\begin{cases}\delta x_{\mathrm{r}}=(u-u_0)(k_1r^2+k_2r^4+k_3r^6+\cdots)\\ \delta y_{\mathrm{r}}=(v-v_0)(k_1r^2+k_2r^4+k_3r^6+\cdots)\end{cases}\tag{3.7}$$

式中，(u_0, v_0) 为图像中心点在图像像素坐标系中的坐标；r 为像点到相片中心的距离，其计算公式如下：

$$r=\sqrt{(u-u_0)^2+(v-v_0)^2}\tag{3.8}$$

故径向畸变纠正公式为

$$\begin{cases}x_{\mathrm{dr}}=x(1+k_1r^2+k_2r^4+k_3r^6+\cdots)\\ y_{\mathrm{dr}}=y(1+k_1r^2+k_2r^4+k_3r^6+\cdots)\end{cases}\tag{3.9}$$

2. 切向畸变

相机的切向畸变是由于透镜与成像平面不平行发生的畸变，与径向畸变定义相仿，以畸变中心为原点扩展，沿着切线方向发生的畸变。切向畸变模型如式(3.10)所示：

$$\begin{cases}\delta x_{\mathrm{d}}=p_1[r^2+2(u-u_0)^2]+2p_2(u-u_0)(v-v_0)+\cdots\\ \delta y_{\mathrm{d}}=p_2[r^2+2(v-v_0)^2]+2p_1(u-u_0)(v-v_0)+\cdots\end{cases}\tag{3.10}$$

综合考虑高阶拟合对径向畸变和切向畸变纠正稳定性的影响，径向畸变保留 2 阶，切向畸变保留 2 阶，得到下式：

$$\begin{cases}\delta x=(u-u_0)(k_1r^2+k_2r^4)+p_1[r^2+2(u-u_0)^2]+2p_2(u-u_0)(v-v_0)\\ \delta y=(v-v_0)(k_1r^2+k_2r^4)+p_2[r^2+2(v-v_0)^2]+2p_1(u-u_0)(v-v_0)\end{cases} \tag{3.11}$$

径向畸变和切向畸变作为相机的主要畸变，其对像点位移的影响如图 3.4 所示。精确标定出相机的畸变参数，利用计算得到的畸变参数纠正相片，这对于相机外参数求解以及点云与影像的配准等相关研究具有重要的意义。

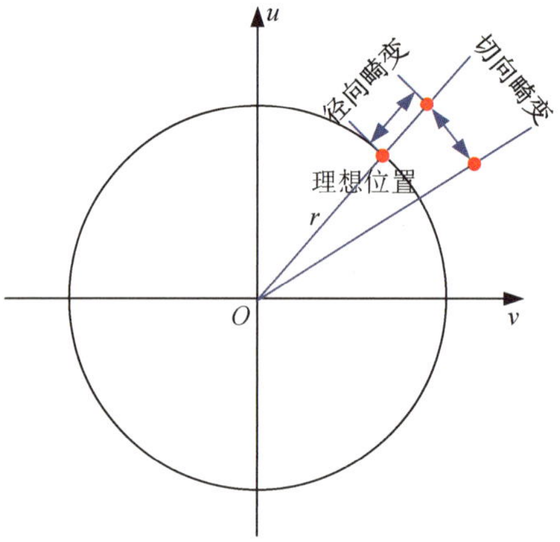

图 3.4 畸变对像点位移的影响

3.2 室内无人平台的时间控制系统

3.2.1 时间同步系统的必要性

对于无人平台传感器系统来说，要想获得高精度的数据融合效果，其中一个重要的前提就是，从多个传感器接收到的数据在时间上应该是同步的，即来自多个子系统的数据要求时间同步。如果在一个数据融合点上，进入下一阶段的来自多个子系统的数据来自不同的时间点，将会给融合结果带来误差。所以，来自不同子系统的数据之间的时间同步对于设计无人平台传感器系统来说非常重要。

本系统采用 Unix 时间作为系统时间。Unix 时间戳(Unix Timestamp)，或称 Unix 时间(Unix Time)，是一种兼容多个系统以及数据库的时间表示方式，其定义为从格林尼治时间 1970 年 01 月 01 日 00 时 00 分 00 秒起至现在的总秒数。一小时表示为 Unix 时间戳格式为 3 600 s，一天表示为 Unix 时间戳为 86 400 s，闰秒不计算。在系统中，Unix 时间戳通常用 32 位来表示，而在输出时用十进制数来表示。

激光雷达、相机以及IMU均集成在同一台工控机上，系统输出工控机的系统时间，给每帧的传感器数据打上时间戳，借此实现传感器数据的时间同步。实现各传感器的时间同步后，获取同一时间下各传感器的数据就水到渠成了。

3.2.2　同步采集系统的设计与装配

根据视觉、激光雷达、惯导等多传感器同步采集需求，针对各个传感器的数据通信特点设计同步采集系统。同步采集系统的开发内容主要针对两个功能：建立统一的时间基准（授时同步）和同步控制采集（主动同步）。

1. 建立统一的时间基准

多传感器的授时统一是实现系统时间基准统一的基础。由异步串行通信接口芯片、GPS接收机、GPS秒脉冲电平转换芯片、晶振（模拟时钟，在无GPS环境中提供精准的时间信息）组成控制器的授时单元。采用GPS模块阶段性校准模拟时钟时间。其中，异步串行通信接口芯片传送高精度时标；GPS接收机接收GPS信号，并发送GPS秒脉冲信号至GPS秒脉冲电平转换芯片；GPS秒脉冲电平转换芯片将GPS秒脉冲由差分电平转换为TTL电平；晶振用于长时间产生稳定的时钟信号，晶振精度为5 mm/km，月累计误差在9～12 s。同步授时模块示意图如图3.5所示。

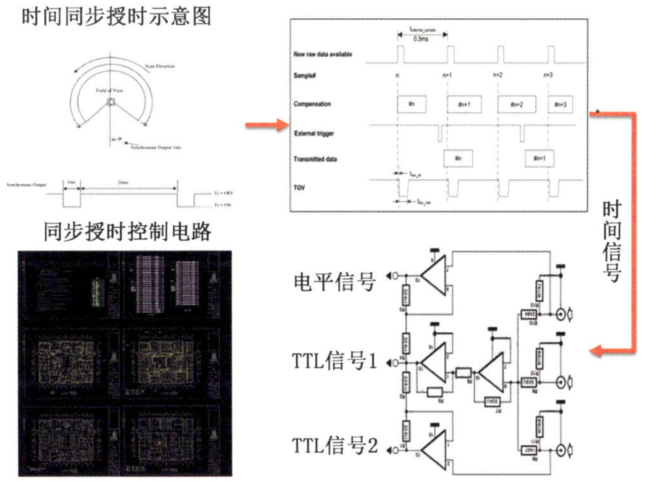

图3.5　同步授时模块示意图

2. 同步控制采集

同步采集系统拟采用现场可编程逻辑门阵列（Field Programmable Gate Array，FPGA）来设计。使用FPGA可以实现对每个传感器的触发帧率调节，并对每个传感器的触发时刻进行微调节，还可以实现各种不同信号之间较高精度的延迟。同步采集系统的触发模块可实现对各种触发电平标准制式的转换。图3.6所示为多传感器同步控制方案设计和原型板。

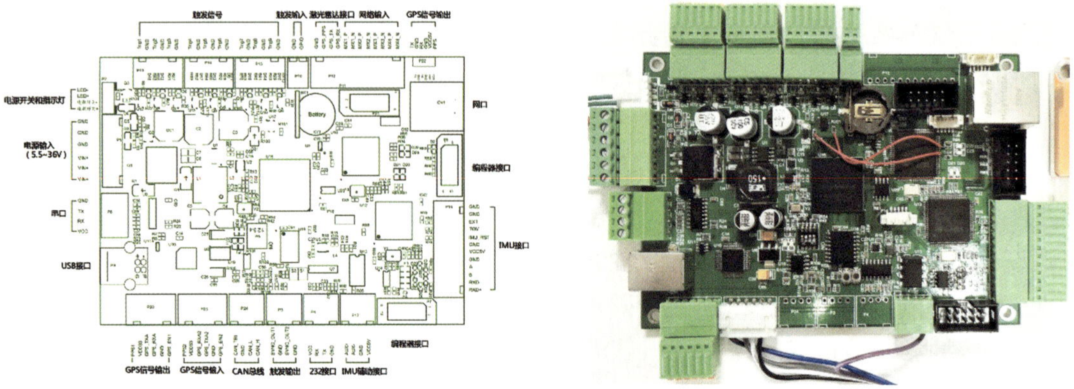

(a) 方案设计　　　　　　　　(b) 原型板

图 3.6　多传感器同步控制设计

同步采集系统可以主动向视觉传感器发送同步控制指令，视觉传感器在每次接收到控制指令的时刻执行指令，完成一次数据采集。视觉传感器的帧率普遍在 2 Hz，相对于激光雷达和 IMU，2 Hz 的延时便于实现。同步采集系统的控制信号采用脉冲触发信号，利用脉冲信号的有效边沿控制传感器数据，完成数据采集。

同步采集系统可以实现激光雷达的授时同步。时钟模块接入多线激光雷达后，会发送模拟时钟报文至数据流，在每个秒脉冲，模拟时钟报文数据流会与高采样频率的激光点云数据一并存入 UDP 数据包中。根据两类数据的数据端口和字节长度，可以在数据包中解析出时钟信息，以及在该时间下所获得的点云数据。由于模拟时钟频率为 1 Hz，激光雷达采样频率远高于时钟频率，因此需要通过在相邻秒间内插确定激光雷达每一次采样的精确时刻。

同步采集系统在 IMU 数据流中加入时间戳，进而实现 IMU 的授时同步。IMU 的采样频率及数据波特率较高，因此，在整个系统中为 IMU 建立时间基准有一定的难度。系统所采用的 STIM210 IMU 为串口数据，数据速度为 460 kB/s，所以可以在该数据上的数据帧之间增加一个时间戳信号，这样可以在不破坏原 IMU 数据的前提下，通过内插的方式为所有的 IMU 数据打上时间戳。

主控平台选择嵌入式 Linux 平台。选用 Linux 的优势在于可以把重量做得很小，且实时性好。系统电源主要用于转换各路电压，实现各种传感器的供电电压稳定。上位机控制系统的采样起止，开始采样后，在获得第一帧数据时即会产生同步脉冲，在该同步脉冲的基础上，通过数据流中以模拟时钟报文形式存储的时间戳，根据第一帧数据，即可确定每个传感器数据在统一时间基准下的采样时刻。

根据上述时间同步原理，同步采集系统通过两个 FPGA 同步控制板组合的形式实现集成同步，为多传感器建立统一时间基准，完成同步采集。多传感器同步采集系统示意图如图 3.7 所示。

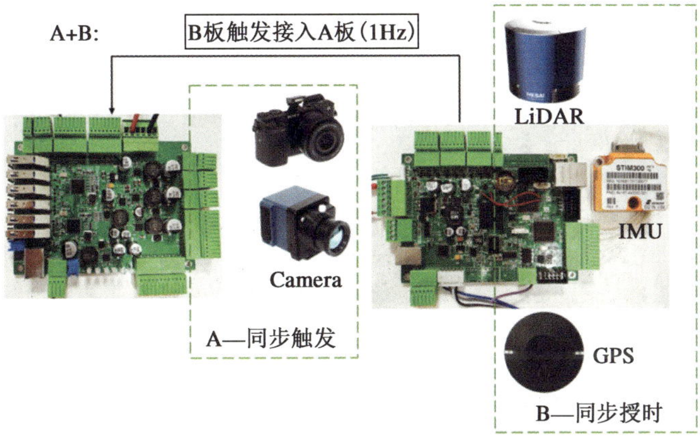

图 3.7　多传感器同步采集系统示意图

3.3　视觉系统检校

3.3.1　多目相机系统检校方法概述

目前常用的相机检校方法包括二维平板检校法[2]和三维控制场检校法[3]两大类。

基于二维平板的相机检校方法通常基于黑白棋盘格平板，该方法只需要相机对一个检校模板在不同的方向拍摄不少于三张影像，通过提取二维平板中的角点坐标并求解单应性矩阵(Homography Matrix)来检校相机参数。该方法首先假设世界坐标系内存在一个二维平面($z=0$)，通过线性成像模型来求得相机参数的初值，再基于非线性成像模型给出考虑了非线性畸变的目标函数，随后使用非线性最优化的方法在初值的基础上解算相机参数的最优解。

尽管二维平板检校法易于实施，但在应用时常因棋盘格的缺陷如不平整、打印模糊等，检校精度较低。此外，在检校多目相机的过程中，由于多目相机的视野重叠度有限，一块二维平板难以覆盖两个相邻相机的视野，通常要用多块二维平板进行检校，如多平板双目相机检校方法[4]。

采用张正友标定法进行相机内参数标定需要借助黑白方块间隔组成的棋盘格板作为相机标定的标定板。试验用到的标定板的每个方块都是边长为 6 cm 的正方形。通过调整标定板的位置，获取不同视角的影像数据，得到相机内参数标定的原始数据。在实际试验中应注意以下几点：①使用平整的标定板，该算法基于平面模型解算，宜选用二氧化硅等不易变形的材料制作标定板；②标定板平面法线与相机主光轴的夹角宜小于 45°，在标定过程中需要提取像素坐标，夹角过大不易于提取像素点坐标；③建议标定板在相片中的覆盖度为 1/4 左右，并获取尽可能多的相片。

内参数标定试验中每个相机应获取 20 张以上的标定板相片，以便于使相机内参数的解算精度达到稳定的结果，获取影像如图 3.8 所示。图中显示的两张影像由 1 号相机获取，同一相机下类似的影像还有数十张。

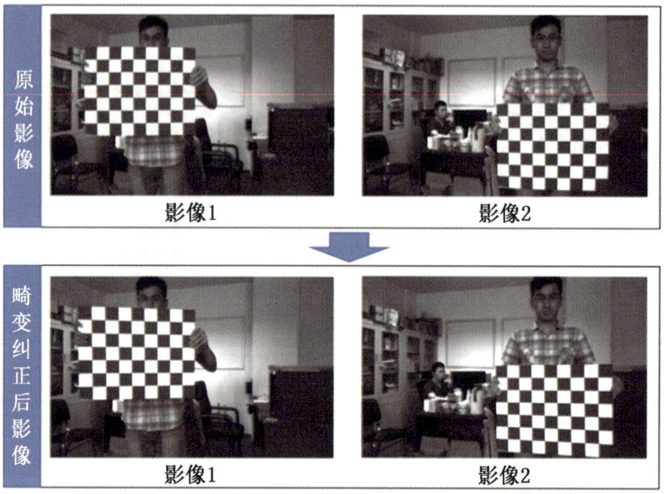

图 3.8　相机内参数标定试验

基于三维控制场的检校方法需在特定场地中布设三维控制点并利用全站仪等高精度测量设备预先测量控制点坐标。利用空间后方交会原理，以像点坐标为观测值求解相机的内、外方位元素。误差方程为

$$V = AX_1 + BX_2 - x \tag{3.12}$$

式中，X_1 为外方位元素改正数；X_2 为内方位元素改正数；x 为像点坐标；A、B 为待检校相机参数。

利用控制点的三维坐标与对应的像点坐标，按式(3.12)逐点组成误差方程，法化求解即可得到相机的内、外方位元素。相比于二维平板检校法，三维控制场检校法具有更高的精度和鲁棒性，并且通常三维控制场可以覆盖多目相机的视野，因此，将其应用于多目相机检校就检校流程而言更加简便。但是该方法的检校精度高度依赖于控制点坐标的测量精度，而建立和维护高精度的三维控制场需要消耗大量人力、物力。

无人平台搭载的多目相机系统在使用过程中，器材自身的磨损和外力造成的形变也会导致相机的内、外方位元素发生改变。因此，对于无人车多目相机系统而言，日常检校和及时的检校参数更新尤为重要。而这两类传统的检校方法在应用中需要特定的检校器材、场地或专门人员操作，不利于多目相机系统的日常检校以及检校参数更新。为了简化检校过程，减少对检校器材和场地的依赖，部分学者提出了基于环境特征点的相机动态检校方法[5]，该方法在三维控制场检校方法的基础上进行改进，不再布设特定的三维控制点，而是利用场景中的三维特征点完成检校。该方法首先通过地图构建算法恢复场景中的三维特征点，并以此为基础解算多目相机模型的内、外方位元素。该方法的精度优于二维平板法但劣于三维控制场法，其优势在于不需要特定的场地和设备，仅需对无人车日常

运行的场景预先建模即可进行检校。Carrera 等[5]提出的方法在进行检校时，仅检校相机系统的外方位元素，且对外方位元素中的平移参数进行归一化处理，无法获取其绝对尺度信息，故在此基础上引入里程计恢复绝对尺度信息，并联合优化相机的内、外方位元素，提高检校精度。试验结果表明，Heng 等[6]提出的方法在检校精度上优于 Carrera 等的原始方法，但它仍需要额外的里程计辅助，并且尺度估计的精度取决于里程计的精度，而为获取较高的精度需配备价格高昂的高精度里程计。

通过对 Carrera 等和 Heng 等的基于环境特征点的检校方法进行改进，本书提出了基于场景点的多目相机内、外方位元素动态检校方法(若仅从检校角度分析，双目相机模型只是多目相机模型的一种特殊构造，因此在本章中统称为多目相机系统)。本书方法通过预先解算具有绝对尺度的场景三维点坐标，初步解算内、外方位元素，再对内、外方位元素进行联合优化，得到精确的多目相机内、外方位元素。相比已有的基于环境特征点的检校方法，本书方法建立了具有绝对尺度场景的三维点控制网，并以此联合检校内、外方位元素以及绝对尺度信息，并且在检校过程中不需要额外的设备辅助。相比于传统检校方法，本书方法不依赖特定的检校场地、器材和人员，能够简化检校流程，提高检校参数的实时性。实际场景的试验证明，根据本书提出的动态自检校方法得到的多目相机系统内、外方位元素的精度优于传统二维平板法。

3.3.2 多目相机系统的检校

针对无人平台的多目相机系统的检校可分为初始检校和更新检校。在初始检校中，无检校参数的初始值，需先解算初值，然后进行非线性优化，而更新检校可以将原有的检校参数作为初值直接进行非线性优化[7]。图 3.9 所示为两类检校方法的具体工作流程。该流程基于本书提出的并行定位与建图算法，根据多目相机同步获取的影像，恢复场景的三维结构以及解算自身的位姿；利用场景中的三维点与影像中的二维特征点的投影关联，初步解算相机的内方位元素；利用多个相机在全局坐标系中的位置和姿态信息初步解算相机的外方位元素；最后通过全局的光束法平差联合优化多目相机系统整体的位姿以及相机的内、外方位元素，以获得更加精确的检校参数[7]。

值得注意的是，在初始检校时，由于缺少相机的内、外方位元素的先验信息，因此无法以多目相机的形式进行并行定位与建图，而是将其视为单目个体，以单目相机的形式进行并行定位与建图。但基于单目视觉三维重建得到的三维模型是以重建初始化时所采用的影像点为坐标原点建立的模型坐标系，导致各子相机建立的模型坐标系不统一，需将所有模型统一至同一坐标系；并且由单目视觉三维重建的场景模型无法为相机检校提供绝对尺度的参考，还需预先恢复模型的绝对尺度。因此，本书方法在检校场景中增布了部分视觉标志点，利用全站仪测得其三维坐标，作为多个模型坐标转换以及恢复尺度的控制点。通过识别影像中的视觉标志点，关联三维模型中点的坐标和全站仪测得的坐标，采用七参数法[8]进行坐标转换。理论上七参数法仅需三个公共点，而在实际操作过程中，根据场景的大小可增加标志点的数量，并采用最小二乘法求解三维模型的转换参数。在获得转换参数后，将多个三维模型以及相机的位置和姿态信息转换到统一坐标系并恢复尺度信息。由于各单目相机之间的视野存在重合，故建立的多个三维模型也有重叠。为了减少统一模型中的重复三维点，同时减小建模的误差，对统一模型中的重复点进行模型的融合。将统一模型中一定空间范围内的三维点投影至二维影像平面，得到其在影像中关联的二维特征点，若其特征的相似度大于一定的阈值 $[f_{\text{sim}}(x_m, x_n) > \tau]$，则认为空间中的两个三维点为同一点，并且取二者三维坐标的平均值作为其坐标。尽管在初始检校时，建立三维模型需要较多的计算，但在同一场景建立模型之后，后续检校仅需调用该模型而不用重新建模。

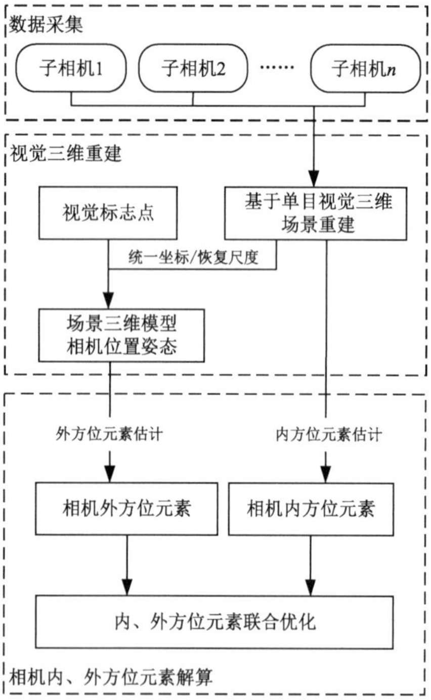

(a) 多目相机系统的初始检校

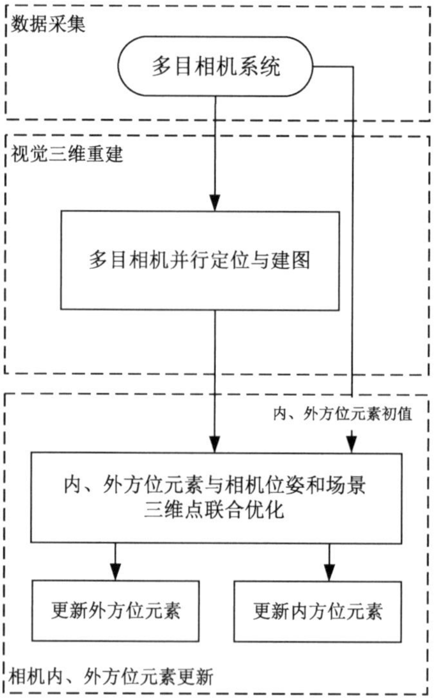

(b) 多目相机系统的更新检校

图 3.9　无人车多目相机系统的初始检校与更新检校

在更新检校时，假设相机内、外方位元素未发生较大的变化，仅在原有的检校参数基础上进行一定的优化。针对这种情况，可以利用原有的检校参数代入本书的并行定位与建图算法，估算自身位姿和构建场景模型，在最后进行全局的光束法平差时，将相机的内、外方位元素与相机位姿和场景三维点一起设置为待优化参数，此时优化的目标方程为

$$\min_{a_p^{\mathrm{w}},\, R_n^{\mathrm{w}},\, t_n^{\mathrm{w}},\, R_i^{\mathrm{c}},\, t_i^{\mathrm{c}},\, \pi(\cdot)} \sum_{n,\,p,\,i} \left(\left\| \pi_{in}(\boldsymbol{R}_i^{\mathrm{c}}\boldsymbol{R}_n^{\mathrm{w}} a_p^{\mathrm{w}} + \boldsymbol{R}_i^{\mathrm{c}}\boldsymbol{t}_n^{\mathrm{w}} + \boldsymbol{t}_i^{\mathrm{c}}) - x_{inp} \right\|^2\right) \tag{3.13}$$

式中，$a_p^{\mathrm{w}} \in \mathbb{R}^3$ 为场景中的三维点，被投影至 n 个多目相机中的第 i 个子相机对应的二维特征点 x_{inp}，并且第 i 个子相机的外方位元素 $[\boldsymbol{R}_i^{\mathrm{c}} | \boldsymbol{t}_i^{\mathrm{c}}]$、内方位元素 $\pi(\cdot)$ 也为待更新参数；$[\boldsymbol{R}_n^{\mathrm{w}} \mid \boldsymbol{t}_n^{\mathrm{w}}]$ 为多目相机整体坐标系相对于世界坐标系的转换参数。

对式(3.13)利用稀疏光束法平差进行优化,根据优化结果更新多目相机内、外方位元素。若更新后的相机内、外方位元素已经发生较大变化,或光束法平差结果难以收敛,则需对相机重新进行初始检校。

相比于初始检校,更新检校的流程较为简单,并且同并行定位与建图过程比较相似,因此,本章后续内容主要介绍初始检校情况。

3.3.3 基于场景结构的多目相机初始检校方法

1. 内方位元素初步估计

将场景三维点与二维影像特征点作为观测值,可由直接线性变换法(Direct Linear Transform, DLT)解算相机内方位元素初始值,DLT 方法至少需要 6 对三维点[空间坐标为 $(X_1, Y_1, Z_1), \cdots, (X_6, Y_6, Z_6)$] 和二维特征点[像平面坐标为 $(x_1, y_1), \cdots, (x_6, y_6)$] 的关联关系进行解算。通常一帧影像观测到的场景三维点数量远大于 6 个,因此,该条件在基于场景三维点的检校中能够满足。利用 DLT 算法求解 11 个系数的近似值 $(l_1, l_2, \cdots, l_{11})$。

$$\begin{bmatrix} X_1 & Y_1 & Z_1 & 1 & 0 & 0 & 0 & 0 & x_1X_1 & x_1Y_1 & x_1Z_1 \\ 0 & 0 & 0 & 0 & X_1 & Y_1 & Z_1 & 1 & y_1X_1 & y_1Y_1 & y_1Z_1 \\ \vdots & \vdots & \vdots & \vdots & \vdots & \vdots & \vdots & \vdots & \vdots & \vdots & \vdots \\ X_6 & Y_6 & Z_6 & 1 & 0 & 0 & 0 & 0 & x_6X_6 & x_6Y_6 & x_6Z_6 \end{bmatrix} \begin{bmatrix} l_1 \\ l_2 \\ \vdots \\ l_{11} \end{bmatrix} + \begin{bmatrix} x_1 \\ y_1 \\ \vdots \\ x_6 \end{bmatrix} = \mathbf{0} \tag{3.14}$$

由 $(l_1, l_2, \cdots, l_{11})$ 可进一步解算像主点坐标 (x_0, y_0) 和相机焦距 f,将 DLT 法求得的参数作为初始值,由共线条件方程对其进行进一步优化:

$$\begin{cases} x - x_0 - \Delta x = -f\dfrac{R_{11}(X-t_1)+R_{21}(Y-t_2)+R_{31}(Z-t_3)}{R_{13}(X-t_1)+R_{23}(Y-t_2)+R_{33}(Z-t_3)} \\ y - y_0 - \Delta y = -f\dfrac{R_{12}(X-t_1)+R_{22}(Y-t_2)+R_{32}(Z-t_3)}{R_{13}(X-t_1)+R_{23}(Y-t_2)+R_{33}(Z-t_3)} \end{cases} \tag{3.15}$$

式中,$\boldsymbol{R}$ 为从统一坐标系到相机坐标系的旋转矩阵,以罗德里格斯旋转矩阵(Rodrigues' Rotation Matrix)的形式可以表示为

$$\boldsymbol{R} = \begin{bmatrix} R_{11} & R_{12} & R_{13} \\ R_{21} & R_{22} & R_{23} \\ R_{31} & R_{32} & R_{33} \end{bmatrix} \tag{3.16}$$

$[t_1, t_2, t_3]$ 为从统一坐标系到相机坐标系的平移向量;(x, y) 为二维特征点在像平面上的坐标;(X, Y, Z) 为三维点坐标;$(\Delta x, \Delta y)$ 为相机改正值,可以由下式计算:

$$\begin{cases} \Delta x = (x-x_0)(k_1r^2+k_2r^4+k_3r^6) - p_1[r^2+2(x-x_0)] - 2p_2(x-x_0)(y-y_0) \\ \Delta y = (y-y_0)(k_1r^2+k_2r^4+k_3r^6) - p_2[r^2+2(y-y_0)] - 2p_1(x-x_0)(y-y_0) \end{cases} \tag{3.17}$$

式中，k_1、k_2、k_3 为径向畸变参数；p_1、p_2 为切向畸变参数；r 可由下式计算：

$$r=\sqrt{(x-x_0)^2+(y-y_0)^2} \tag{3.18}$$

本书保留含 k_1 的项近似地表达畸变。将像主点位置(x_0，y_0)和相机主距 f 以内参数矩阵的形式进行表达，并将畸变改正值(Δx，Δy)以向量的形式表达：

$$\begin{cases} \boldsymbol{K}=\begin{bmatrix} f & 0 & x_0 \\ 0 & f & y_0 \\ 0 & 0 & 1 \end{bmatrix} \\ \Delta\boldsymbol{r}=[\Delta x，\Delta y]^{\mathrm{T}} \end{cases} \tag{3.19}$$

根据 p 个空间点和 n 帧影像构建的非线性优化的目标方程为

$$\min_{K}\sum_{n，p}(\|\boldsymbol{K}[\boldsymbol{R}_n \mid \boldsymbol{t}_n]X_p+\Delta\boldsymbol{r}-x_{np}\|^2) \tag{3.20}$$

为防止非线性优化时出现过拟合，在估算内方位元素时将场景模型和相机姿态作为已知真值，不对其进行优化，而将得到的内方位元素 $\boldsymbol{K}$ 作为初值，在后续处理中与外方位元素一起进行联合优化。

2. 外方位元素初步估计

本书方法所需检校的多目相机外方位元素是指第 i 个子相机坐标系相对于多目相机全局坐标系的位置和姿态(以下简称位姿)，即 $[\boldsymbol{R}_i^{\mathrm{c}} \mid \boldsymbol{t}_i^{\mathrm{c}}]$，两个坐标系的转换关系为

$$\boldsymbol{T}_n=\boldsymbol{R}_i^{\mathrm{c}}\boldsymbol{T}_{ni}+\boldsymbol{t}_i^{\mathrm{c}} \tag{3.21}$$

式中，$\boldsymbol{T}_n$ 为第n 个多目相机坐标系在全局坐标系中的位姿；$\boldsymbol{T}_{ni}$ 为第n 对多目相机中第i 个子相机在全局坐标系中的位姿，且 $\boldsymbol{T}_n=[\boldsymbol{R}_n \mid \boldsymbol{t}_n]$，$\boldsymbol{T}_{ni}=[\boldsymbol{R}_{ni} \mid \boldsymbol{t}_{ni}]$。

通常为了方便计算以及减少变量，令多目相机坐标系与其中某个子相机坐标系重合，以该相机在全局坐标系中的位姿作为 $\boldsymbol{T}_n$。由于各子相机的位姿已知且求解过程相互独立，因此，子相机的外方位元素$[\boldsymbol{R}_i^{\mathrm{c}} \mid \boldsymbol{t}_i^{\mathrm{c}}]$可以由第 n 像对中两个相机的位姿求得：

$$\boldsymbol{R}_i^{\mathrm{c}}=\boldsymbol{R}_n\boldsymbol{R}_{ni}^{\mathrm{T}}，\quad \boldsymbol{t}_i^{\mathrm{c}}=\boldsymbol{t}_n-\boldsymbol{R}_i^{\mathrm{c}}\boldsymbol{t}_{ni} \tag{3.22}$$

在模型融合过程中已经通过相似变换恢复了场景模型的绝对尺度信息，因此，根据场景模型解算的 $\boldsymbol{t}_n$、$\boldsymbol{t}_{ni}$ 和 $\boldsymbol{t}_i^{\mathrm{c}}$ 均具有绝对尺度。但各子相机的位姿为估计值，因此存在一定的误差，为获取较精确的外方位元素的初始值，本书将对通过每一组有效像对求得的$[\boldsymbol{R}_i^{\mathrm{c}} \mid \boldsymbol{t}_i^{\mathrm{c}}]$进行平均。首先对旋转矩阵 $\boldsymbol{R}_i^{\mathrm{c}}$ 求平均值，但 $\boldsymbol{R}_i^{\mathrm{c}}$ 是由罗德里格斯矩阵表示，无法直接求其平均值，需将 $\boldsymbol{R}_i^{\mathrm{c}}$ 转换为对应的四元数 $\boldsymbol{q}_i$[9]，再由特征值最大化的方法[10]求解$\overline{\boldsymbol{q}_i}$。

$$\overline{\boldsymbol{q}_i}=\underset{\boldsymbol{q}_i\in\mathbb{S}3}{\operatorname{argmax}}\ \boldsymbol{q}_i^{\mathrm{T}}\boldsymbol{M}\boldsymbol{q}_i \tag{3.23}$$

其中，

$$\boldsymbol{M}\triangleq\sum_{i=1}^{n}\boldsymbol{q}_i^n\boldsymbol{q}_i^{n\mathrm{T}} \tag{3.24}$$

$\overline{\boldsymbol{q}_i}$ 为 $\boldsymbol{M}$ 的最大特征值对应的特征向量，再将其转换为$\overline{\boldsymbol{R}_i^{\mathrm{c}}}$，得到对应选择矩阵的平均值。将求得的$\overline{\boldsymbol{R}_i^{\mathrm{c}}}$ 代入式(3.22) 重新求解 $\boldsymbol{t}_i^{\mathrm{c}}$，并求其在欧氏空间的平均值$\overline{\boldsymbol{t}_i^{\mathrm{c}}}$。将经过平均处理得到的$[\overline{\boldsymbol{R}_i^{\mathrm{c}}}\mid\overline{\boldsymbol{t}_i^{\mathrm{c}}}]$ 作为外方位元素的初始值。

3. 内、外方位元素联合优化

在解算内、外方位元素的过程中，分别计算并优化了内、外方位元素，尚未考虑其相互之间的影响，因此，本章以重投影误差最小为优化目标，利用光束法平差对相机的内、外方位元素进行联合优化。重投影是指将三维空间点根据相机投影矩阵投影到相机平面，假设物方空间有 p 个三维点 $\boldsymbol{X}_p^{\mathrm{w}}$，共有 n 个多目相机对，每对多目相机包含 i 个子相机，本章所要解决的非线性优化问题可以表达为

$$\min_{a_p^{\mathrm{w}},\, R_n^{\mathrm{w}},\, t_n^{\mathrm{w}},\, R_i^{\mathrm{c}},\, t_i^{\mathrm{c}},\, K_i} \sum_{n,\, p,\, i} \left(\left\| \boldsymbol{K}_i (\boldsymbol{R}_i^{\mathrm{c}} \boldsymbol{R}_n^{\mathrm{w}} \boldsymbol{X}_p^{\mathrm{w}} + \boldsymbol{R}_i^{\mathrm{c}} \boldsymbol{t}_n^{\mathrm{w}} + \boldsymbol{t}_i^{\mathrm{c}}) + \Delta \boldsymbol{r} - x_{inp} \right\|^2\right) \tag{3.25}$$

式中，$\boldsymbol{R}_i^{\mathrm{c}} \boldsymbol{R}_n^{\mathrm{w}} \boldsymbol{X}_p^{\mathrm{w}} + \boldsymbol{R}_i^{\mathrm{c}} \boldsymbol{t}_n^{\mathrm{w}} + \boldsymbol{t}_i^{\mathrm{c}}$ 是将物方的三维点首先通过$[\boldsymbol{R}_n^{\mathrm{w}} \mid \boldsymbol{t}_n^{\mathrm{w}}]$转换至多目相机坐标系，然后通过外方位元素 $[\boldsymbol{R}_i^{\mathrm{c}} \mid \boldsymbol{t}_i^{\mathrm{c}}]$，将三维点从多目相机坐标系转换至子相机坐标系。

优化目标方程式(3.25) 的本质是通过联合优化多目相机系统的内方位元素 $\boldsymbol{K}_i$ 和外方位元素 $[\boldsymbol{R}_i^{\mathrm{c}} \mid \boldsymbol{t}_i^{\mathrm{c}}]$，使得所有空间三维点 $\boldsymbol{X}_p^{\mathrm{w}}$ 在其对应的第 n 对多目影像对中的重投影误差的和最小。由于内、外方位元素的初始值都已经过初步解算，因此，利用非线性优化的方法可以较快地收敛得到较优的相机参数。相比于棋盘格法提供的三维点观测值，本章基于场景的方法可以得到数倍至数十倍的三维点观测值。通过构建更多的观测方程，本章的优化方法提高了内、外方位元素的检校精度，后续的试验也进一步证明了本书方法的检校精度优于传统棋盘格法。

3.4 激光雷达系统检校

3.4.1 激光雷达系统检校的必要性

激光雷达传感器是无人移动测量系统获取室内及周边点云数据的关键传感器。本书的移动测量系统综合使用了单线激光雷达和多线激光雷达，共同构成了激光雷达传感系统。雷达原始解码数据的坐标系为极坐标系，需要将角度和距离换算成二维平面坐标。在进行数据采集时，可以获得自身坐标系下的点云坐标。

然而，这些数据在进行多传感器数据融合时存在空间基准不统一的问题，需要通过外参数的标定获取这些传感器坐标系与机身坐标系之间的转换关系，通过这些转换关系，可以将不同传感器获取的场景空间数据转换到机身坐标系下，进而实现空间基准的统一。

本节的主要内容是确定激光雷达坐标系与机身坐标系的固定转换关系，即激光雷达外参数的标定工作。本节以地基式高精度激光扫描仪作为过渡坐标系，以球状物体的球心作为公共点，求得激光雷达的 6 个外参数。本节简述一台单线激光雷达的外参数标定

方法，其余扫描仪标定方法类似。

3.4.2 激光雷达检校原理与方法

激光雷达的光束不可见，单线激光雷达仪以一束激光作为光源，一个位姿状态下只能获取一个扫描面的激光点云数据，需要特殊形状的标志物作为公共点。本节选用标准球状靶标(半径为 0.075 m)，以其球心作为坐标转换的公共点。单线激光雷达的扫描面与标准靶球相交时，相交的部分为图 3.10 中待拟合圆的一部分，这部分的距离观测值可拟合成一段圆弧，进而获取该圆的圆心坐标，即靶球球心在单线激光雷达坐标系下的坐标。

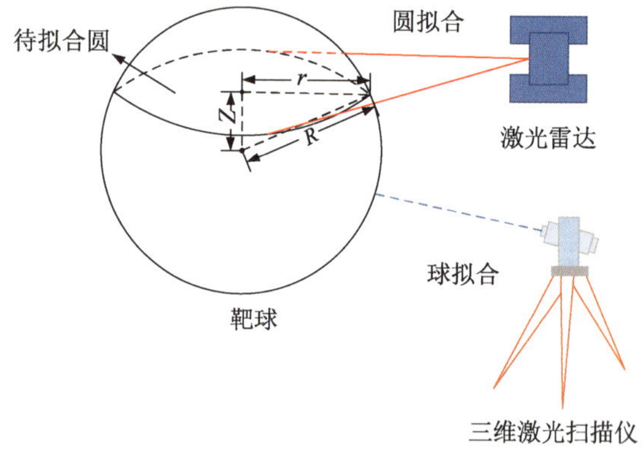

图 3.10 激光扫描仪外参数的标定示意图

考虑到单线激光雷达自身的测距误差，需要对原始数据进行一定的处理，再进行 RANSAC 圆方程拟合，以此提高圆的拟合精度，主要包括以下步骤：

(1) 对 100 个观测周期里的每个角度对应的距离观测值取平均，提高距离观测值的精度。

(2) 将距离观测值解译成点云，并提取其中的圆弧段点云。

(3) 从圆弧段的点云中随机取三个点进行圆拟合，获取圆的方程。

(4) 计算圆弧中其余点与拟合圆的最近距离，若小于设定阈值则标记为局内点，记录下局内点的点号以及数量。

(5) 循环第(3)步、第(4)步直至局内点数量达到最大值，输出最佳圆心坐标 (X, Y) 以及该圆弧的半径 r。

以上步骤获取了圆心在单线激光雷达坐标系下的 X 坐标和 Y 坐标，由于 Z 轴方向与该扫描面垂直，圆弧半径 r、靶球半径 R 以及球心到该扫描面的距离 Z_l 构成了一个平面直角三角形，故有以下关系：

$$|Z_l| = \sqrt{R^2 - r^2} \tag{3.26}$$

同样地，使用地基式三维激光扫描仪直接观测靶球表面，可以获取靶球表面的三维点云数据，对这些点云进行球拟合，进而获取球心坐标。球的公式可以用式(3.27)表示：

$$x^2 + y^2 + z^2 - Ax - By - Cz + D = 0 \tag{3.27}$$

圆心的坐标可表示为 $(A/2, B/2, C/2)$，将多个点的坐标代入式(3.27)中，可以构造方程组：

$$\begin{bmatrix} x_1 & y_1 & z_1 & -1 \\ \vdots & \vdots & \vdots & \vdots \\ x_n & y_n & z_n & -1 \end{bmatrix} \begin{bmatrix} A \\ B \\ C \\ D \end{bmatrix} = \begin{bmatrix} x_1^2 + y_1^2 + z_1^2 \\ \vdots \\ x_n^2 + y_n^2 + z_n^2 \end{bmatrix} \tag{3.28}$$

利用最小二乘原理可以解算出 A、B、C、D 的值。

$$\begin{bmatrix} A \\ B \\ C \\ D \end{bmatrix} = \begin{bmatrix} \sum x_i^2 & \sum x_i y_i & \sum x_i & -\sum x_i \\ \sum x_i y_i & \sum x_1^2 & \sum y_i z_i & -\sum y_i \\ \sum x_i z_i & \sum y_i z_i & \sum x_1^2 & -\sum z_i \\ -\sum x_i & -\sum y_i & -\sum z_i & n \end{bmatrix}^{-1} \begin{bmatrix} \sum x_i^2 (x_i^2 + y_i^2 + z_i^2) \\ \sum y_i (x_i^2 + y_i^2 + z_i^2) \\ \sum z_i (x_i^2 + y_i^2 + z_i^2) \\ \sum -(x_i^2 + y_i^2 + z_i^2) \end{bmatrix} \tag{3.29}$$

地基式三维激光扫描仪可以获取高精度、高密度的场景点云数据，在标定传感器的过程中可以观测到靶标以及机器人身上布设的控制点，借助这些控制点可将地基式三维激光扫描仪观测到的点云数据由独立坐标系转换到激光雷达机身坐标系下，进而可以获取靶球球心在机身坐标系下的坐标。通过式(3.29)可以解算机身坐标系与激光坐标系间的转换关系。

3.5　多传感器联合标定

3.5.1　机身控制点布设

为方便传感器外参数标定试验，在室内测图机器人机身上用黑白靶标布设了 8 个控制点，控制点分布及对应编号如图 3.11 所示。使用 Focus 3D X130 型号的三维激光扫描仪对控制点进行扫描(图 3.12)，扫描点误差约为±2 mm。

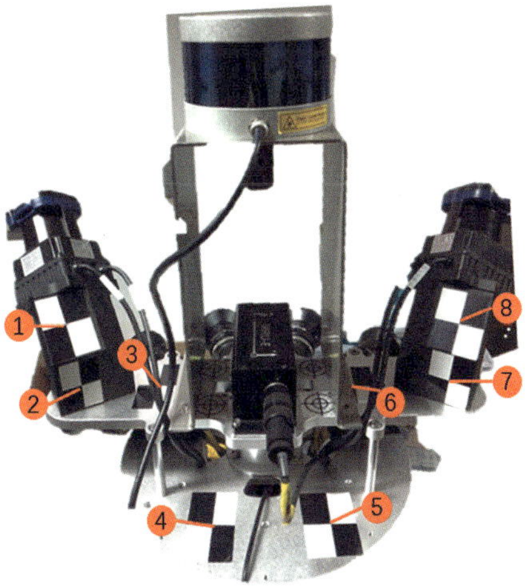

图 3.11　控制点分布

图 3.12　室内测图机器人传感器单元点云图

这8个控制点布设在不同的平面上，这些控制点在机身坐标系下的坐标列在表3.1中。室内测图机器人的传感器标定涉及诸多传感器，主要包括激光传感器和视觉传感器。在检校过程中会在传感器有效视场中布设一些靶标，通过靶标在世界坐标系下的坐标与传感器坐标系下的坐标的对应关系，解算传感器在世界坐标系中的位姿参数。在机身上布设控制点，知道3个及以上的控制点在世界坐标系中的坐标，即可通过共线方程求解世界坐标系与机身坐标系的转换关系，进而求得传感器在机身坐标系中的位姿参数。

表3.1　控制点坐标

控制点编号	机身坐标系下的坐标/mm	控制点编号	机身坐标系下的坐标/mm
1	(0.160，0.008，0.072)	5	(0.049，0.083，0.069)
2	(0.149，0.027，0.025)	6	(0.077，0.002，0.001)
3	(0.095，0.002，0.000)	7	(0.146，0.026，0.022)
4	(0.044，0.083，0.068)	8	(0.154，0.010，0.065)

3.5.2　相机标定结果

通过多目相机检校方法，解算得到各个相机的内参数，如表3.2所示。

表3.2　相机内方位元素标定结果

内方位元素	相机1	相机2	相机3	相机4	相机5	相机6
u_0	980.071 1	969.247 0	981.822 8	965.953 5	973.282 2	971.139 4
v_0	606.930 4	607.132 3	598.487 7	595.495 5	602.002 7	591.830 5
f_x	1 386.463 7	1 349.883 4	1 371.829 3	1 379.663 2	1 336.666 4	1 346.992 8
f_y	1 383.204 4	1 347.941 8	1 370.391 0	1 377.658 4	1 334.998 3	1 345.539 3
k_1	0.171 2	0.159 8	0.156 0	0.159 8	0.166 2	0.165 2
k_2	0.077 0	0.071 7	0.073 6	0.079 0	0.087 4	0.078 5

相机外参数标定的试验包含两部分，一部分是验证外参数标定精度的仿真试验，另一部分是在室内进行的测图机器人相机外参数标定试验。

1. 仿真试验

相机在现实场景中的真实位姿难以获取，本书采用外参数检校方法获取相机位置与姿态信息，采用仿真试验的方法验证其鲁棒性。基于相机的内参数，在相机的有效视场内，随机生成20组世界坐标系下的三维点以及对应的相机坐标系下的二维像素点，并对生成的三维点坐标和二维平面点坐标赋予一定的白噪声。利用3.5.1节中的相机标定方法解算出相机的位姿，将解算值与真值进行对比，从而对该方法进行精度分析，比较在不同级别噪声下，相机位姿解算方法的鲁棒性，结果如图3.13所示。

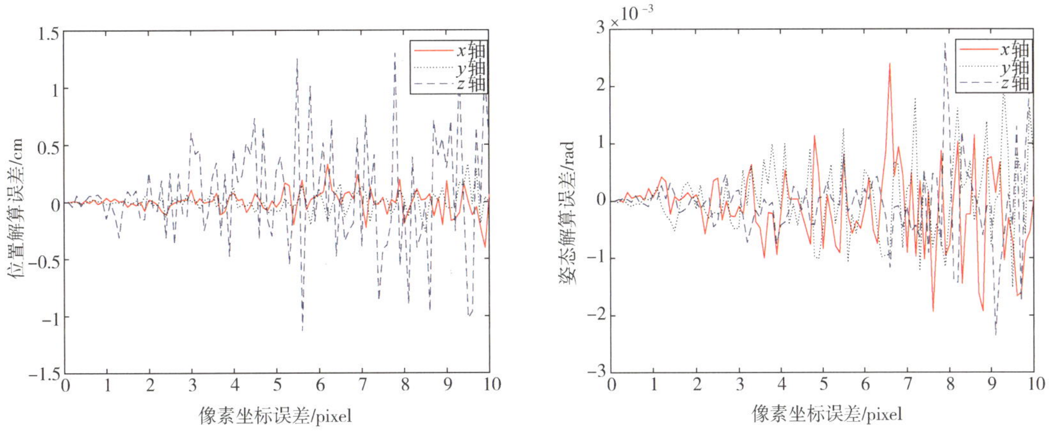

(a) 像素坐标误差对位置解算误差的影响　　(b) 像素坐标误差对姿态解算误差的影响

图 3.13　误差分析

2. 室内环境下相机外参数标定

室内环境下的标定试验用以获取测图平台搭载的 6 个相机在机身坐标系下的外参数。在进行相机标定试验时，在墙面上布设均匀的黑白靶标。考虑到靶标共面情况对相机外参数标定精度的不利影响，以及地基式三维激光扫描仪的毫米级高精度点云获取能力，如图 3.14 所示，将数个棋盘格平面竖直摆放在相机的有效视场前，这样可以提供充足的控制点以保证标定试验的顺利进行。图 3.15 所示为地基式三维激光扫描仪获取的点云数据，在扫描标定场景时，室内测图机器人机身上的 8 个控制点也在扫描范围内，故可以借助这些点，将场景点云由独立坐标系转换到机身坐标系，进而通过测量获得控制点在机身坐标系下的坐标值。值得注意的是，地基式三维激光扫描仪在扫描边缘点时会产生离群噪声点，导致无法获取控制点正确的坐标观测值，故在扫描时应尽可能使扫描仪的有效视场覆盖更多的机身控制点，摆放扫描仪时尽可能使扫描仪正对控制点所在平面，增大激光入射角，避免产生的点云噪声对标定试验造成干扰。

图 3.14　标定试验场景

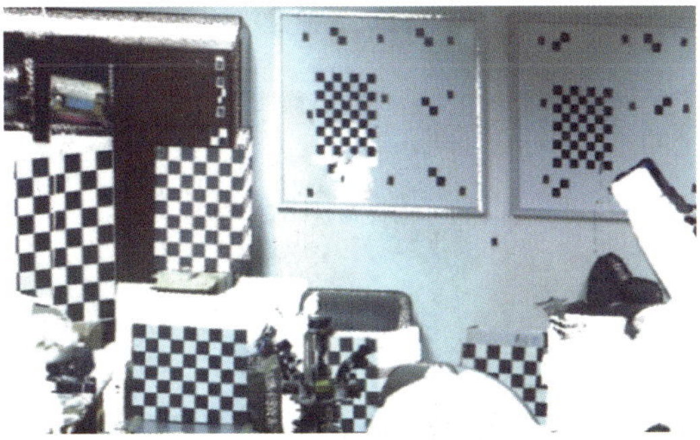

图 3.15　机身坐标系下像控点点云图

相机的姿态真值难以获得，模拟试验结果表明，相机外参数解算精度与重投影的误差呈负相关，重投影误差越小，解算结果越精准。标定1号相机时选中了20个控制点，各个点的重投影误差绘制在图3.16中，控制点平均重投影误差约为0.7像素。标定获得的6个外参数列在表3.3中，相机编号1～6对应从左到右的6台相机，角元素的旋转顺序为Z轴→Y轴→X轴，根据该旋转顺序可转换成旋转矩阵，实现从机身坐标系向相机坐标系的转换。

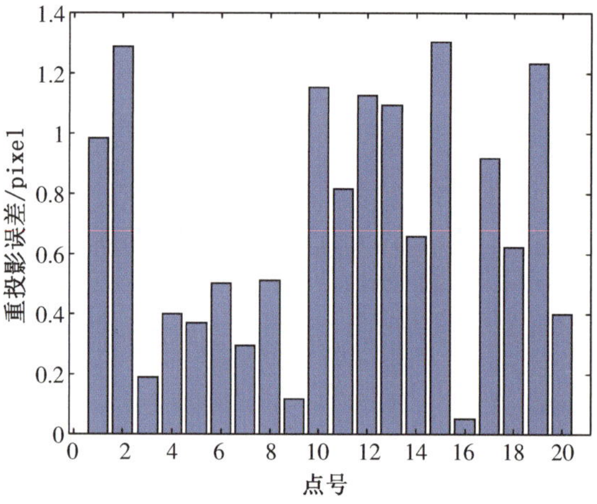

图3.16 各个点的重投影误差

表3.3 相机外方位元素

相机编号	旋转参数/rad			平移参数/m		
	A_x	A_y	A_z	t_x	t_y	t_z
1	3.141 5	1.307 9	1.570 6	0.001	0.015	0.094
2	3.141 9	0.784 4	1.571 0	0.003	0.009	0.103
3	0.000 3	0.262 9	1.572 8	0.002	0.015	0.090
4	3.139 5	0.262 9	1.571 3	0.001	0.014	0.096
5	0.032 4	0.840 3	1.656 8	0.005	0.020	0.092
6	0.000 1	1.308 1	1.571 8	0.003	0.015	0.094

3.5.3 扫描仪标定结果

选取3个半径为7.25 cm的标准靶球，结合可视化软件RViz中显示的单线激光雷达成像，如图3.17所示，将这些靶球摆放在扫描仪的有效视场内，保证每个扫描仪至少能扫描到3个靶球。使用地基式三维激光扫描仪对机身控制点以及靶球进行扫描，获取如图3.18所示的靶球表面点云图，利用机身控制点将该点云转换至机身坐标系下。

图3.17 单线激光雷达标定试验

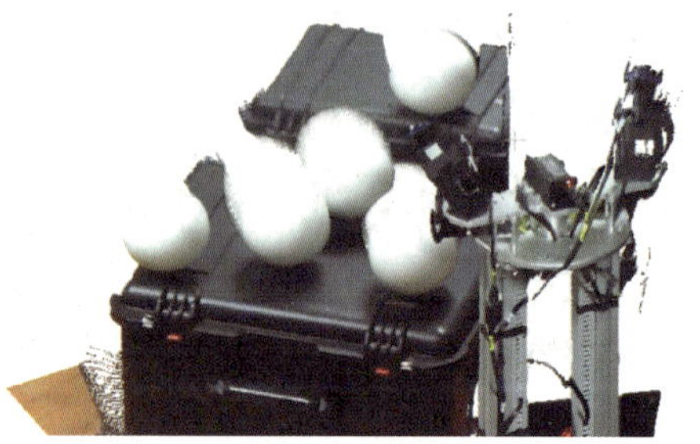

图3.18 机身坐标系下的靶球点云图

完成数据采集后对原始数据进行解译，得到激光坐标系下的坐标观测值，原始的距离观测值经解译后的点云如图3.19所示，其中圆弧段为激光扫描面与靶球表面相交的部分。对扫描仪获取的圆进行拟合（图3.20），获取靶球在激光坐标系下的坐标值，在由地基式三维激光扫描仪获取的点云图中，勾选出对应的靶球进行球拟合，获取靶球在机身坐标系下的坐标值，球拟合结果如图3.21所示，其中，白色部分为靶球表面的观测点，绿色部分为拟合后的球体模型。

理论上仅需3个公共点即可解算两个坐标系间的转换参数，为保证扫描仪外参数标定精度，试验时观测4个公共点，多余的1个点作为多余观测。表3.4所列为拟合后公共点在两个坐标系下的坐标观测值，前面3个点用于外参数转换计算，最后1个点用于检核。

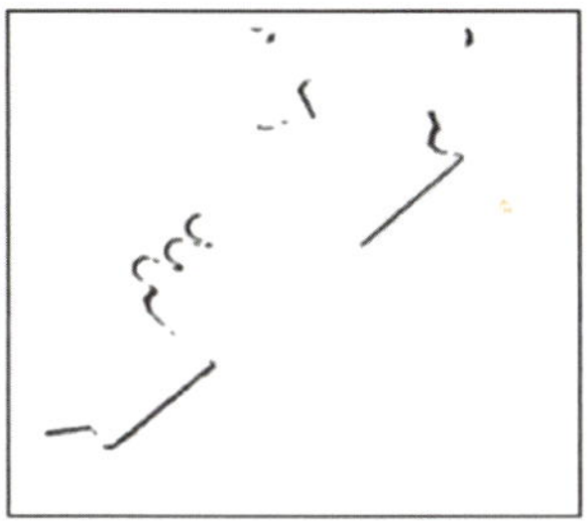

图3.19 单线激光雷达数据解译后的点云

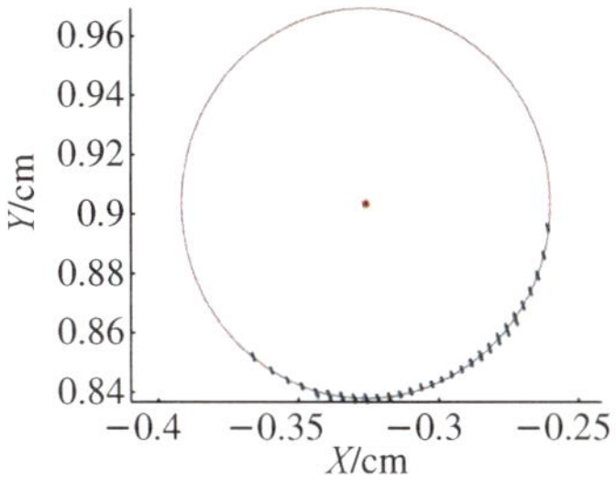

图3.20 圆拟合结果

图3.21 球拟合结果

表3.4 公共点坐标

激光扫描仪编号	点号	机身坐标系下的坐标			激光坐标系下的坐标		
		x^b/m	y^b/m	z^b/m	x^l/m	y^l/m	z^l/m
Ⅰ	1	0.014	1.247	0.641	1.378	0.456	0.053
	2	0.197	0.647	0.264	0.647	0.325	0.032
	3	1.545	0.907	1.118	0.648	1.942	0.064
	4	1.495	0.827	1.041	0.579	1.853	0.064
Ⅱ	1	1.022	0.965	0.764	1.432	0.219	0.063
	2	1.587	0.532	0.072	1.031	1.123	0.042
	3	1.312	0.176	0.077	0.564	1.032	0.054
	4	1.739	0.604	0.069	1.148	1.244	0.044

激光扫描仪外方位元素结果列于表3.5中，选用第4个点进行检核，利用计算得到的外参数，将第4个点在激光坐标系下的坐标转换至机身坐标系下，与机身坐标系下拟合得到的坐标观测值进行对比，当二者误差小于±1 cm时，认为计算正确。在实际试验过程中，存在过由于激光坐标系下Z值过小而导致标定失败的例子，故在标定试验过程中要当场解算，若标定结果不满足要求，则应及时进行多余观测。

表 3.5　激光扫描仪外方位元素

激光扫描仪编号	旋转参数/rad			平移参数/m		
	A_x	A_y	A_z	t_x	t_y	t_z
Ⅰ	1.061 6	0.465 9	0.658 9	0.196	0.082	0.195
Ⅱ	1.060 5	0.463 3	0.653 0	0.198	0.071	0.182

参考文献

[1] Houshiar H, Elseberg J, Borrmann D, et al. A study of projections for key point based registration of panoramic terrestrial 3D laser scan[J]. Geo-spatial Information Science, 2015, 18(1): 11-31.

[2] Zhang Z. A flexible new technique for camera calibration[J]. IEEE Transactions on Pattern Analysis and Machine Intelligence, 2000, 22(11): 1330-1334.

[3] 冯文灏. 近景摄影测量:物体外形与运动状态的摄影法测定[M]. 武汉:武汉大学出版社,2002.

[4] Geiger A, Moosmann F, Car O, et al. Automatic camera and range sensor calibration using a single shot[C]//2012 IEEE International Conference on Robotics and Automation, 2012: 3936-3943.

[5] Carrera G, Angeli A, Davison A. SLAM-based automatic extrinsic calibration of a multi-camera rig [C]//2011 IEEE International Conference on Robotics and Automation, 2011: 2652-2659.

[6] Heng L, Furgale P, Pollefeys M. Leveraging image-based localization for infrastructure-based calibration of a multi-camera rig[J]. Journal of Field Robotics, 2015, 32: 775-802.

[7] 李正宁，刘春，吴杭彬. 基于场景模型的双目相机动态检校方法[J]. 同济大学学报(自然科学版)，2018，46(11)：1594-1600.

[8] 李金岭，刘鹏，乔书波，等. 关于三维直角坐标七参数转换模型求解的讨论[J]. 测绘科学，2010，35(4)：76-78.

[9] Hartley R, Trumpf J, Dai Y, et al. Rotation averaging[J]. International Journal of Computer Vision, 2012, 103: 267-305.

[10] Cheng Y, Markley F L, Crassidis J L, et al. Averaging Quaternions[C]//AAS/AIAA Space Flight Mechanics Meeting, 2007: 1675-1682.

CHAPTER

4

第 4 章 无人平台的定位与定姿

本章主要研究无人平台中通过视觉及激光两种方式定位、定姿的相关原理及基于硬件提升的算法。

本章指引 | 阅读本章节，你会了解到

- ☑ 视觉定向原理
- ☑ 视觉及激光里程计定姿原理
- ☑ 优化后的粗差剔除算法

与其他章节的联系

- ☑ 本章是第 2 章、第 3 章内容的应用，为第 6 章建模奠定理论基础。

4.1 无人平台定位定姿的基本知识

本节将介绍多目相机模型定向的几何原理，并对各类相机模型的参数以及射影几何关系进行介绍。在已知相机模型的基础上，根据不同帧之间影像特征的关联，可以求解帧与帧之间的几何关系，这是影像自定位的几何基础。同时本节还将介绍相对定向和绝对定向的运动参数估计方法，介绍现有的解算方法及其在多目相机模型和双目立体相机模型中的应用，并介绍前方交会算法，将影像中的二维特征点投影至三维空间生成场景地图。并行定位与建图中最基本的几何原理是对其深入理解和进一步研究的基础。

4.1.1 无人平台姿态表示方法

无人平台的姿态主要依靠欧拉角和四元数进行表示。

1. 欧拉角

在第 3 章相机外参数标定过程中，本书曾提过三个角元素，坐标系分别围绕对应轴旋转相应角度可以实现旋转，这三个角元素便是欧拉角。无人平台的姿态变化常用欧拉角组成的旋转矩阵进行表示。欧拉角的三个元素并非独立存在，仅当有旋转顺序的时候才具有真实的物理意义。

$$
\begin{cases}
\boldsymbol{R}(A_x)=\begin{bmatrix}\cos A_z & -\sin A_z & 0\\ -\sin A_z & \cos A_z & 0\\ 0 & 0 & 1\end{bmatrix}\\
\boldsymbol{R}(A_y)=\begin{bmatrix}\cos A_y & 0 & -\sin A_y\\ 0 & 1 & 0\\ -\sin A_y & 0 & \cos A_y\end{bmatrix}\\
\boldsymbol{R}(A_z)=\begin{bmatrix}1 & 0 & 0\\ 0 & \cos A_x & \sin A_x\\ 0 & -\sin A_x & \cos A_x\end{bmatrix}
\end{cases}
\tag{4.1}
$$

欧拉角不同的旋转顺序对应的物理意义也不同，借助式(4.1)，欧拉角中的三个角元素均可以转换成对应轴旋转的矩阵。若某三维笛卡尔坐标系 $S\text{-}XYZ$ 按照先绕 x 轴旋转 A_x，再绕 y 轴旋转 A_y，最后绕 z 轴旋转 A_z 的顺序进行旋转，则对应三个旋转矩阵 $\boldsymbol{R}(A_x)$，$\boldsymbol{R}(A_y)$，$\boldsymbol{R}(A_z)$，综合旋转矩阵的计算顺序为 $\boldsymbol{R}(A_x, A_y, A_z)=\boldsymbol{R}(A_z)\boldsymbol{R}(A_y)\boldsymbol{R}(A_x)$，解算出如式(4.2)所示的旋转矩阵。

$$
\boldsymbol{R}(A_x, A_y, A_z)=\begin{bmatrix}\cos A_y\cos A_z & \cos A_y\sin A_z & -\sin A_z\\ \cos A_y\sin A_z-\cos A_y\sin A_z & \cos A_y\sin A_z-\cos A_y\sin A_z & \cos A_y\sin A_z\\ \cos A_y\sin A_z-\cos A_y\sin A_z & \cos A_y\sin A_z-\cos A_y\sin A_z & \cos A_y\cos A_z\end{bmatrix}
\tag{4.2}
$$

若使用其他方式进行旋转，则改变 $\boldsymbol{R}(A_x, A_y, A_z)$ 中矩阵相乘的顺序。在进行微分方程计算时，欧拉角的微分方程含有大量的三角正弦、余弦函数，在做大量的迭代运算甚至实时解算时会产生庞大的计算量，而采用四元数表示旋转则可以很好地规避该问题。

2. 四元数

四元数由爱尔兰数学家威廉·哈密顿(William Hamilton)于 1843 年发明，目前被广泛应用在惯性导航、物理、机器人等领域[1]。本章室内移动测图机器人定位、定姿部分涉及诸多四元数的知识，本节将围绕四元数相关知识展开介绍。

在介绍四元数之前先介绍复数的概念以及复数的几何表达。定义一个旋转复数 $q=\cos\theta+\mathrm{i}\cdot\sin\theta$，其中，i 为虚数，$\theta$ 为角度。若假设一个平面直角坐标系，横坐标表示复数的实部，纵坐标表示复数的虚部，则复数 q 可以表示成半径为 1 的圆上任意一点，角度 θ 决定着复数 q 的朝向，其几何表达可以表示成图 4.1 的形式。

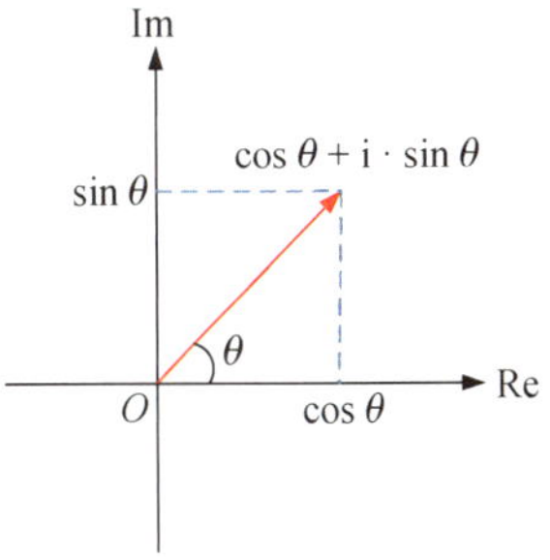

图 4.1　复数的几何表达

定义另一个任意复数 $p=a+b\mathrm{i}$，复数 p 与复数 q 相乘可得另一个复数 $a'+b'\mathrm{i}$：

$$\begin{aligned} pq &= (a+b\mathrm{i})(\cos\theta+\mathrm{i}\cdot\sin\theta)=a'+b'\mathrm{i} \\ &= a\cos\theta-b\sin\theta+(a\sin\theta+b\cos\theta)\mathrm{i} \end{aligned} \tag{4.3}$$

将式(4.3)表示成矩阵形式，如式(4.4)所示。

$$\begin{bmatrix} a' \\ b' \end{bmatrix}=\begin{bmatrix} \cos\theta & -\sin\theta \\ \sin\theta & \cos\theta \end{bmatrix}\begin{bmatrix} a \\ b \end{bmatrix} \tag{4.4}$$

其物理含义为平面坐标点 (a, b) 绕坐标零点旋转 θ，得到另一个点 (a', b')。

以上介绍的是复数在复平面中的变换，表达的是二维平面直角坐标系下的坐标变换关系。若想表达三维直角坐标系的变换，则应该进行相应拓展。如图 4.2 所示，定义一个旋转向量 $\boldsymbol{v}(v_x, v_y, v_z)$ 和一个旋转角度 θ，坐标系 S-XYZ 绕着旋转向量 $\boldsymbol{v}$，以右手定理按正旋转方向旋转 θ 角得到一个新的坐标系。

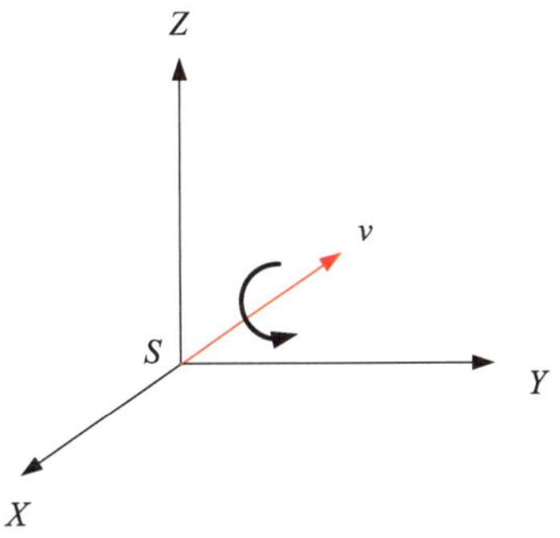

图 4.2　四元数坐标轴旋转

若使用四元数 q 进行表示，则可以表示成以下两种形式：

$$\begin{cases} q=\left[\cos\left(\dfrac{\theta}{2}\right), \sin\left(\dfrac{\theta}{2}\right)\cdot v_x, \sin\left(\dfrac{\theta}{2}\right)\cdot v_y, \sin\left(\dfrac{\theta}{2}\right)\cdot v_z\right] \\ q=\cos\left(\dfrac{\theta}{2}\right)+\sin\left(\dfrac{\theta}{2}\right)\cdot v_x\cdot\mathrm{i}+\sin\left(\dfrac{\theta}{2}\right)\cdot v_y\cdot\mathrm{j}+\sin\left(\dfrac{\theta}{2}\right)\cdot v_z\cdot\mathrm{j} \end{cases} \tag{4.5}$$

式(4.5)中两个式子的几何含义相同，区别在于表达方式。

在复数基础上进行拓展，由 1 个实数 s、3 个虚数(i，j，k)，共同构成一个四元数：

$$q = s + x\mathrm{i} + y\mathrm{j} + z\mathrm{k} \tag{4.6}$$

式(4.6)为四元数的复数形式，式中 s、x、y、z 均表示实数。q 也可以表示成矢量的形式，即 $q = s + \boldsymbol{v}$，其中 $\boldsymbol{v}$ 表示四元数的矢量部分 $\langle x, y, z\rangle$。四元数的范式形式如式(4.7)所示，用来表示四元数的大小：

$$\| q \| = \sqrt{s^2 + x^2 + y^2 + z^2} \tag{4.7}$$

当四元数的范式计算值等于 1 时，这个范式被称作单位范式。相比实数，四元数加入了虚部，其计算法则也发生了变化。下面给出姿态解算以及四元数内插常用的计算法则——乘法法则，其包括四元数的点乘法则与叉乘法则。

假设两个四元数为 $q_1 = s_1 + x_1\mathrm{i} + y_1\mathrm{j} + z_1\mathrm{k}$，$q_2 = s_2 + x_2\mathrm{i} + y_2\mathrm{j} + z_2\mathrm{k}$，对于点乘有：

$$q_1 \cdot q_2 = s_1 s_2 + x_1 x_2 + y_1 y_2 + z_1 z_2 = \| q_1 \| \cdot \| q_2 \| \cdot \cos\theta \tag{4.8}$$

式中，θ 为这两个四元数之间的夹角。

对于叉乘，有以下法则：

$$\begin{aligned} q_1 \times q_2 &= (s_1 + x_1\mathrm{i} + y_1\mathrm{j} + z_1\mathrm{k}) \times (s_2 + x_2\mathrm{i} + y_2\mathrm{j} + z_2\mathrm{k}) \\ &= (s_1 s_2 - x_1 x_2 - y_1 y_2 - z_1 z_2) + (s_1 x_2 + x_1 s_2 + y_1 z_2 - z_1 y_2)\mathrm{i} + \\ &\quad\ (s_1 y_2 + y_1 s_2 + z_1 x_2 - x_1 z_2)\mathrm{j} + (s_1 z_2 + x_1 s_2 + y_1 y_2 - z_1 x_2)\mathrm{k} \\ &= r_0 + r_1\mathrm{i} + r_2\mathrm{j} + r_3\mathrm{k} \end{aligned} \tag{4.9}$$

将式(4.9)写成矩阵形式：

$$\begin{bmatrix} r_0 \\ r_1 \\ r_2 \\ r_3 \end{bmatrix} = \begin{bmatrix} s_1 & -x_1 & -y_1 & -z_1 \\ x_1 & s_1 & -z_1 & y_1 \\ y_1 & z_1 & s_1 & -x_1 \\ z_1 & -y_1 & x_1 & s_1 \end{bmatrix} \begin{bmatrix} s_2 \\ x_2 \\ y_2 \\ z_2 \end{bmatrix} \tag{4.10}$$

单位四元数可以转换为旋转矩阵，用以表示坐标系旋转，$q = s + x\mathrm{i} + y\mathrm{j} + z\mathrm{k}$ 转换成旋转矩阵 $\boldsymbol{R}$，如式(4.11)所示。

$$\boldsymbol{R} = \begin{bmatrix} 1-2(y^2+z^2) & 2(xy-sz) & 2(xz+sy) \\ 2(xy+sz) & 1-2(x^2+z^2) & 2(yz-sx) \\ 2(xz-sy) & 2(yz+sx) & 1-2(x^2+y^2) \end{bmatrix} = \begin{bmatrix} A_{11} & A_{12} & A_{13} \\ A_{21} & A_{22} & A_{23} \\ A_{31} & A_{32} & A_{33} \end{bmatrix} \tag{4.11}$$

4.1.2 多目相机模型的相对定向

在一般的多目相机模型中，由于子相机之间的视野重叠度较低，通常无法通过单帧影像像对恢复三维点坐标，因此需根据相对定向算法求解相邻多目影像像对之间的几何关系。单目相机模型的相对定向问题(Relative Orientation)在摄影测量学[2-3]和计算机视觉[4-5]中已被广泛研究,其基本原理是利用两帧影像间的极线几何求解相对位姿关系[6]。而多目相机的相对定向问题是根据广义统一相机模型之间的广义极线几何进行求解,其至今仍是多目相机研究中的一个基础问题。

假设场景中的一个三维点 P 被不同位姿的多目相机观测到,分别在两个相机模型中生成射素 $\langle \boldsymbol{q}_1, \boldsymbol{q}_1' \rangle$ 和 $\langle \boldsymbol{q}_2, \boldsymbol{q}_2' \rangle$,两个相机模型之间的刚性变换(Rigid Transformation)关系为 $(\boldsymbol{R}, \boldsymbol{t})$,将第一个相机中的射素通过坐标转换映射到第二个相机坐标系,可以得到:

$$\langle \boldsymbol{R}\boldsymbol{q}_1, \boldsymbol{R}\boldsymbol{q}_1' + \boldsymbol{R}(\boldsymbol{t} \times \boldsymbol{q}_1) \rangle \tag{4.12}$$

为了满足两个射素相交于点 P,根据 Plücker Vector 相交的条件,两个射素必须满足下式:

$$\boldsymbol{q}_2 \cdot \boldsymbol{q}_1' + \boldsymbol{q}_2' \cdot \boldsymbol{q}_1 = \boldsymbol{0} \tag{4.13}$$

根据两个射素相交的限制,并结合式(4.12)和式(4.13)可以得到广义极线几何约束:

$$\boldsymbol{q}_2^{\mathrm{T}} \boldsymbol{R} \boldsymbol{q}_1' + \boldsymbol{q}_2^{\mathrm{T}} \boldsymbol{R} \boldsymbol{t}_{\times} \boldsymbol{q}_1 + \boldsymbol{q}_2'^{\mathrm{T}} \boldsymbol{R} \boldsymbol{q}_1 = \boldsymbol{0} \tag{4.14}$$

式中,$\boldsymbol{t}_{\times}$ 可将向量转换为一个斜对称矩阵(Skew Symmetric Matrix),对于任意向量 $\boldsymbol{v}$,有:$\boldsymbol{t}_{\times} \boldsymbol{v} = \boldsymbol{t} \times \boldsymbol{v}$。

式(4.14)定义了共视三维点对两个广义相机坐标系的几何约束,可参考单目极线几何的定义,将式(4.14)称为广义极线几何约束。为了方便表述和理解,参照单目极线几何方程的表达式,将广义极线几何约束写成 6×6 的齐次矩阵的形式:

$$\boldsymbol{L}_2^{\mathrm{T}} \begin{bmatrix} \boldsymbol{E} & \boldsymbol{R} \\ \boldsymbol{R} & \boldsymbol{0} \end{bmatrix} \boldsymbol{L}_1 = \boldsymbol{0} \tag{4.15}$$

式中,$\boldsymbol{E} = \boldsymbol{t}_{\times} \boldsymbol{R}$,即单目极线几何中的本质矩阵(Essential Matrix),$\boldsymbol{L}_1$ 和 $\boldsymbol{L}_2$ 对应由 Plücker Vector 表达的射素 $\langle \boldsymbol{q}_1, \boldsymbol{q}_1' \rangle$ 和 $\langle \boldsymbol{q}_2, \boldsymbol{q}_2' \rangle$。在广义相机模型中,当仅有一个投影中心时,多目相机模型便退化为单目相机模型,即当射素 $\langle \boldsymbol{q}_1', \boldsymbol{q}_1' \rangle$ 中 $\boldsymbol{q}_1' = \boldsymbol{0}$ 时,式(4.15)退化为

$$\boldsymbol{q}_2^{\mathrm{T}} \times \boldsymbol{E} \times \boldsymbol{q}_1 = \boldsymbol{0} \tag{4.16}$$

式(4.16)就是经典的单目极线几何方程。由此可以推断出,单目相机模型是广义相机模型的退化模型,而单目极线几何是广义极线几何中的特殊情况,因此,广义极线几何更具有一般性和普适性。目前学术界对广义极线几何的推导是基于 Plücker Vector 相交的性质,并未体现经典极线几何的意义,本章将以经典极线几何为基础,推导广义相机模型,具体参看本章后续内容。

在已经推导了广义极线几何公式的前提下,多目相机相对定向问题可以概括为:根据两组多目相机影像中的同名特征点,求解广义极线几何约束方程(4.14),以获得相机系统的相对位姿关系。不同于单目相机相对定向仅能恢复运动模型的 5 个自由度,丢失了平移参数的尺度信息,通过求解广义极线几何方程可以恢复相机运动模型的 6 个自由度,因此,多目相机系统通过相对定向得到的运动参数具有绝对尺度信息,不会出现单目相机运动估计问题中常出现的尺度漂移问题。

求解广义极线几何方程的方法主要有：基于线性模型的 17 点法、基于广义特征值最小化的 8 点法和基于 Grobner Basis 的最小解法(即 6 点法)。其中，线性 17 点方法[7]将式(4.15)表达为 $\boldsymbol{AX}=\boldsymbol{0}$ 齐次线性方程的形式，其中，$\boldsymbol{A}$ 为一个 $N\times 18$ 的系数矩阵，$\boldsymbol{X}$ 是一个 18 维的向量，由 $\boldsymbol{E}$ 和 $\boldsymbol{R}$ 中的未知数组成。为了求该齐次线性方程的非零解，至少需要 17 对匹配的射素，通常求解的方式是通过奇异值分解(Singular Value Decomposition, SVD)，求取最小的奇异值对应的列向量即为 $\boldsymbol{X}$ 的解。广义相机模型由于特征的分布和相机组合的方式，存在退化的情况，导致系数矩阵 $\boldsymbol{A}$ 的秩小于 17，从而形成无穷解，需要在 SVD 方法的基础上，将 $\boldsymbol{X}$ 还原为 $\boldsymbol{E}$ 和 $\boldsymbol{R}$ 的形式：

$$\boldsymbol{A}(\mathrm{vec}(\boldsymbol{E})^{\mathrm{T}},\ \mathrm{vec}(\boldsymbol{R})^{\mathrm{T}})^{\mathrm{T}}=\boldsymbol{0} \tag{4.17}$$

并设定最小化目标方程：

$$\|\boldsymbol{A}(\mathrm{vec}(\boldsymbol{E})^{\mathrm{T}},\ \mathrm{vec}(\boldsymbol{R})^{\mathrm{T}})^{\mathrm{T}}\|,\text{服从}\|\boldsymbol{E}\|=1 \tag{4.18}$$

求解该方程相当于求解：

$$(\boldsymbol{A}_{\mathrm{R}}\boldsymbol{A}_{\mathrm{R}}^{+}-\boldsymbol{I})\boldsymbol{A}_{\mathrm{E}}\mathrm{vec}(\boldsymbol{E})=\boldsymbol{0} \tag{4.19}$$

式中，$\boldsymbol{A}_{\mathrm{R}}$ 和 $\boldsymbol{A}_{\mathrm{E}}$ 为系数矩阵 $\boldsymbol{A}$ 中对应 $\mathrm{vec}(\boldsymbol{E})^{\mathrm{T}}$ 和 $\mathrm{vec}(\boldsymbol{R})^{\mathrm{T}}$ 的系数；$\boldsymbol{A}_{\mathrm{R}}^{+}$ 为 $\boldsymbol{A}_{\mathrm{R}}$ 的伪逆矩阵。再通过 SVD 方法求解式(4.19)可以得到 $\boldsymbol{E}$ 的唯一解。

前文提及，由于特征点的分布和相机的设置问题，多目相机的相对定向问题存在退化情况。图 4.3 所示为多目相机相对定向的 4 种退化情况，包括一般情况、局部中心投影

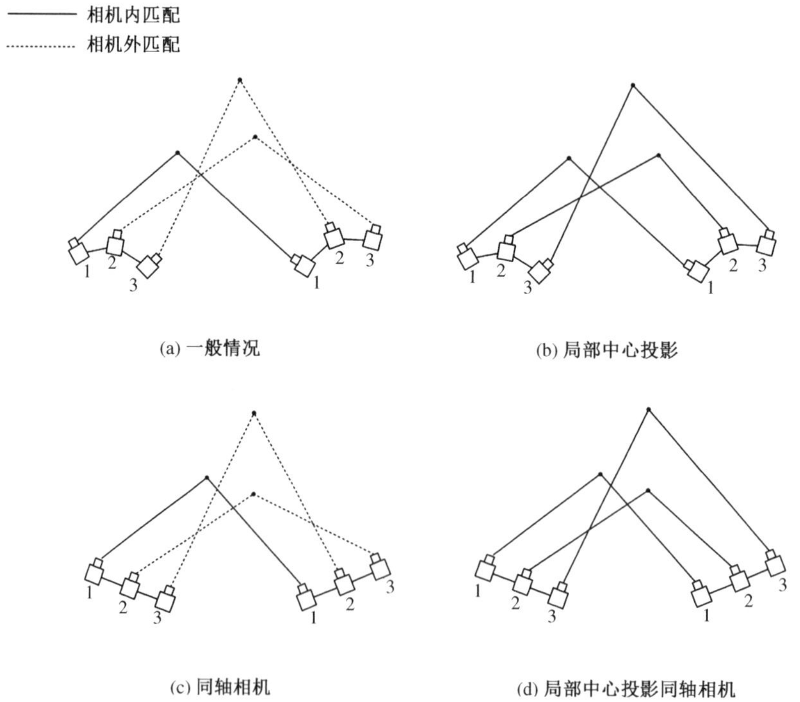

图 4.3　多目相机相对定向的退化情况

(Locally Central Projection)、同轴相机(Axial Cameras)和局部中心投影同轴相机(Locally Central Projection and Axial Camera)。将前后帧相同子相机之间的匹配称为相机内匹配(Intra-Camera),将前后帧不同子相机之间的匹配称为相机外匹配(Inter-Camera)。

在一般情况下,匹配的射素中必须同时存在相机内、外匹配,此时系数矩阵 $\boldsymbol{A}$ 的秩为17,而在齐次方程 $\boldsymbol{AX}=\boldsymbol{0}$ 中,$\boldsymbol{A}$ 为一个 $N\times18$ 的矩阵,因此,该齐次方程对应的零空间为一维,即方程存在确定解,通过 SVD 方法即能求解。

在局部中心投影情况下,匹配的射素都是相机内匹配,不存在相机外匹配,也就是说,匹配的射素都具有相同的局部投影中心。这种情况在无人车的多目相机系统中较为常见,尤其当车体运动平稳、各相机的视野固定且相互之间没有视野交集时,难以通过特征匹配得到相机外匹配。假设一对匹配的射素为 $\langle\boldsymbol{q}_1,\boldsymbol{C}\times\boldsymbol{q}_1\rangle\leftrightarrow\langle\boldsymbol{q}_2,\boldsymbol{C}\times\boldsymbol{q}_2\rangle$,其中 $\boldsymbol{q}_1$ 和 $\boldsymbol{q}_2$ 分别代表第一帧和第二帧射素,$\boldsymbol{C}$ 为相机投影中心。值得注意的是,在局部中心投影情况下,两帧射素都来自同一个局部相机投影中心 $\boldsymbol{C}$,此时广义极线几何约束方程可以表达为

$$\boldsymbol{q}_1^{\mathrm{T}}\boldsymbol{E}\boldsymbol{q}_2+\boldsymbol{q}_1^{\mathrm{T}}\boldsymbol{R}(\boldsymbol{C}\times\boldsymbol{q}_2)+(\boldsymbol{C}\times\boldsymbol{q}_1)^{\mathrm{T}}\boldsymbol{R}\boldsymbol{q}_2=\boldsymbol{0} \tag{4.20}$$

此时系数矩阵 $\boldsymbol{A}$ 的秩为 16,而 $\boldsymbol{A}$ 为 $N\times18$ 的矩阵,式(4.20)对应的齐次方程的零空间是二维的,其通解为$(\lambda\boldsymbol{E},\lambda\boldsymbol{R}+\mu\boldsymbol{I})$,其中 λ、μ 为任意实数,$\boldsymbol{I}$ 为单位阵。不确定解仅存在于矩阵 $\boldsymbol{R}$ 中,而本质矩阵 $\boldsymbol{E}$ 仍具有确定解,此时通过 SVD 方法分解矩阵 $\boldsymbol{E}$ 得到的平移参数 t 具有绝对尺度。

同轴相机情况是指在多目相机系统中,所有的相机投影中心位于同一直线上,该直线也被称为轴。同样假设一对匹配的射素为 $\langle\boldsymbol{q}_1,\alpha_1\boldsymbol{w}\times\boldsymbol{q}_1\rangle\leftrightarrow\langle\boldsymbol{q}_2,\alpha_2\boldsymbol{w}\times\boldsymbol{q}_2\rangle$,其中 $\boldsymbol{q}_1$ 和 $\boldsymbol{q}_2$ 分别代表第一帧和第二帧射素,$\boldsymbol{w}$ 为轴的方向,α_1、α_2 为不同投影中心在轴上距离的尺度。此时广义极线几何约束方程可以表达为

$$\boldsymbol{q}_1^{\mathrm{T}}\boldsymbol{E}\boldsymbol{q}_2+\alpha_2\boldsymbol{q}_1^{\mathrm{T}}\boldsymbol{R}(\boldsymbol{w}\times\boldsymbol{q}_2)+\alpha_1(\boldsymbol{w}\times\boldsymbol{q}_1)^{\mathrm{T}}\boldsymbol{R}\boldsymbol{q}_2=\boldsymbol{0} \tag{4.21}$$

此时系数矩阵 $\boldsymbol{A}$ 的秩也为16,式(4.21)的通解为$(\lambda\boldsymbol{E},\lambda\boldsymbol{R}+\mu\boldsymbol{w}\boldsymbol{w}^{\mathrm{T}})$,同样,本质矩阵 $\boldsymbol{E}$ 具有确定解。根据同轴相机的定义,双目相机理论上也属于同轴相机模型,但在实际应用过程中,考虑到求解的复杂度和计算消耗,通常将两相机组成双目立体相机模型。

若一个多目相机系统存在既为局部中心投影又为同轴相机的情况,此时广义极线几何约束方程将进一步退化,系数矩阵的秩为 14,对应的零空间为四维,其通解为$(\alpha\boldsymbol{E},\alpha\boldsymbol{R}+\beta\boldsymbol{I}+\gamma\boldsymbol{w}_{\times}+\delta\boldsymbol{w}\boldsymbol{w}^{\mathrm{T}})$。

多目相机退化情况的总结列于表 4.1。

表 4.1　多目相机退化情况总结

相机情况	系数矩阵的秩	解空间维度	非零通解
一般情况	17	1	$(\boldsymbol{E},\boldsymbol{R})$
局部中心投影	16	2	$(\lambda\boldsymbol{E},\lambda\boldsymbol{R}+\mu\boldsymbol{I})$

（续表）

相机情况	系数矩阵的秩	解空间维度	非零通解
同轴相机	16	2	$(\lambda\boldsymbol{E},\ \lambda\boldsymbol{R}+\mu\boldsymbol{w}\boldsymbol{w}^{\mathrm{T}})$
局部中心投影同轴相机	14	4	$(\alpha\boldsymbol{E},\ \alpha\boldsymbol{R}+\beta\boldsymbol{I}+\gamma\boldsymbol{w}_{\times}+\delta\boldsymbol{w}\boldsymbol{w}^{\mathrm{T}})$

在设计和构建多目相机系统时，应尽量避免这些退化模型，以减少由模型退化带来的不利影响。

4.1.3 绝对定向原理

若影像中二维特征的三维坐标已知（根据单帧双目立体相机估算，或多帧多目相机像对估算），此时不仅可以利用相对定向进行自定位，也可以通过绝对定向进行自定位。假设现有第 N 帧双目像对通过立体匹配估算出三维点（A，B，C）的空间坐标，且已知其对应第 $N+1$ 帧影像的二维特征（u，v，w），其投影关系如图 4.4 所示。

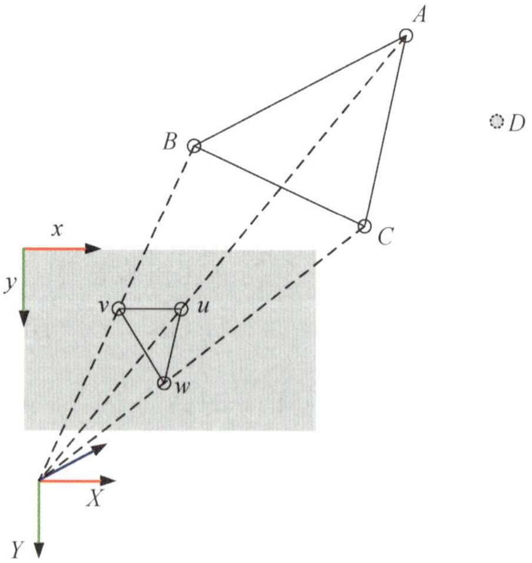

图 4.4 绝对定向几何示意图

根据图 4.4 中的几何关系，可以通过余弦定理构建仿射距离与角度的关系：

$$\begin{cases} PB^2+PC^2-2PB\cdot PC\cdot\cos\alpha_{vpw}-BC^2=0 \\ PA^2+PC^2-2PA\cdot PC\cdot\cos\alpha_{upw}-AC^2=0 \\ PA^2+PB^2-2PA\cdot PB\cdot\cos\alpha_{upv}-AB^2=0 \end{cases} \tag{4.22}$$

式中，PA、PB、PC、AB、AC、BC 为两点之间的欧氏距离，α_{vpw}、α_{upw}、α_{upv} 为相应两条边的夹角，这构成了绝对定向问题，也被 Lepetit 等[8]称为 n 点透视问题（Perspective-n-Point，PnP）。Kneip 等[9]提出具有封闭解的 P3P 算法，利用 3 组匹配关系（即 $n=3$）求解绝对定向问题，该方法的计算效率较高且对退化条件具有鲁棒性。同时，3 组匹配关系为绝对定向问题的最小配置，考虑到粗差的问题，最小配置减少了粗差剔除算法中数据采样的压力，提高了粗差剔除的效率。但是 P3P 算法在求解绝对定向时将生成 4 组不同的解，其中仅有 1 组有意义解，因此还需要 1 个额外的匹配数据（图 4.4 中的点 D）对 4 组解进行验证，剔除不符合验证数据点的解。

4.2 无人平台的视觉定姿原理

室内移动测图机器人随着平台的前进，倾斜安置的单线激光扫描仪可获取场景的几何数据，获取扫描瞬间机器人的位姿参数，能够将每一帧的点云数据转换到全局坐标系，实现场景的三维重构。借助 IMU 以及 16 线激光雷达实现平台的定位与定姿，通过一定的方法精准内插出每一帧点云对应的位姿参数，这对三维重构来说至关重要。

4.2.1 初始姿态解算

1. 扩展卡尔曼滤波原理

卡尔曼滤波是由 R. E. Kalman 在 20 世纪 60 年代提出的递推式滤波算法，该算法结合了系统过程噪声和观测噪声的确定特性以及统计特性等先验知识，用以获取线性系统参数的最优估计。后来 R. S. Bucy 等在非线性系统以及非线性卡尔曼滤波领域的研究，成功扩展了卡尔曼滤波的应用范围，形成了当前应用广泛的非线性系统滤波方法。

扩展卡尔曼滤波分为两部分：第一部分是系统模型构建，进行递推式传播；第二部分是观测模型构建，进行观测更新。这两部分在 k 时刻的方程如式(4.23)所示：

$$\begin{cases}\boldsymbol{X}(k+1)=\boldsymbol{f}[k,\ \boldsymbol{X}(k)]+\boldsymbol{G}(k)\boldsymbol{W}(k)\\ \boldsymbol{Z}(k)=\boldsymbol{h}[k,\ \boldsymbol{X}(k)]+\boldsymbol{V}(k)\end{cases}\tag{4.23}$$

式中，$\boldsymbol{f}[k,\ \boldsymbol{X}(k)]$ 为系统状态方程；$\boldsymbol{h}[k,\ \boldsymbol{X}(k)]$ 为观测方程；$\boldsymbol{G}(k)$ 为噪声驱动矩阵；$\boldsymbol{W}(k)$ 和 $\boldsymbol{V}(k)$ 分别为系统过程噪声和观测白噪声。

相比卡尔曼滤波，扩展卡尔曼滤波应用的是非线性系统，在解算时对系统状态方程以及观测方程中的非线性函数进行一阶泰勒公式展开，可得到以下公式：

$$\begin{cases}\boldsymbol{X}(k+1)\approx\boldsymbol{f}[k,\ \hat{\boldsymbol{X}}(k)]+\dfrac{\partial\boldsymbol{f}}{\partial\hat{\boldsymbol{X}}(k)}[\boldsymbol{X}(k)-\hat{\boldsymbol{X}}(k)]+\boldsymbol{G}(k)\boldsymbol{W}(k)\\ \boldsymbol{Z}(k)\approx\boldsymbol{h}[k,\ \hat{\boldsymbol{X}}(k)]+\dfrac{\partial\boldsymbol{h}}{\partial\hat{\boldsymbol{X}}(k)}[\boldsymbol{X}(k)-\hat{\boldsymbol{X}}(k)]+\boldsymbol{V}(k)\end{cases}\tag{4.24}$$

为了简化这两个式子，令

$$\begin{cases}\boldsymbol{\Phi}(k+1\mid k)=\dfrac{\partial\boldsymbol{f}}{\partial\hat{\boldsymbol{X}}(k)}=\left.\dfrac{\partial\boldsymbol{f}[k,\ \boldsymbol{X}(k)]}{\partial\hat{\boldsymbol{X}}(k)}\right|_{\hat{\boldsymbol{X}}(k)=\boldsymbol{X}(k)}\\ \boldsymbol{\phi}(k)=\boldsymbol{f}[k,\ \hat{\boldsymbol{X}}(k)]-\left.\dfrac{\partial\boldsymbol{f}[k,\ \boldsymbol{X}(k)]}{\partial\hat{\boldsymbol{X}}(k)}\right|_{\hat{\boldsymbol{X}}(k)=\boldsymbol{X}(k)}\hat{\boldsymbol{X}}(k)\\ \boldsymbol{H}(k)=\dfrac{\partial\boldsymbol{h}}{\partial\hat{\boldsymbol{X}}(k)}=\left.\dfrac{\partial\boldsymbol{h}[k,\ \boldsymbol{X}(k)]}{\partial\hat{\boldsymbol{X}}(k)}\right|_{\hat{\boldsymbol{X}}(k)=\boldsymbol{X}(k)}\\ \boldsymbol{y}(k)=[k,\ \hat{\boldsymbol{X}}(k\mid k-1)]-\left.\dfrac{\partial\boldsymbol{h}[k,\ \boldsymbol{X}(k)]}{\partial\hat{\boldsymbol{X}}(k)}\right|_{\hat{\boldsymbol{X}}(k)=\boldsymbol{X}(k)}\hat{\boldsymbol{X}}(k\mid k-1)\end{cases}\tag{4.25}$$

线性化后的方程为

$$
\begin{cases}\boldsymbol{X}(k+1)=\boldsymbol{\Phi}(k+1\mid k)\boldsymbol{X}(k)+\boldsymbol{G}(k)\boldsymbol{W}(k)+\boldsymbol{\phi}(k)\\ \boldsymbol{Z}(k)=\boldsymbol{H}(k)\boldsymbol{X}(k)+\boldsymbol{y}(k)+\boldsymbol{V}(k)\end{cases} \tag{4.26}
$$

将卡尔曼滤波基本方程应用在线性化的模型上可以得到扩展卡尔曼滤波的递推公式：

$$
\begin{cases}\hat{\boldsymbol{X}}(k\mid k+1)=\boldsymbol{f}(k\mid k)\\ \boldsymbol{P}(k+1\mid k)=\boldsymbol{\Phi}(k+1\mid k)\boldsymbol{P}(k\mid k)\boldsymbol{\Phi}^{\mathrm{T}}(k+1\mid k)+\boldsymbol{Q}(k+1)\\ \boldsymbol{K}(k+1)=\boldsymbol{P}(k+1\mid k)\boldsymbol{H}^{\mathrm{T}}(k+1)[\boldsymbol{H}(k+1)\boldsymbol{P}(k+1\mid k)\boldsymbol{H}^{\mathrm{T}}(k+1)+\boldsymbol{R}(k+1)]^{-1}\\ \hat{\boldsymbol{X}}(k+1\mid k+1)=\hat{\boldsymbol{X}}(k+1\mid k)+\boldsymbol{K}(k+1)\{\boldsymbol{Z}(k+1)-\boldsymbol{h}[\hat{\boldsymbol{X}}(k+1\mid k)]\}\\ \boldsymbol{P}(k+1)=[\boldsymbol{I}-\boldsymbol{K}(k+1)\boldsymbol{H}(k+1)]\boldsymbol{P}(k+1\mid k)\end{cases} \tag{4.27}
$$

扩展卡尔曼滤波的递推解算流程如图 4.5 所示。

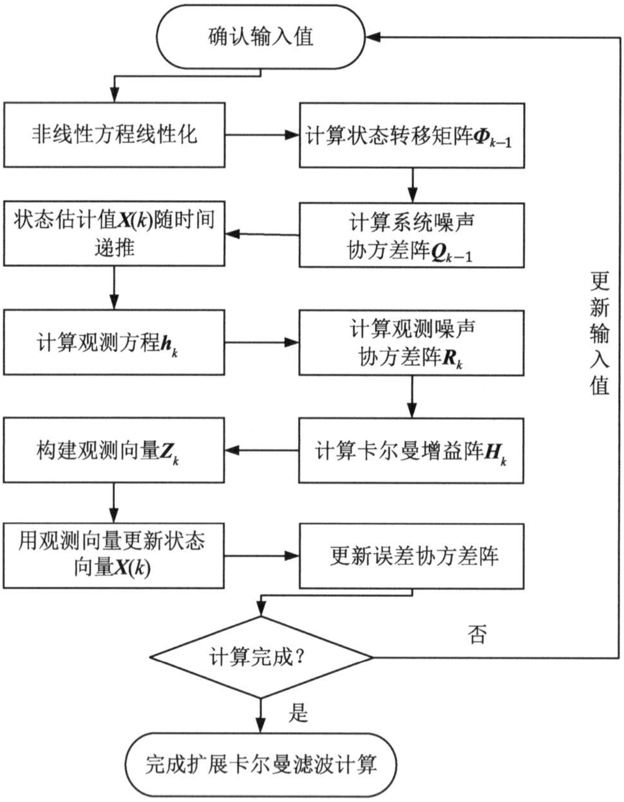

图 4.5　扩展卡尔曼滤波解算流程

2. 基于扩展卡尔曼滤波的机器人初始姿态解算

在室内测图机器人的研制过程中，IMU 被固连在机器人机身上，其观测数据包括三个不同轴向加速度计获取的线加速度、三个陀螺仪获取的角加速度以及三个磁力计数据。借助这些传感器获取的数据，可以实现机器人的初始姿态解算。

1）IMU 解算初始化

常用的导航坐标系有北东地坐标系（NED）和东北天坐标系（ENU）两种。本节中提及的导航坐标系为东北天坐标系，其 X 轴指向东，Y 轴指向北，Z 轴指向天。在平台处于静止状态时，载体坐标系下线加速度观测值（a_x，a_y，a_z）与导航坐标系中的重力加速度 $\boldsymbol{g}$ 有以下转换关系：

$$\begin{bmatrix} a_x \\ a_y \\ a_z \end{bmatrix} = \boldsymbol{C}_{\mathrm{n\_b}} \begin{bmatrix} 0 \\ 0 \\ |\boldsymbol{g}| \end{bmatrix} = \begin{bmatrix} c_{11} & c_{12} & c_{13} \\ c_{21} & c_{22} & c_{23} \\ c_{31} & c_{32} & c_{33} \end{bmatrix} \begin{bmatrix} 0 \\ 0 \\ |\boldsymbol{g}| \end{bmatrix} \tag{4.28}$$

式中，$\boldsymbol{C}_{\mathrm{n\_b}}$ 为由导航坐标系向载体坐标系转换的旋转矩阵，该矩阵由机身坐标系下的横滚角（Roll）、俯仰角（Pitch）和偏航角（Yaw）构成，为方便书写，下面用（A_x，A_y，A_z）来表示这三个角度，其中各个参数的计算式如式（4.29）所示。

$$\begin{cases} c_{11} = \cos(A_y)\cos(A_z) + \sin(A_x)\sin(A_y)\sin(A_z) \\ c_{12} = -\cos(A_y)\sin(A_z) + \sin(A_x)\sin(A_y)\cos(A_z) \\ c_{13} = -\sin(A_y)\cos(A_x) \\ c_{21} = \cos(A_x)\sin(A_z) \\ c_{22} = \cos(A_x)\cos(A_y) \\ c_{23} = \sin(A_x) \\ c_{31} = \sin(A_y)\cos(A_z) - \cos(A_y)\sin(A_x)\sin(A_z) \\ c_{32} = \cos(A_x)\cos(A_z) - \sin(A_y)\sin(A_z) - \cos(A_x)\sin(A_y)\cos(A_z) \\ c_{33} = \cos(A_x)\cos(A_y) \end{cases} \tag{4.29}$$

由于重力加速度 $\boldsymbol{g}$ 一直存在，且在载体坐标系的三个坐标轴上均有投影，故应该利用 $\boldsymbol{C}_{\mathrm{n\_b}}$ 求得重力加速度 $\boldsymbol{g}$ 在三个坐标轴上的投影分量，在使用 IMU 观测得到的线加速度前应注意减去这三个分量。结合式（4.29），可以进行初始姿态解算。

$$\begin{cases} A_x = \arcsin \dfrac{a_y}{|\boldsymbol{g}|} \\ A_y = \arcsin \dfrac{-a_x}{|\boldsymbol{g}|\cos(A_x)} \end{cases} \tag{4.30}$$

前文提及欧拉角的旋转是有顺序的，在由导航坐标系向载体坐标系旋转的过程中，先旋转俯仰角与横滚角得到一个中间坐标系，该中间坐标系继续绕着 Z 轴旋转 A_z，即可实现向载体坐标系的转换，转换过程如图 4.6 所示。然而，A_z 无法通过加速度数据解算，在初始化过程中常用磁力计数据来解算航偏角，但这种做法忽略了航偏角的存在。本书在实现的过程中将航偏角设置为 0，这样可以让 IMU 解算后面每一帧数据都与真实的本体系相差一个初始航偏角。

2）机器人初始位姿解算

室内测图机器人在数据采集过程中用四元数 $q(q_0, q_1, q_2, q_3)$ 来表示其姿态的变化，

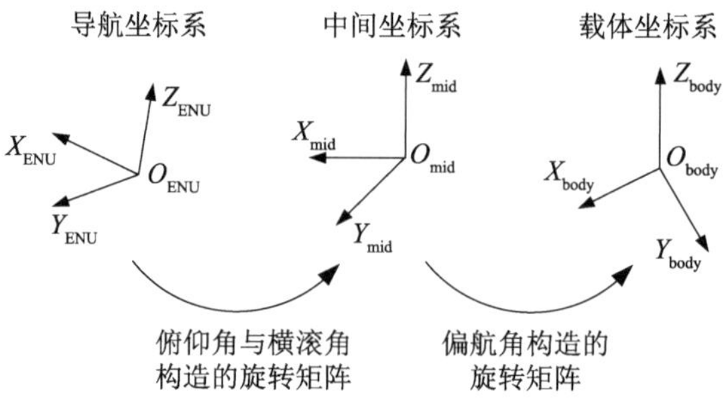

图 4.6　由导航坐标系向载体坐标系的转换过程

当 t 时刻的机器人姿态向 $t+\Delta T$ 时刻的机器人姿态转移时，四元数的状态转移方程为

$$\boldsymbol{q}^{\mathrm{b}}(t+\Delta T)=\boldsymbol{q}^{\mathrm{b}}(t)+\dot{\boldsymbol{q}}^{\mathrm{b}}(t)\Delta T \tag{4.31}$$

式中，$\dot{\boldsymbol{q}}^{\mathrm{b}}(t)$ 为 t 时刻四元数变化的速率。

将四元数对时间 t 进行微分，可得到四元数的更新函数，借助机身坐标系下的角速度观测值对四元数进行更新，更新公式为

$$\begin{bmatrix}\dot{q}_0\\ \dot{q}_1\\ \dot{q}_2\\ \dot{q}_3\end{bmatrix}=\frac{1}{2}\begin{bmatrix}0 & -\omega_x & -\omega_y & -\omega_z\\ \omega_x & 0 & \omega_z & -\omega_y\\ \omega_y & -\omega_z & 0 & -\omega_x\\ \omega_z & -\omega_y & -\omega_x & 0\end{bmatrix}\begin{bmatrix}q_0\\ q_1\\ q_2\\ q_3\end{bmatrix} \tag{4.32}$$

结合角速度以及离散的观测数据，可得到四元数姿态变化部分在扩展卡尔曼滤波解算中的状态转移矩阵：

$$\boldsymbol{F}_k=\frac{\Delta T}{2}\begin{bmatrix}2 & -\omega_x & -\omega_y & -\omega_z\\ \omega_x & 2 & \omega_z & -\omega_y\\ \omega_y & -\omega_z & 2 & -\omega_x\\ \omega_z & -\omega_y & -\omega_x & 2\end{bmatrix} \tag{4.33}$$

三个轴向观测得到的角加速度的误差均满足正态分布，其概率密度函数为

$$\begin{cases}\omega_x=N(g_x,\ \sigma_x^2)\\ \omega_y=N(g_y,\ \sigma_y^2)\\ \omega_z=N(g_z,\ \sigma_z^2)\end{cases} \tag{4.34}$$

式中，g_x、g_y、g_z 为重力加速度在载体坐标系三个坐标轴上的分量；σ_x、σ_y、σ_y 为角加速度的观测误差。

IMU 三个轴系的角加速度误差相互独立，结合状态转移矩阵 $\boldsymbol{F}_k$，可以得到四元数的协方差阵 $\boldsymbol{Q}$：

$$\boldsymbol{Q}=\begin{bmatrix} \boldsymbol{Q}_1 & 0 & 0 & 0 \\ 0 & \boldsymbol{Q}_2 & 0 & 0 \\ 0 & 0 & \boldsymbol{Q}_3 & 0 \\ 0 & 0 & 0 & \boldsymbol{Q}_4 \end{bmatrix} \tag{4.35}$$

协方差阵中各个元素分别为

$$\begin{cases} Q_1=\left(\dfrac{\Delta T}{2}\right)^2(q_1^2\sigma_x^2+q_2^2\sigma_y^2+q_3^2\sigma_z^2) \\ Q_2=\left(\dfrac{\Delta T}{2}\right)^2(q_0^2\sigma_x^2+q_2^2\sigma_z^2+q_3^2\sigma_y^2) \\ Q_3=\left(\dfrac{\Delta T}{2}\right)^2(q_0^2\sigma_y^2+q_1^2\sigma_z^2+q_3^2\sigma_x^2) \\ Q_4=\left(\dfrac{\Delta T}{2}\right)^2(q_0^2\sigma_z^2+q_1^2\sigma_y^2+q_2^2\sigma_x^2) \end{cases} \tag{4.36}$$

接下来构建观测向量 $\boldsymbol{Z}$,这里的观测向量选用重力加速度在载体坐标系下的三个分量(a_x^{b}, a_y^{b}, a_z^{b}),观测误差 $\boldsymbol{V}$ 为对应的观测噪声,对应的加速度计噪声 $\boldsymbol{R}_k$ 为

$$\boldsymbol{R}_k=\begin{bmatrix} \sigma_{ax}^2 & 0 & 0 \\ 0 & \sigma_{ay}^2 & 0 \\ 0 & 0 & \sigma_{az}^2 \end{bmatrix} \tag{4.37}$$

求出这些变量后,借助式(4.27)中的第三个式子,可以求出卡尔曼增益矩阵,利用该矩阵对状态向量以及协方差阵进行更新,至此一次卡尔曼滤波解算完成。

4.2.2 粗差剔除算法框架

通过特征匹配获得的匹配结果中,包含一定比例的误匹配,需要对其进行剔除,否则将影响定位解算的精度。在计算机视觉问题中,常用的粗差剔除算法为随机抽样一致性算法(RANSAC),其基本思想是采用随机抽样的方式从原始数据中选取一组样本来解算假设模型参数,利用剩余数据来评价该假设模型的优劣,其中符合该假设模型的点称为内点,不符合的点称为外点。通过多次抽样生成多个假设模型,从中选择包含内点数量最多的假设模型作为最优模型,并将符合最优模型的内点作为可靠数据。理论上,RANSAC 算法可以处理含有大量粗差的原始数据,但是为了确保可以从原始数据中选出至少一组不含粗差的样本,需要的迭代次数 K 为

$$K>\frac{\lg(1-n_0)}{\lg(1-e^m)} \tag{4.38}$$

式中,e 为原始数据中可靠数据的比例,则 $1-e$ 为原始数据中相差的比例;m 为抽样的样本数量;n_0 为样本不含粗差的最小期望概率值,为了保证算法的鲁棒性,通常将其设置为

95%或 99%。

如图 4.7 所示，当鲁棒性要求较高，或抽样样本数量增加，或粗差比例上升时，RANSAC 算法的理论迭代次数也随之增加。

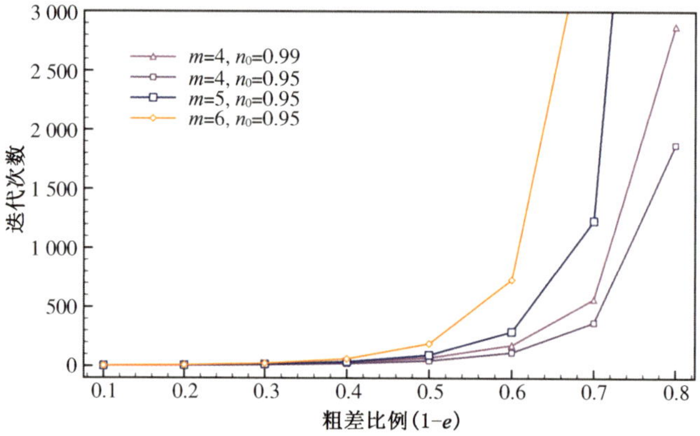

图 4.7 RANSAC 算法需要迭代的次数与粗差比例的关系

尽管目前双目视觉定位技术在标准数据集中具有较高的精度，但是在建筑空间的室内、地下环境中存在光照有限、纹理缺失、结构重复等不利条件，这些都影响了视觉定位的精度和鲁棒性。其中最主要的影响在于，受建筑空间中视觉表现的影响，特征提取匹配算法的匹配精度下降，导致在匹配同名点对时的误匹配(也称匹配粗差)比例远高于一般情况。而常用的定位解算算法如最小二乘法，不具有抗差性，若使用未经粗差剔除的原始数据进行运动估计，将降低定位精度甚至导致定位解算失败。在保证粗差剔除算法鲁棒性的前提下，为提高算法在复杂环境中的效率，本章针对建筑刚性环境中特殊的结构提出了刚性结构点优先粗差剔除算法(Structure-Aware-SAmple-Consensus, SASAC)，并根据 Raguram 等[10]提出的通用 RANSAC(Universal RANSAC, USAC)算法，建立了粗差剔除系统框架，进行模型解算、模型验证和模型优化，系统框架如图 4.8 所示。

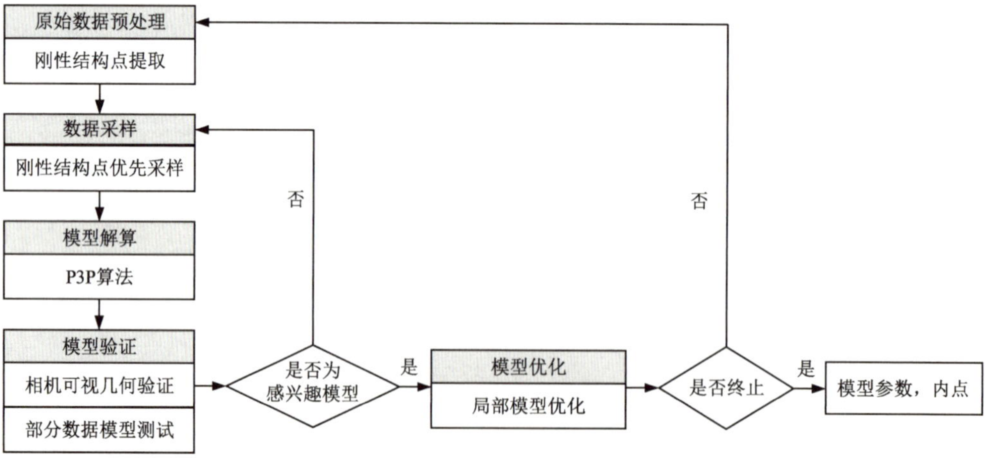

图 4.8 SASAC 粗差剔除算法框架

4.2.3 刚性结构点提取与优先采样

1. 刚性结构点提取

为了保证设施的功能性和安全性，城市中的建筑是以抗形变的刚性结构建造的，这种刚性关系从空间几何上可以表述为：空间中属于刚性结构的两个点之间的欧氏距离保持不变。假设刚性结构上有两点（P_i，P_j），那么：

$$\| P_i - P_j \| \equiv D_{ij} \tag{4.39}$$

式中，D_{ij} 为两点之间的欧氏距离，式(4.39)也被称为欧氏距离约束。

若两点不能满足式(4.39)，则这两点不可能同时属于刚性结构点。而与非刚性结构点对应的可能是动态物体上的特征点或由误匹配投影形成的错误三维点，这些三维点既不利于定位解算，也不利于地图生成，需对其进行筛除。本章利用欧氏距离约束对原始匹配同名点进行清理，剔除其中所有不能满足式(4.39)的同名点，筛选出相互之间满足欧氏距离约束的刚性结构点。随后根据是否符合欧氏距离约束设置先验概率的优先级，符合欧氏距离约束的点将被优先采样，这有利于模型参数估计生成正确的模型参数。

在实际应用中，三维点的空间位置是由双目相机系统测算得到的，存在一定的测量误差，因此需放宽欧氏距离约束条件。假设在双目相机系统像平面上存在观测误差 ε，根据误差传播定律[6]和双目相机的测距原理，可以得到三维点在各方向上的误差为

$$S_{x,y} = \frac{d}{c} \cdot \varepsilon, \quad S_z = \frac{d^2}{\sqrt{2}bc} \cdot \varepsilon \tag{4.40}$$

式中，d 为三维点的深度；b 为极线长度；c 为焦距；ε 为影像的测量误差。各参数的含义如图 4.9(a)所示。

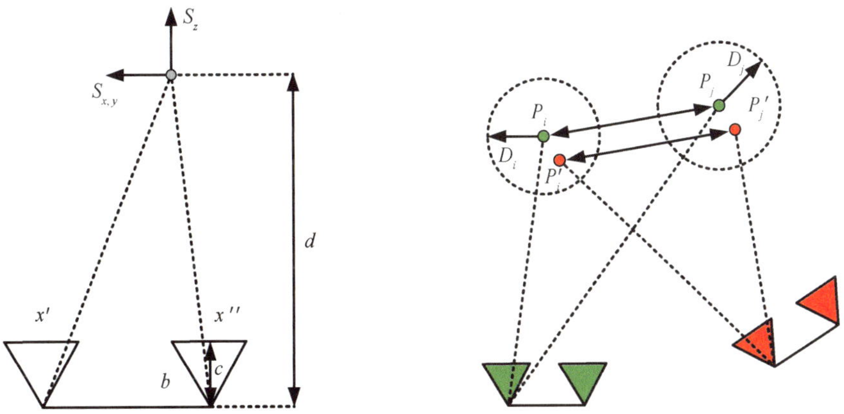

(a) 双目测距误差参数　　(b) 刚性结构点

图 4.9　双目测距误差参数与刚性结构点示意图

考虑到影像的测量误差，由双目相机估算的三维点的点位误差需符合以下要求：

$$D \leqslant \sqrt{S_x^2 + S_y^2 + S_z^2} \tag{4.41}$$

如图 4.9(b)所示，假设 t 时刻相机系统观测到的空间两点为(P_i，P_j)，$t+1$ 时刻观测到的两点为(P'_i，P'_j)，其对应的点位误差为(D_i，D_j)，考虑到三维点的点位误差，放宽的欧氏距离约束条件可以表述为

$$\left| \| P_i - P_j \| - \| P'_i - P'_j \| \right| \leqslant D_i + D_j \tag{4.42}$$

根据式(4.42)，三维空间中满足欧氏距离约束的一对点(P_i，P_j)为刚性结构点。根据刚性结构点的定义，可对一帧双目影像计算得到的三维点进行成对比较，检查其与欧氏距离约束的相互一致性，若一对点不符合欧氏距离约束，那么其中至少有一个点不属于刚性结构点。成对检测所有三维点的相互一致性，若剔除所有不满足欧氏距离约束的点，则剩余的点均为刚性结构点。因此，刚性结构点提取问题可表述为：针对一组已知相互一致性的点集，提取其中最大的子集，其中的每一组点对符合欧氏距离约束。

为解决刚性结构点提取问题，本章构造一个无向图 $G=(V, E)$，其中，顶点 V 代表所有的三维点，边 E 连接所有相互不符合欧氏距离约束的点，那么刚性结构点提取问题也随之转换为剔除最小数量的顶点以消除图 G 中所有的边 E。

经过转换的刚性结构点提取问题在图论(Graph Theory)中属于顶点覆盖问题[11]。顶点覆盖问题的定义为：寻找最小顶点的集合，使得图中的每一条边都至少接触集合中的一个顶点。为了更好地描述这个问题，现假设有 6 个三维点(1～6)组成图 G 中的顶点，如图 4.10 所示，点对中(1,2)，(2,3)，(2,5)，(3,5)，(4,5)，(5,6) 不符合欧氏距离约束，因此用边 E 连接这些点。基于该假设，本章所要解决的刚性结构点提取问题即移除最少的顶点 V 来消除图 G 中所有的边 E。针对图 4.10 中的情况，可以移除所有的点，也可以移除顶点(1,3,5)，但这并非图 4.10 所示问题的最优解。最优方式是通过移除最小的点集(2,5)即可消除所有的边，保留的顶点(1,3,4,6)彼此之间都符合欧氏距离约束，因此都属于刚性结构点。为解决顶点覆盖问题，相关的研究包括近似算法、贪婪算法和遗传算法[12]。综合考虑效率与解的最优性，本章采用 Alom's 近似算法[11]，该算法的效率优于贪婪算法和遗传算法，且在大多数情况下可以得到最优结果。Alom's 算法流程如图 4.11 所示。

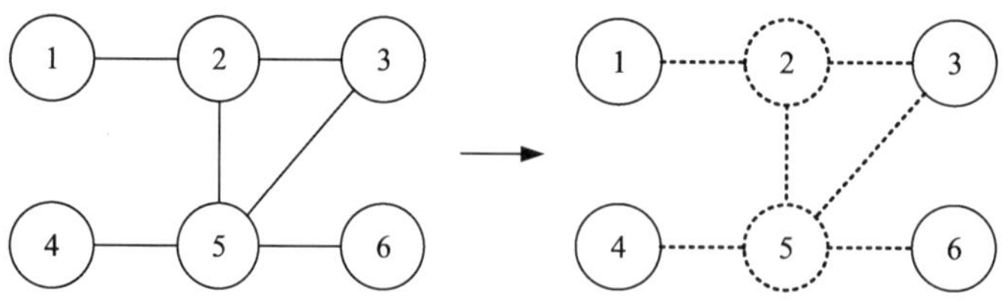

(a) 顶点覆盖问题实例　　(b) 顶点覆盖问题实例的最优解

图 4.10　顶点覆盖问题示意图

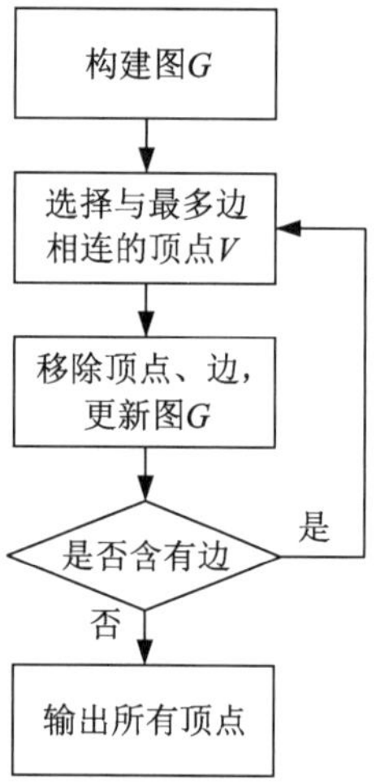

图 4.11　Alom's 算法流程图

针对本章的刚性结构点问题，首先需检测所有三维点对之间的欧氏距离约束，以点对

作为顶点 V，不符合欧氏距离约束的点用边 E 连接，构建图 $G=(V, E)$。利用 Alom's 算法剔除图中所有边后，输出的顶点即为刚性结构点。利用该方法提取室内场景的刚性结构点，提取结果如图 4.12 所示，刚性结构点均位于静态结构地物表面。根据提取的刚性结构点，原始数据自然地被分为两个子集，即刚性结构点子集和普通点子集。其中，刚性结构点子集在空间中的欧氏距离固定，因此其粗差率远低于普通点子集。

图 4.12 室内刚性结构点提取结果

2. 刚性结构点优先采样

在经典 RANSAC 算法中，需要对原始数据进行随机采样，即随机抽取 m 个同名点对组成最小随机子集，由该子集来计算模型参数。由于 RANSAC 算法采用的是随机抽样的方法，因此，每个同名点对被采样的概率是相同的。但是在实际场景中，每个同名点对是粗差的概率并不相同。在地下环境中，属于刚性结构点的同名点对是内点的概率要远高于其他的同名点，基于这个观察，优先采样从原始数据中筛选出的刚性结构点，以此引导抽样一致性算法，提高生成正确随机采样子集的概率。使用该采样方法进行采样，有利于在模型解算步骤中得到正确的模型参数。

从原始数据中提取出刚性结构点子集，剩余的数据组成普通点子集。相比于普通点子集，刚性结构点子集具有更高的内点比例。假设随机抽取样本的大小为 m，本章提出的刚性结构点优先采样配置可以表达为 $\{\mathcal{G}_{m-u}^{u}\}_{u=m,\cdots,0}$，即在刚性结构点子集中随机选取 u 个样本，在普通点子集中随机选取 $m-u$ 个样本。该采样方法从 $u=m$ 开始采样，即采样配置为 $\mathcal{G}_0^m$，当达到一定的采样阈值后，采样配置变为 $\mathcal{G}_1^{m-1}$，即从刚性结构点子集中选取 $m-1$ 个样本，从普通点子集中选取 1 个样本。通过这样的方式，逐渐遍历所有的采样配置，直到 $u=0$。刚性结构点优先采样的算法流程如图 4.13 所示。

根据本章提出的刚性结构点优先采样算法，刚性结构点子集中的点对将被优先采样，有利于解算得到正确的模型参数。但同时为了确保遍历所有采样配置时，所有的点对被采样的概率相等，需定义每组采样配置的最大采样次数。假设原始数据的集合为 N，分为刚性结构点对子集 S 和普通点对子集 C，在给定的运算资源下共可以进行 T_N 次采样，每一组配置对应的采样次数 T_u 可由下式计算：

$$\frac{T_u}{M_{m-u}^{u}}=\frac{T_N}{M_N} \tag{4.43}$$

式中，M_N 为从原始数据集合 N 中选取 m 个样本所有可能的组合数：

$$M_N=\binom{N}{m} \tag{4.44}$$

M_{m-u}^{u} 为对应采样配置 $\mathcal{G}_{m-u}^{u}$ 选取样本时所有可能的组合数：

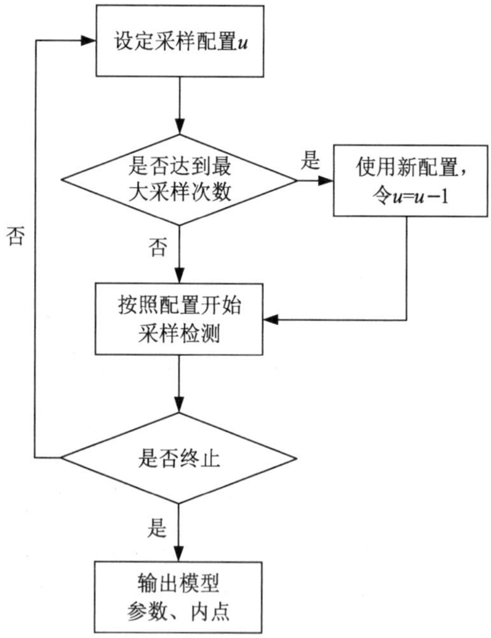

图 4.13　刚性结构点优先采样算法流程图

$$M_{m-u}^{u}=\binom{S}{u}\cdot\binom{C}{m-u} \tag{4.45}$$

当给定的运算资源耗尽时，刚性结构点对和普通点对中的数据具有相同的概率被采样，即本章提出的采样方法在最极端的情况下(运算资源耗尽时)将退化为随机采样。

4.2.4　粗差剔除算法优化与终止条件

1. 模型解算与模型验证

根据 2.2.1 节中的双目立体相机原理，采用 P3P 算法[9]，根据采样的同名点解算模型参数，经典的 RANSAC 算法利用剩余的数据代入模型参数，评估其与该组模型参数是否相符。该处理方式虽然有效，但在每次生成新的模型参数时，重复代入剩余所有数据进行计算，会消耗不必要的运算资源。而在评估之前，预先进行模型验证，能够提前检测错误的或退化的模型参数，若检测出错误的模型参数，则直接跳过后续评估计算，减少不必要的运算。

考虑到本章的双目相机定位问题，利用空间三维点必须同时被两个相机可视的限制条件，检测解算得到的相机位姿，若测试通过，则继续利用剩余数据进行评估，若不满足该限制条件，则直接跳过后续评估计算，从而提高整体粗差剔除算法的效率。针对模型检验过程，RANSAC 算法所需要的计算时间为

$$t=k(t_{\mathrm{M}}+n_{\mathrm{v}}t_{\mathrm{v}}) \tag{4.46}$$

式中，k 为采样的次数；t_M 为计算模型参数所需的时间；n_v 为每次生成模型参数后用于验证的数据量；t_v 为每次验证模型所需的时间。

由于经典的 RANSAC 算法采用除去采样数据外的所有数据进行验证，当数据集较大时，n_v 也随之增加，导致模型验证的时间将占用整体算法耗时的绝大部分，若得到了错误的模型参数，则大量的模型验证计算就变得没有必要。对此采用 Chum 等[13]提出的两步验证的方式，针对解算得到的模型先利用少量的数据点进行测试：若不能通过，则认为该模型不合理并拒绝该模型；若能通过，则继续利用剩余的数据进行验证。这种两步验证的方式也能够有效地减少不必要的计算，从而提高模型验证的效率。

2. 模型优化

除了原始数据中粗差点以外，噪声干扰也会影响 RANSAC 算法的精度和鲁棒性。受噪声影响，即使样本内的数据点均是内点，也可能解算出不合适的模型参数，这也是由 RANSAC 算法本身的不稳定性引起的。为提高算法的稳定性、减少噪声的影响，进一步采用局部最优化的方法。

基于局部最优化 RANSAC（LO-RANSAC）方法[14]，通过模型验证获取模型参数和内点子集，再进行内部 RANSAC（Inner-RANSAC）运算以筛选更多的内点并减少噪声的影响。引入 LO-RANSAC 算法使得每次经过验证的模型更加精确，从而减少采样迭代的次数，尤其是在原始数据观测噪声较大的情况下，其对精度和鲁棒性的提高尤为明显。LO-RANSAC 算法的具体流程如图 4.14 所示。

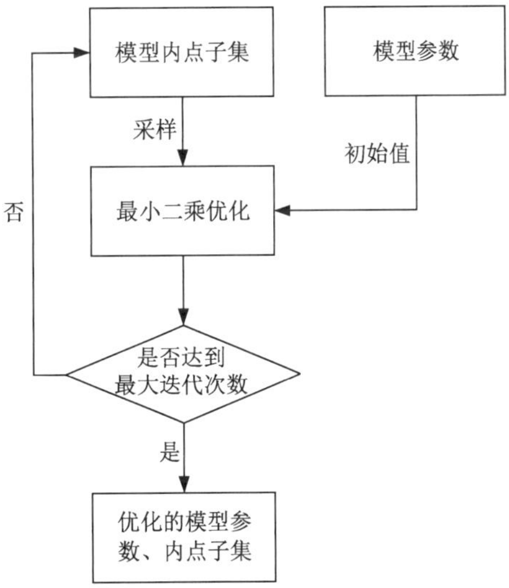

图 4.14　LO-RANSAC 算法流程图

输入：经过验证的模型参数；内点子集；Inner-RANSAC 最大迭代次数 I（通常设置为 10～20 次）。

（1）从内点子集中采样得到 m 个样本，此时可认为内点子集中不包含粗差，因此，采样的样本不需要为最小样本集，并且样本数增加有助于抑制噪声的影响。

（2）对获得的样本基于最小二乘法解算模型参数，在求解模型参数时可将经过验证的模型参数作为初始值，以加速收敛。

（3）验证优化的模型参数，并统计符合该参数的内点，在多次迭代中，选取最优的模型参数和内点。

基于 LO-RANSAC 算法的模型优化，抑制了原始数据中的噪声对参数估计不稳定的影响，提高了模型参数的精度和鲁棒性，并可得到一致性更好的内点，进一步提高了整体算法的鲁棒性。

3. 终止条件

对于粗差剔除的结果，设定两个条件对其进行检查：非随机性检查和最大迭代次数限制。若同时符合这两个条件，则停止迭代，并认为粗差剔除的结果是可靠的。非随机性检查主要是为了防止出现一个错误模型被随机的粗差点支持，而被认定为正确模型的情况，即解算得到的模型被随机数据点支持的概率必须小于一定阈值 ψ，因此要求内点的最小数量 n^* 必须满足：

$$\min\left\{n^*:\sum_{i=n^*}^{N}\beta^{i-m}(1-\beta)^{N-i+m}\binom{N-m}{i-m}<\psi\right\} \tag{4.47}$$

式中，β 为一个错误模型被数据点支持的概率；N 为原始数据中包含的样本数；m 为每次采样的数量。

最大迭代次数限制定义了为确保采样结果中不包含粗差所必须进行的迭代次数，即

$$(1-I_u)^k \leqslant \eta \tag{4.48}$$

式中，I_u 为内点的比例；k 为已经进行采样的次数；η 为设定的比例，通常设置为 5%。

在 RANSAC 算法中，由于是随机采样，因此，I_u 对应的内点比例是基于原始数据得到的，当原始数据中的内点比例较低时，RANSAC 算法需要进行多次迭代以满足最大迭代次数限制条件。SASAC 算法是以结构点优先的方式，I_u 对应的是当前采样配置 $\{\mathcal{G}_{m-u}^{u}\}_{u=m,\cdots,0}$ 中的内点比例，而结构点对中内点比例要远高于原始数据。因此，即使原始数据中的内点比例较低，本章的采样方法同样可以提前满足迭代次数限制条件，提早结束迭代过程，在保证结果可靠的前提下，减少运算量，提高运算效率。

4.2.5 基于 SASAC 的双目定位算法

本章提出的 SASAC 粗差提取算法的输入、输出数据与经典的 RANSAC 算法一致，因此，现有的双目定位算法仅需替换粗差剔除算法，即可实现基于 SASAC 的双目定位算法。完成替换后的双目定位算法流程如图 4.15 所示。

1. 影像特征提取、匹配方法

在基于双目视觉进行定位时，前后帧影像需要有一定的重叠区域，通过特征提取与匹配获得影像特征的匹配关系，前后帧影像中符合匹配关系的点称为同名点。不同的双目定位算法采用不同的特征提取匹配策略，如 Stereo ORB-SLAM 算法[15]采用 ORB 特征算子进行特征匹配，libviso2 算法[16]利用团块特征进行匹配。为了验证 SASAC 算法，本章仅针对 libviso2 算法进行了改进，其他的双目定位算法也可通过替换粗差剔除算法进行改进。

图 4.15 基于 SASAC 的双目定位算法

libviso2 双目定位算法采用团块特征进行特征提取与匹配，相比于角点特征，团块特征信息更加丰富，并且具有一定的唯一性和抗尺度变化性。考虑到影像中特征点的分布

在很大程度上影响着定位的结果，若特征点集中在影像的某个部分，则定位结果将反映该部分的运动，且与全局的运动有所偏差，造成定位精度的下降。为了防止出现特征过度集中的现象，可采取均匀分布特征提取策略，即在影像上划分一定数量的格网，并规定从每个格网中提取的特征数量的阈值。通过划分格网，特征的选取不是基于全局阈值进行排序，而是在格网区域内选取特征响应较强的点。为保证在影像的弱纹理区域中也能提取到足够的特征点，在利用基于格网分块的方法进行特征提取时适当降低特征选取的阈值。为了进一步均匀格网内部的特征点分布，设置相邻两个特征的最小距离（通常设置为 2～5 个像素），尽管设置两个特征的最小距离会降低特征提取的重复率，但同时也可防止特征过度集中，使得特征在影像上的分布更加均匀。

针对双目相机系统，需要匹配的影像共计 4 帧，即第 N 帧影像的左、右像对和第 $N+1$ 帧影像的左、右像对。改进算法采用环形匹配的策略，其流程如图 4.16 所示。特征匹配从第 N 帧的左影像和第 $N+1$ 帧的左影像开始匹配，再进行第 $N+1$ 帧左、右影像匹配，然后进行第 $N+1$ 帧的右影像与第 N 帧的右影像匹配，最后进行第 N 帧的右、左影像匹配，进行环闭检查。若最后的特征与起始的特征相吻合，则接受该匹配，反之则剔除该匹配。

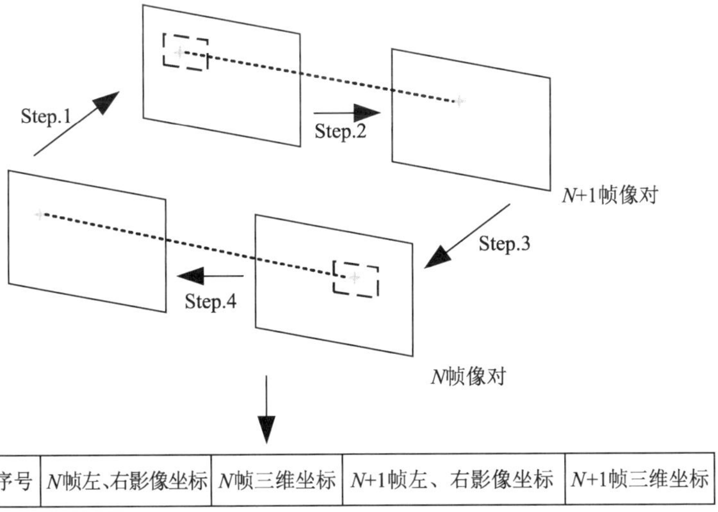

图 4.16　环形匹配策略流程图

考虑到车体的运动方式较为平稳，因此，在进行帧之间的匹配时进行 $M \times M$ 开窗匹配以提高匹配效率。在进行左、右影像匹配时，假设左、右影像已进行双目立体校正，因此，在极线范围内进行匹配，规定阈值为 1 个像素。根据特征在左、右影像中的坐标估算其三维坐标，最终生成的匹配结果如图 4.16 所示，包含匹配数据序号，特征在 N 帧左、右影像中的坐标，特征在 N 帧像对坐标系中的三维坐标，以及特征在 $N+1$ 帧像对中的像平面坐标和三维坐标，这也是 SASAC 粗差剔除算法的输入数据。

2. 定位解算

在进行粗差剔除的过程中，相邻像对之间的相对位姿关系仅由部分内点解算得到，因此需采用经过粗差剔除得到的全体内点，对模型参数进行进一步优化。根据全体内点集合，可以通过下式求解相机的位姿：

$$\begin{bmatrix} u \\ v \\ 1 \end{bmatrix} = \boldsymbol{K}\left((\boldsymbol{R} \mid \boldsymbol{t}) \begin{bmatrix} X \\ Y \\ Z \\ 1 \end{bmatrix} - \begin{bmatrix} b \\ 0 \\ 0 \end{bmatrix} \right) \tag{4.49}$$

式中，$\boldsymbol{K}$ 为相机的标定矩阵，通过预检校获得；$[u, v, 1]^{\mathrm{T}}$ 为影像二维点；$[X, Y, Z, 1]^{\mathrm{T}}$ 为空间三维点坐标；通常三维点坐标以左相机坐标系为基准，当二维特征点在右相机上时需要将三维点右移一个基线长度，因此，当二维特征点属于左影像时，$b=0$，当二维特征点属于右影像时，b 为基线长度；$(\boldsymbol{R} \mid \boldsymbol{t})$ 为影像相对三维点的位姿信息，其中，$\boldsymbol{R} \in SO^3$，$\boldsymbol{t} \in SE^3$，SO^3 为三维特殊正交群，SE^3 为特殊欧氏群。

现定义 $\pi^{(\mathrm{l})}(\boldsymbol{X}_n; \boldsymbol{R}, \boldsymbol{t})$ 为三维点$[X, Y, Z, 1]^{\mathrm{T}}$ 在左影像上的投影，$\pi^{(\mathrm{r})}(\boldsymbol{X}_n; \boldsymbol{R}, \boldsymbol{t})$ 为三维点在右影像上的投影，定位解算需要优化的代价函数可以表示为

$$\min_{\boldsymbol{R}, \boldsymbol{t}} \sum_n (\| \pi^{(\mathrm{l})}(\boldsymbol{X}_n; \boldsymbol{R}, \boldsymbol{t}) - \boldsymbol{x}_n^{\mathrm{l}} \|^2 + \| \pi^{(\mathrm{r})}(\boldsymbol{X}_n; \boldsymbol{R}, \boldsymbol{t}) - \boldsymbol{x}_n^{\mathrm{r}} \|^2) \tag{4.50}$$

式中，$\| \pi^{(\mathrm{l})}(\boldsymbol{X}_n; \boldsymbol{R}, \boldsymbol{t}) - \boldsymbol{x}_n^{\mathrm{l}} \|$ 为同名三维点在影像上的重投影误差，理论上同名点的重投影误差为 0，但因观测噪声而存在一定的残差。本节通过残差的平方和的形式构建了代价函数，并基于 LM 算法对代价函数进行非线性优化。由于粗差剔除得到的位姿信息为非线性优化提供了良好的初始值，故 LM 算法可以快速收敛得到一个较好的定位结果。

4.3 基于全局最优的多目相机系统鲁棒相对定向

利用两帧多目相机像对之间的特征关联，根据广义极线几何约束解算两帧多目影像的相对几何关系以描述相机系统的运动方式，称为多目相机的相对定向，这是多目相机并行定位与建图研究的基础。精确的相对定向参数直接反映定位的精度，同时也间接地影响建图的精度，并可保证最终非线性优化算法的收敛性。为解决存在粗差时的多目相机相对定向问题，现有方法均基于 RANSAC 粗差剔除框架，但由于 RANSAC 方法本身的缺陷，现有方法具有陷入局部最优的风险，因此无法保证结果的全局最优性。同时，求解多目相机相对定位问题需要较多的观测值，导致采样样本数增加，降低了 RANSAC 算法的效率和鲁棒性。与现有方法不同，本节以广义极线几何为基础，深入地研究了相对定向参数与模型内点之间的相互关系，根据影像间的特征关联和假设的旋转参数在欧氏空间中构建出广义极面，并证明了相对定向中平移向量的终点必定位于广义极面中，据此推导平移向量的终点为数个广义极面的交点，从而将多目相机的相对定向问题转换为多平面相交的问题。结合相对定向的解空间分布，提出嵌套分支定界法(Branch and Bound, BnB)

来求解多目相机相对定向问题的全局最优解。通过模拟数据和实际数据的试验分析，本节方法在鲁棒性和相对定向结果的精度方面均优于传统 RANSAC 方法。

4.3.1　多目相机相对定向的相关研究

在并行定位与建图的研究中，单目相机的相对定向问题多年来受到广泛的关注，而基于广义极线几何的多目相机相对定向问题仅在近年来才有相关研究。考虑到特征匹配中的粗差，传统方法如 17 点法、8 点法、6 点法等需结合 RANSAC 粗差剔除框架，而 RANSAC 算法中的模型参数是由随机采样的数据拟合的，因此，即使在不考虑算法效率的前提下，确保 RANSAC 算法有足够多的迭代次数，也无法保证其解算结果的全局最优性。

受单目相机的全局最优相对定向算法[17]的启发，本节提出了多目相机的全局最优相对定向算法，该算法能够保证解算结果的全局最优性以及与其对应的数量最多的模型内点。Kim 等[18]将多目相机的相对定向问题描述为直线相交的问题，这仅是在局部中心投影条件下的退化情况，本节将在后文具体讨论。考虑到观测噪声的影响，平移变量的终点不一定落在广义极面内，但与广义极面的距离需小于一定的阈值，而这一阈值也区分了模型的内、外点。因此定义：若平移变量的终点与广义极面的距离小于一定阈值，则称该平移变量与该广义极面相符。平移变量在欧氏空间中对应的相符广义极面数量直接反映了影像间的特征关联对相对定向参数的支持程度，其中与最多广义极面相符的相对定位参数即为最优解。

与传统的 RANSAC 方法相比，本节方法具有以下的优势：

(1) 本节方法对观测噪声和匹配的粗差具有鲁棒性，并且能够保证结果的全局最优性以及模型内点数量的最大化。

(2) 在复杂环境中，当原始匹配的内点比例降低时，本节方法的鲁棒性和精度均优于 RANSAC 方法。当 RANSAC 方法失效时，本节方法仍能获得可靠解。

(3) 本节方法的计算效率与待验证的参数空间尺度有关，当相对定向中的旋转参数已知，或运动较平稳、旋转参数较小时，本节方法的计算效率优于 RANSAC 方法，因此，本节方法在视觉无人平台配合姿态传感器方面具有较高的实用性。

4.3.2　多目相机相对定向问题的几何定义

多目相机相对定向问题涉及四个方面的几何问题，分别是多目相机模型、广义极线几何约束、广义极面相交和多目相机相对定向退化。为了解决多目相机相对定向问题，读者需要对这四个方面的数学知识有一定的了解。本节将尝试探讨这四个问题的几何定义和推导的过程。

1. 多目相机模型

沿用 4.1 节中介绍的广义统一相机模型，假设多目相机的检校参数已知，利用射素描述多目相机中的像素：

$$\langle \boldsymbol{q}_{\mathrm{a}}, \boldsymbol{C}_i \times \boldsymbol{q}_{\mathrm{a}} \rangle \tag{4.51}$$

式中，$\boldsymbol{C}_i$ 为子相机的投影中心；$\boldsymbol{q}_{\mathrm{a}}$ 为方向向量，可由下式计算：

$$\boldsymbol{q}_{\mathrm{a}}=\frac{\boldsymbol{P}-\boldsymbol{C}_i}{\|\boldsymbol{P}-\boldsymbol{C}_i\|} \tag{4.52}$$

式中，$\boldsymbol{P}$ 为空间三维点坐标。

当整体多目相机经过参数为 $\langle\boldsymbol{R},\boldsymbol{t}\rangle$ 的运动后，在另一个位置观测到同一三维点 $\boldsymbol{P}$ 时，方向向量 $\boldsymbol{q}_{\mathrm{b}}$ 可由下式计算：

$$\boldsymbol{q}_{\mathrm{b}}=\frac{\boldsymbol{RP}+\boldsymbol{t}-\boldsymbol{C}_j'}{\|\boldsymbol{RP}+\boldsymbol{t}-\boldsymbol{C}_j'\|} \tag{4.53}$$

式中，$\boldsymbol{C}_j'$代表在新的位置观测到三维点 $\boldsymbol{X}$ 的子相机。若 $i=j$，表示前后的特征匹配来自同一个子相机，该匹配被称为相机内匹配；若 $i\neq j$，表示前后的特征匹配来自不同子相机，该匹配被称为相机外匹配。实际上，受观测噪声以及相机像元大小的影响，三维点并不一定在方向向量 $\boldsymbol{q}$ 上，但其到相机中心的连线与方向向量的夹角应小于一定的阈值，据此可以对原始匹配中的内点进行定义。

定义 1： 当多目相机经过参数为 $\langle\boldsymbol{R},\boldsymbol{t}\rangle$ 的运动后，若前后匹配的射素 $\langle\boldsymbol{q}_{\mathrm{a}},\boldsymbol{C}_i\times\boldsymbol{q}_{\mathrm{a}}\rangle$ 和 $\langle\boldsymbol{q}_{\mathrm{b}},\boldsymbol{C}_j'\times\boldsymbol{q}_{\mathrm{b}}\rangle$ 是匹配的内点，则在三维空间中必定存在某一三维点 $\boldsymbol{P}\in\mathbb{R}^3$ 满足：

$$\angle(\boldsymbol{q}_{\mathrm{a}},\boldsymbol{P}-\boldsymbol{C}_i)\leqslant\varepsilon,\ \angle(\boldsymbol{q}_{\mathrm{b}},\boldsymbol{RP}+\boldsymbol{t}-\boldsymbol{C}_j')\leqslant\varepsilon \tag{4.54}$$

式中，ε 为阈值。

基于原始匹配中内点的定义，本节将相对定向问题转换为几何优化问题。

问题 1： 已知两帧多目像对间的匹配射素 $\langle\boldsymbol{q}_{\mathrm{a}},\boldsymbol{C}_i\times\boldsymbol{q}_{\mathrm{a}}\rangle$ 和 $\langle\boldsymbol{q}_{\mathrm{b}},\boldsymbol{C}_j'\times\boldsymbol{q}_{\mathrm{b}}\rangle$，以及限定模型内点的阈值 ε，求解最优的相对定向参数 $\langle\boldsymbol{R},\boldsymbol{t}\rangle$，最大化原始匹配中的内点数量。

从代数角度求解该优化问题较为困难，因此，本节将从几何角度对该问题进行分析，将其转换为几何优化问题。

2. 广义极线几何约束

Pless[19]提出的广义极线几何约束可由两个 Plücker Vector 相交的条件推导得到：

$$\boldsymbol{L}_1^{\mathrm{T}}\begin{bmatrix}\boldsymbol{E} & \boldsymbol{R}\\ \boldsymbol{R} & \boldsymbol{0}\end{bmatrix}\boldsymbol{L}_2=\boldsymbol{0} \tag{4.55}$$

式中，$\boldsymbol{L}_1$ 和 $\boldsymbol{L}_2$ 如下：

$$\boldsymbol{L}_1=\begin{bmatrix}\boldsymbol{q}_{\mathrm{a}}\\ \boldsymbol{C}_i\end{bmatrix},\ \boldsymbol{L}_2=\begin{bmatrix}\boldsymbol{q}_{\mathrm{b}}\\ \boldsymbol{C}_j'\end{bmatrix} \tag{4.56}$$

尽管现有的极线几何约束建立了影像特征匹配与相对定向参数之间的关系，但由于现实世界的相机运动发生在欧氏空间，而射素是以六维的 Plücker Vector 进行表达。现有的极线几何公式难以体现特征匹配在几何上对运动参数的约束，同时也难以借助现有的广义极线几何约束分析 $\boldsymbol{L}_1$ 和 $\boldsymbol{L}_2$ 中的观测噪声对运动参数估计结果的影响。为深入地分析广义极线几何约束，本章首先以几何含义明确的单目相机极线几何约束为基础，在保留其几何含义的基础上逐步解释多目相机的情况。

首先需要明确的是，利用广义多目相机模型描述多目相机系统是出于计算和数据管理的便利，多目相机系统的本质是多个单目相机的集合。若将多目相机中的各个子相机视为单独的个体，在前后两帧影像中观测到同一三维点的两个子相机 $\boldsymbol{C}_i$ 和 $\boldsymbol{C}'_j$ 之间仍满足单目极线几何约束：

$$\boldsymbol{q}_{\mathrm{a}}^{\mathrm{T}}\boldsymbol{E}_{ij}\boldsymbol{q}_{\mathrm{b}}=\boldsymbol{0} \tag{4.57}$$

式中，$\boldsymbol{E}=\boldsymbol{t}_{ij\times}\boldsymbol{R}$，为本质矩阵。

式(4.57)可以进一步推导为

$$-(\boldsymbol{q}_{\mathrm{a}}\times\boldsymbol{R}'\boldsymbol{q}_{\mathrm{b}})^{\mathrm{T}}\boldsymbol{t}'_{ij}=\boldsymbol{0} \tag{4.58}$$

式(4.58)中左边为三个向量即 $\boldsymbol{q}_{\mathrm{a}}$、$\boldsymbol{R}'\boldsymbol{q}_{\mathrm{b}}$ 和 $\boldsymbol{t}'_{ij}$ 的叉乘与点乘的结合，对应的是由这三个向量构建的立方体的体积，当该立方体的体积为 0 时，表示这三个向量共面，其关系示意图如图 4.17 所示。

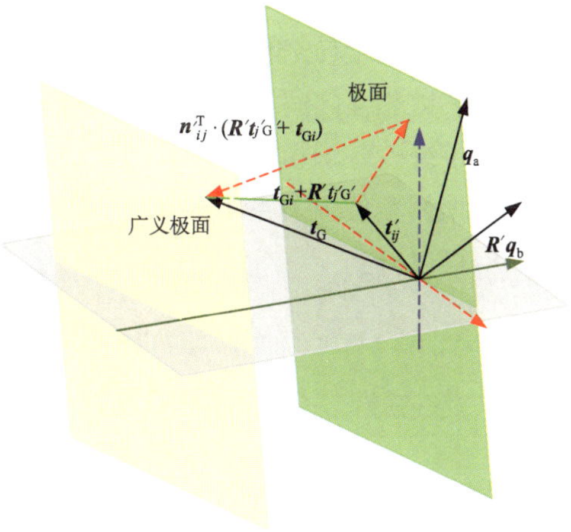

图 4.17　局部子相机坐标系下极面与广义极面的关系

由不同影像特征关联即不同的 $\langle\boldsymbol{q}_{\mathrm{a}},\boldsymbol{q}_{\mathrm{b}}\rangle$ 可构建多个平面，而平移向量 $\boldsymbol{t}_{ij}$ 同时与所有的平面共面，所以这些平面必定相交于一条直线，并且该直线的方向就是平移向量 $\boldsymbol{t}_{ij}$ 的方向，这也解释了求解单目影像相对定向问题时，无法确定平移向量的尺度与正负方向的问题。值得注意的是，根据 $\langle\boldsymbol{q}_{\mathrm{a}},\boldsymbol{q}_{\mathrm{b}}\rangle$ 的定义，其坐标系与多目相机全局坐标系姿态参数一致，但坐标原点不重合，因此，对应的旋转参数与全局旋转参数一致。而式(4.58) 中的平移参数与全局平移参数不同，二者之间的关系如图 4.18 所示，图中的所有点均在相机 $\boldsymbol{C}_{\mathrm{G}}$ 坐标系中，利用几组节点之间的关系可以建立以下等式：

$$\boldsymbol{C}'_{\mathrm{G}}-\boldsymbol{C}_{\mathrm{G}}=(\boldsymbol{C}_i-\boldsymbol{C}_{\mathrm{G}})+(\boldsymbol{C}'_j-\boldsymbol{C}_i)+(\boldsymbol{C}'_{\mathrm{G}}-\boldsymbol{C}'_j) \tag{4.59}$$

对式(4.59)右侧进行化简得到 $\boldsymbol{C}'_{\mathrm{G}}-\boldsymbol{C}_{\mathrm{G}}$，与左侧相等。将节点相减，写成向量的形式，可得到如下的关系：

$$\begin{cases}\boldsymbol{C}'_{\mathrm{G}}-\boldsymbol{C}_{\mathrm{G}}=\boldsymbol{t}_{\mathrm{G}}\\ \boldsymbol{C}'_j-\boldsymbol{C}_i=\boldsymbol{t}'_{ij}\\ \boldsymbol{C}'_i-\boldsymbol{C}_{\mathrm{G}}=\boldsymbol{t}_{\mathrm{G}i}\\ \boldsymbol{C}'_j-\boldsymbol{C}'_{\mathrm{G}}=\boldsymbol{R}'\boldsymbol{t}_{j'\mathrm{G}'}\end{cases} \tag{4.60}$$

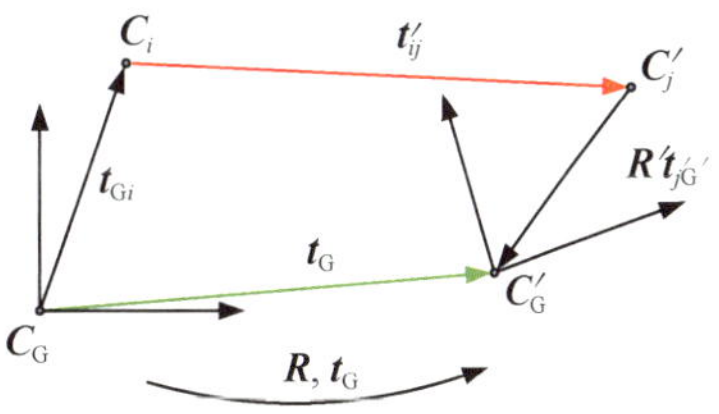

图 4.18　全局平移参数与子相机平移参数之间的关系

式中，$\boldsymbol{t}_{\mathrm{G}}$ 为全局平移参数。

由于 $\boldsymbol{t}_{\mathrm{G}}$、$\boldsymbol{t}'_{ij}$ 和 $\boldsymbol{t}_{\mathrm{G}i}$ 均为相机 $\boldsymbol{C}_{\mathrm{G}}$ 坐标系中的向量，而 $\boldsymbol{t}_{j'\mathrm{G}'}$ 为 $\boldsymbol{C}'_{\mathrm{G}}$ 相机坐标系中的向量，因此需将其利用 $\boldsymbol{R}'$ 转换至 $\boldsymbol{C}_{\mathrm{G}}$ 坐标系中。将 $\boldsymbol{t}_{\mathrm{G}}$、$\boldsymbol{t}'_{ij}$、$\boldsymbol{t}_{\mathrm{G}i}$ 和 $\boldsymbol{R}'\boldsymbol{t}_{j'\mathrm{G}'}$ 均在图 4.18 中进行了标注，并将式(4.59)改写为向量之间的关系，得到：

$$\boldsymbol{t}_{\mathrm{G}}=\boldsymbol{t}_{\mathrm{G}i}+\boldsymbol{t}'_{ij}+\boldsymbol{R}'\boldsymbol{t}_{j'\mathrm{G}'} \tag{4.61}$$

式(4.59)中 $\boldsymbol{C}_i$ 和 $\boldsymbol{C}'_j$ 为全局坐标系中子相机的中心位置，在经过检校的多目相机系统中为已知参数。若仅需求解多目相机系统的旋转参数，可将多目相机视为多个单目子相机，先通过单独解算单目相机的相对定向问题，再根据不同子相机求得的旋转参数进行平均反算，得到全局旋转参数。但由于单目相机解算的 $\boldsymbol{t}'_{ij}$ 不包含绝对尺度，而 $\boldsymbol{C}_i$ 和 $\boldsymbol{C}'_j$ 中包含了绝对尺度，二者的尺度因子不一致，因此不能简单地通过向量相加的方式，利用式(4.59)恢复全局平移参数。若使用 $\boldsymbol{t}_{ij}$ 描述相机的系统运动，则不同的子相机解算得到的平移参数相互之间不相符，无法求解多目相机系统的统一运动参数。

为了统一各子相机的平移参数，将单目极线几何公式中的 $\boldsymbol{t}'_{ij}$ 逐步替换为全局运动参数。根据相互位置关系 $\boldsymbol{t}'_{ij}=\boldsymbol{C}'_j-\boldsymbol{C}_i$，以及 $\boldsymbol{C}_i=\boldsymbol{C}_{\mathrm{G}}+\boldsymbol{t}_{\mathrm{G}i}$，将其代入单目极线几何公式(4.58)可以得到：

$$-(\boldsymbol{q}_{\mathrm{a}}\times\boldsymbol{R}'\boldsymbol{q}_{\mathrm{b}})^{\mathrm{T}}(\boldsymbol{C}'_j-\boldsymbol{C}_{\mathrm{G}}-\boldsymbol{t}_{\mathrm{G}i})=\boldsymbol{0} \tag{4.62}$$

令 $\boldsymbol{n}'^{\mathrm{T}}_{ij}=\boldsymbol{q}_{\mathrm{a}}\times\boldsymbol{R}'\boldsymbol{q}_{\mathrm{b}}$，对式(4.62)进一步推导可以得到：

$$\boldsymbol{n}'^{\mathrm{T}}_{ij}(\boldsymbol{C}'_j-\boldsymbol{C}_{\mathrm{G}})-\boldsymbol{n}'^{\mathrm{T}}_{ij}\boldsymbol{t}_{\mathrm{G}i}=\boldsymbol{0} \tag{4.63}$$

观察式(4.63)的形式，不难发现，该式为欧氏空间中的一个平面方程，该平面基于相机坐标系 $\boldsymbol{C}_{\mathrm{G}}$，以 $\boldsymbol{n}'^{\mathrm{T}}_{ij}$ 为法向量，$\boldsymbol{n}'^{\mathrm{T}}_{ij}\boldsymbol{t}_{\mathrm{G}i}$ 为平面到原点的距离，且 $\boldsymbol{C}'_j$ 必定位于该平面内，该平面的示意图如图 4.19 所示(绿色平面)，若将 $\boldsymbol{C}'_j$ 视为变量，则该平面对应 $\boldsymbol{C}'_j$ 的解空间。

若令变量 $\boldsymbol{C}'_j=\boldsymbol{C}_i$ 或 $\boldsymbol{C}'_j=\boldsymbol{P}$，式(4.63)仍然成立，由此可知，点 $\boldsymbol{C}_i$ 和点 $\boldsymbol{P}$ 均位于该平面内。根据极线几何中极面的定义：经过两个相机中心和三维点的平面称为极面(Epipolar plane)，可以推出该平面即为相机 $\boldsymbol{C}_i$ 和 $\boldsymbol{C}'_j$ 与点 $\boldsymbol{P}$ 构成的极面。对式(4.63)进一步推导，将 $\boldsymbol{C}'_j=\boldsymbol{C}'_{\mathrm{G}}-\boldsymbol{R}'\boldsymbol{t}_{j'\mathrm{G}'}$ 的关系代入可得：

$$\boldsymbol{n}'^{\mathrm{T}}_{ij}(\boldsymbol{C}'_{\mathrm{G}}-\boldsymbol{C}_{\mathrm{G}})-\boldsymbol{n}'^{\mathrm{T}}_{ij}(\boldsymbol{t}_{\mathrm{G}i}+\boldsymbol{R}'\boldsymbol{t}_{j'\mathrm{G}'})=\boldsymbol{0} \tag{4.64}$$

与式(4.63)相类似，式(4.64)也定义了一个平面，该平面基于相机坐标系 $\boldsymbol{C}_{\mathrm{G}}$，以 $\boldsymbol{n}'^{\mathrm{T}}_{ij}$ 为法向量，$\boldsymbol{n}'^{\mathrm{T}}_{ij}(\boldsymbol{t}_{\mathrm{G}i}+\boldsymbol{R}'\boldsymbol{t}_{j'\mathrm{G}'})$ 为平面到原点的距离，且 $\boldsymbol{C}'_{\mathrm{G}}$ 必定位于该平面内，该平面的示意图如图 4.19 所示(黄色)。由于该平面的法向量与上文中定义的极面法向量相等，因此，该平面与极面平行。同时，该平面约束了多目相机系统的运动参数：$[\boldsymbol{R}|\boldsymbol{t}_{\mathrm{G}}]$，因此，将该平面称为广义极面(General Epipolar Plane)。与极面的性质类似，多对特征匹配可以构建多个广义极面。根据式(4.64)可知，点 $\boldsymbol{C}'_{\mathrm{G}}$ 必定落在所有的广义极

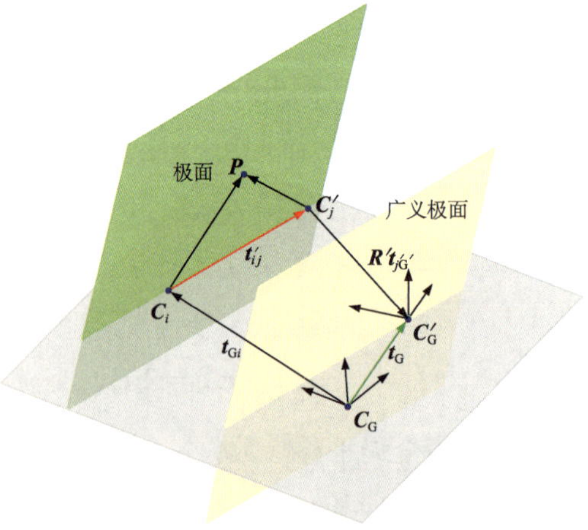

图 4.19　全局相机坐标系下极面与广义极面的关系

面内，由此可进一步推知，所有的广义极面必定相交于点 $\boldsymbol{C}'_{\mathrm{G}}$。该性质与单目相机模型极面相交的不同之处在于，广义极面相交于欧氏空间中一点，因此其解具有绝对尺度，而单目相机极面相交于一条直线，其解仅能确定方向但没有绝对尺度。从解空间的角度分析，单目相机极面相交对应的解空间是二维的，因此仅存在通解而没有唯一解，而多目相机的广义极面相交对应的解空间是一维的，所以存在唯一解。

将 $\boldsymbol{t}_{\mathrm{G}}=\boldsymbol{C}'_{\mathrm{G}}-\boldsymbol{C}_{\mathrm{G}}$ 代入式(4.64)，进一步推导得到：

$$\boldsymbol{n}'^{\mathrm{T}}_{ij}\boldsymbol{t}_{\mathrm{G}}=\boldsymbol{n}'^{\mathrm{T}}_{ij}(\boldsymbol{t}_{\mathrm{G}i}+\boldsymbol{R}'\boldsymbol{t}_{j'\mathrm{G}'}) \tag{4.65}$$

将广义极线几何公式(4.55)展开可得：

$$(\boldsymbol{q}_{\mathrm{a}}\times\boldsymbol{R}'\boldsymbol{q}_{\mathrm{b}})\boldsymbol{t}_{\mathrm{G}}+\boldsymbol{q}_{\mathrm{a}}^{\mathrm{T}}[(\boldsymbol{t}_{\mathrm{G}i})_{\times}\boldsymbol{R}'-\boldsymbol{R}'(\boldsymbol{t}_{\mathrm{G}'j'})_{\times}]\boldsymbol{q}_{\mathrm{b}}=\boldsymbol{0} \tag{4.66}$$

由于旋转矩阵 $\boldsymbol{R}$ 为对称阵，因此有

$$\boldsymbol{R}'(\boldsymbol{t}_{\mathrm{G}'j'})_{\times}=(\boldsymbol{R}'\boldsymbol{t}_{\mathrm{G}'j'})_{\times}\boldsymbol{R}' \tag{4.67}$$

将式(4.67)代入式(4.66)并令 $\boldsymbol{n}'^{\mathrm{T}}_{ij}=\boldsymbol{q}_{\mathrm{a}}\times\boldsymbol{R}'\boldsymbol{q}_{\mathrm{b}}$，可以得到：

$$\boldsymbol{n}'^{\mathrm{T}}_{ij}\boldsymbol{t}_{\mathrm{G}}=\boldsymbol{n}'^{\mathrm{T}}_{ij}(\boldsymbol{t}_{\mathrm{G}i}+\boldsymbol{R}'\boldsymbol{t}_{j'\mathrm{G}'}) \tag{4.68}$$

不难发现，式(4.68)与式(4.65)相同，由此可知，本节以单目极线几何公式为基础推导得到的广义极线几何公式，与 Pless 基于 Plücker Vector 相交推导而得的广义极线几何公式一致。进一步对比推导得到的广义极线几何约束[式(4.68)]与单目极线几何约束[式(4.57)]可知，单目极线几何约束构成了广义极线几何约束的零空间，而 $\boldsymbol{t}_{\mathrm{G}i}+\boldsymbol{R}'\boldsymbol{t}_{j'\mathrm{G}'}$ 构成了一组特解。

与传统的广义极线几何约束的推导过程不同，本节的相推导方式保留了极线几何的性质，并明确了广义极面的几何定义，可作为现有推导方式的补充，有助于从多角度理解广义极线几何约束公式。同时，根据本节对广义极面的定义，多目相机的相对定向问题将转换为平面相交问题。

3. 广义极面相交

广义极面的几何定义为多目相机相对定向求解提供了充分且必要的几何约束，当旋转参数和影像特征匹配关系已知时，根据式(4.64)可构建多个广义极面。在不考虑噪声和粗差的理想条件下，数个广义极面相交于一点，且该点对应于多目相机平移向量的终点。但若考虑实际情况中射素受影像的观测噪声影响而存在偏差，且偏差的阈值为 ε，则广义极面的法向量 $\boldsymbol{n}'^{\mathrm{T}}_{ij}$ 亦随之产生偏差，因此需放宽几何约束的条件。若平移向量的终点到广义极面的距离小于一定的阈值，则认为平移向量与广义极面相符。

为了计算距离阈值，假设现有一对匹配射素的方向向量 $(\boldsymbol{q}_{\mathrm{a}},\ \boldsymbol{q}_{\mathrm{b}})$，已知其存在偏差角度的阈值为 ε，令 2α 为两个向量之间的夹角，那么由方向向量造成的广义极面法向量的偏差 β 可由球形正弦定律计算：

$$\sin\beta=\frac{\sin\varepsilon}{\sin\alpha} \tag{4.69}$$

式中，α 可由 $\boldsymbol{q}_a \cdot \boldsymbol{q}_b = |\boldsymbol{q}_a||\boldsymbol{q}_b|\cos(2\alpha)$ 计算得到。

令 $\boldsymbol{n}_{ij'}^{+}/\boldsymbol{n}_{ij'}^{-}$ 代表法向量在正负两个方向偏移的最大值，将其代入广义极面公式有：

$$\boldsymbol{n}_{ij'}^{+/-\mathrm{T}}\boldsymbol{t}_G = \boldsymbol{n}_{ij'}^{+/-\mathrm{T}}(\boldsymbol{t}_{Gi} + \boldsymbol{R}'\boldsymbol{t}_{j'G'}) \tag{4.70}$$

根据式(4.70)可以构建两个新的广义极面 $\mathcal{P}^{+}/\mathcal{P}^{-}$，这两个广义极面与理想条件下广义极面的关系如图 4.20 所示，图中为方便表达，仅以二维的情况进行说明，实际情况下 $\mathcal{P}^{+}$、$\mathcal{P}^{-}$ 和 $\mathcal{P}$ 各代表一个平面。

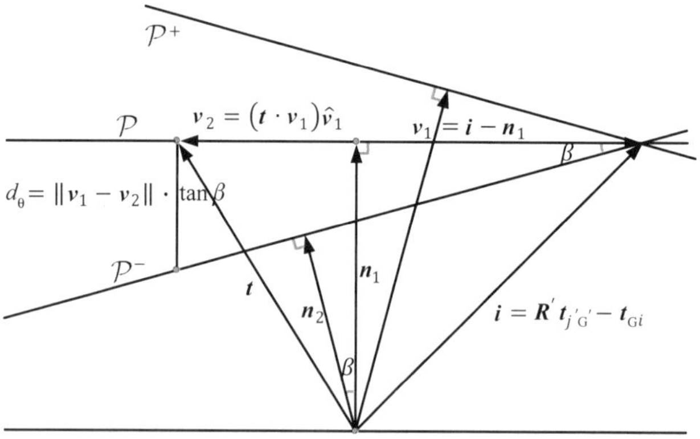

图 4.20　考虑测量误差时的广义极面与理想条件下广义极面的几何关系

当 $\boldsymbol{t}_G = \boldsymbol{t}_{Gi} + \boldsymbol{R}'\boldsymbol{t}_{j'G'}$ 时，满足广义极面公式[式(4.64)与式(4.70)]，由此可知，$\mathcal{P}^{+}$、$\mathcal{P}^{-}$ 和 $\mathcal{P}$ 三个平面相交于一点($\boldsymbol{t}_{Gi} + \boldsymbol{R}'\boldsymbol{t}_{j'G'}$)。令 $\boldsymbol{i}$ 为一个从原点指向相交点的向量，则 $\boldsymbol{i} = \boldsymbol{t}_{Gi} + \boldsymbol{R}'\boldsymbol{t}_{j'G'}$。在已知三个平面相交的条件下，可以进一步推知，当考虑射素偏差时，$\boldsymbol{t}_G$ 可能指向的位置必落于 $\mathcal{P}^{+}/\mathcal{P}^{-}$ 两个平面所夹的空间中，即 $\mathcal{P}^{+}/\mathcal{P}^{-}$ 规定了某个位置 $\boldsymbol{t}_G$ 偏离平面 $\mathcal{P}$ 的最大距离。根据 $\boldsymbol{t}_G$ 到圆锥体顶点的位置，可以根据下式计算其与广义极面偏差的最大距离 d_θ：

$$d_\theta = \|\boldsymbol{v}_1 - \boldsymbol{v}_2\| \cdot \tan\beta \tag{4.71}$$

式中，$\boldsymbol{v}_1 = \boldsymbol{i} - \boldsymbol{n}_1$，为 $\boldsymbol{i}$ 在广义极面 $\mathcal{P}$ 上的投影；$\boldsymbol{v}_2 = (\boldsymbol{t}_G \cdot \boldsymbol{v}_1)\hat{\boldsymbol{v}}_1$ 是平移向量 $\boldsymbol{t}_G$ 在向量 $\boldsymbol{v}_1$ 方向上的投影，其中 $\hat{\boldsymbol{v}}_1$ 为向量 $\boldsymbol{v}_1$ 的单位向量。

根据最大偏差距离 d_θ 的定义，若 $\boldsymbol{t}_G$ 到某广义极面的欧氏距离小于 d_θ，则表示空间中存在某一三维点 $\boldsymbol{P}$ 到前后帧影像的投影与射素的偏差角度小于设定阈值 ε，即前后帧射素匹配正确，属于多目相机相对定向模型的内点。根据该条件可在定义 1 的基础上对多目相机相对定向模型内点重新定义。

定义 2： 当多目相机经过参数为 $\langle \boldsymbol{R}, \boldsymbol{t} \rangle$ 的运动后，若前后匹配的射素 $\langle \boldsymbol{q}_a, \boldsymbol{C}_i \times \boldsymbol{q}_a \rangle$ 和 $\langle \boldsymbol{q}_b, \boldsymbol{C}_j' \times \boldsymbol{q}_b \rangle$ 是内点，则平移参数 $\boldsymbol{t}$ 与由射素构建的广义极面 $\mathcal{P}$ 的距离必须满足：

$$dist(\boldsymbol{t}, \mathcal{P}) \leqslant d_\theta \tag{4.72}$$

式中，$\mathcal{P}$ 可由式(4.64)计算，d_θ 由式(4.71)计算。

满足定义 2 的射素属于多目相对定向模型的内点，并称平移参数 $\boldsymbol{t}$ 与该广义极面相符。据此可对本节需要解决的优化问题(问题1)重新定义。

问题2: 给定前后帧匹配的一组射素$\langle \boldsymbol{q}_a, \boldsymbol{C}_i \times \boldsymbol{q}_a \rangle$和$\langle \boldsymbol{q}_b, \boldsymbol{C}'_j \times \boldsymbol{q}_b \rangle$,构建一组广义极面$\mathcal{P}$,优化相对定向参数$\langle \boldsymbol{R} \mid \boldsymbol{t} \rangle$,使得平移参数$\boldsymbol{t}$与最多数量的广义极面$\mathcal{P}$相符。

在考虑测量噪声和误匹配的情况下,前后帧射素构建的广义极面$\mathcal{P}$并不能在空间中相交于一点,但在空间中必定存在一点与最多数量的广义极面相符,则该点对应于最优的平移参数,这些广义极面对应的匹配射素则为模型的内点。因此,优化相对定向参数等价于在平移参数的解空间中找到一点与最多数量的广义极面相符,而该优化问题可通过分支定界法对解空间进行分割,对各子空间逐一验证以求得最优解。

4. 多目相机相对定向退化

根据本节对多目相机相对定向退化情况的分析,在非退化情况下,所有的广义极面相交于一点且该点对应于平移参数。在局部中心投影情况下,匹配的射素都是相机内匹配,即匹配的射素都具有相同的局部投影中心,此时广义极面公式为

$$\boldsymbol{n}_{ii'}^{\mathrm{T}} \boldsymbol{t}_{\mathrm{G}} = \boldsymbol{n}_{ii'}^{\mathrm{T}} (\boldsymbol{t}_{\mathrm{G}i} + \boldsymbol{R}' \boldsymbol{t}_{i'\mathrm{G}'}) \tag{4.73}$$

在这种情况下,具有相同局部投影中心的广义极面相交于一条直线,不同投影中心形成的相交线最终相交于一点。当$\boldsymbol{R}' \neq \boldsymbol{I}$时,所有广义平面仍相交于一点,因此,相对定向问题具有唯一解。而当$\boldsymbol{R}' = \boldsymbol{I}$时,式(4.73)等号右边为$\boldsymbol{0}$,导致所有广义极面相交于一条经过原点的直线,该直线的方向为平移向量的方向,但无法确定平移向量的尺度,此时相对定向问题只有通解而没有唯一解。其他的退化情况(包括同轴相机),与局部投影中心类似,当退化条件造成式(4.73)等号右边为$\boldsymbol{0}$时,广义极面经过原点,此时无法求解平移参数中的绝对尺度参数。

4.3.3　分支界定优化算法

为解决本节的优化问题(问题2),采用分支定界法对解空间进行搜索以求得最优解。通常情况下,分支定界法可以求得全局最优解,因此常被用于混合整数规划问题[20]以及几何优化问题[21-22]的求解。其基本思想是对有约束条件的最优问题的所有可行解空间进行搜索。算法在优化过程中将解空间不断地分割为更小的子集(称为分支),并针对每个子集内的解集计算一个下界或上界(称为定界)。在每次分支后,对于界限超出已知可行解值的那些子集不再进行进一步分支,以有效规避部分解的子集,从而有效缩小搜索范围。该过程一直进行到得到可行解为止,该可行解的值不超过任何子集的界限。针对本节问题,所求的解为:旋转参数$\boldsymbol{R} \in SO^3$和平移参数$\boldsymbol{t} \in \mathbb{R}^3$,分别属于不同的解空间,并且平移参数的解受旋转参数的影响,因此,本节提出嵌套式分支定界法,外层对旋转参数解空间进行分支定界,并对每一个可行的旋转子空间对应的平移参数解空间进行内层分支定界。本节将重点讨论解空间的参数化表达,上、下界限的确定以及算法实现细节。

1. 解空间的参数化表达

相对定位问题所要求的解包括旋转参数$\boldsymbol{R} \in SO^3$和平移参数$\boldsymbol{t} \in \mathbb{R}^3$。旋转参数通常

以罗德里格斯(Rodrigues)旋转矩阵的形式表达，但该参数化表达方式不利于分支定界法对其进行合理的分割，因此，本节采用轴线角的形式对旋转参数解空间进行参数化表达[23]。每一个旋转参数可以表达为一个向量 $\boldsymbol{r}=\alpha\hat{\boldsymbol{r}}$，其中，$\hat{\boldsymbol{r}}$ 为单位向量，表示旋转轴的方向，α 表示绕该轴旋转的角度。轴线角与罗德里格斯旋转矩阵 $\boldsymbol{R}$ 的映射关系为

$$\boldsymbol{R}=\exp(\boldsymbol{r}_{\times})=\boldsymbol{I}+\sin\alpha\,\hat{\boldsymbol{r}}_{\times}+(1-\cos\alpha)\,\hat{\boldsymbol{r}}_{\times}^{2} \tag{4.74}$$

轴线角可以表示各类不同的旋转参数，在相对定向问题中，旋转参数对应的旋转角度的范围为 $[-\pi,\pi]$，若以原点为球心、π 为半径构建一个球体 B_{π}^{3}，则相对定向问题中所有可能的旋转轴线角均位于该球体内，也就是说，球体 B_{π}^{3} 为旋转参数的解空间。为了方便分支定界法进行分割，将原始的解空间 B_{π}^{3} 扩展为一个立方体 $C_{r}^{3}=[-\pi,\pi]^{3}$，如图 4.21(a)所示，该立方体足以包含原球体中所有的可行解，并且立方体相对于球体更便于分割和表达。分支定界法根据实际情况对 C_{r}^{3} 进行二等分、三等分或更高阶的等分，生成矩形子空间 D_{ri}，并以子空间的中心作为该子空间包含的所有可行解的平均值 $\bar{r}$，以中心到顶点的距离约束不确定半径 r_{r}：

$$r_{r}\leqslant\sqrt{3}\sigma \tag{4.75}$$

式中，σ 为子解空间 D_{ri} 边长的 1/2。

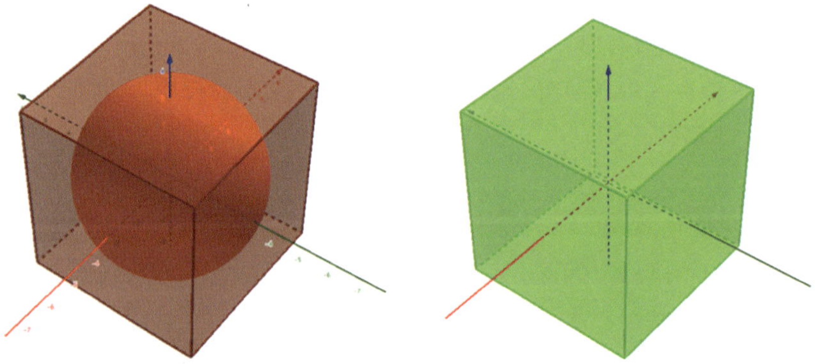

(a) 旋转参数解空间可视化　　(b) 平移参数解空间可视化

图 4.21　旋转参数和平移参数解空间可视化

对于平移参数解空间，构建一个立方体 $C_{t}^{3}=[-\xi,\xi]^{3}$，如图 4.21(b)所示，该立方体约束了所有可能的平移向量，与旋转参数解空间类似，分支定界法分割 C_{t}^{3} 形成子空间，以子空间的中心作为该子空间包含的所有可行解的平均值 $\bar{t}$，以中心到顶点的距离约束不确定半径 r_{t}：

$$r_{t}\leqslant\sqrt{3}\varphi \tag{4.76}$$

式中，φ 为子空间 D_{ti} 边长的 1/2。值得注意的是，$C_{t}^{3}\in\mathbb{R}^{3}$，因此，根据分支定界法得到的平移参数最优解包含绝对尺度信息。

2. 上、下界限的确定

首先讨论内层分支定界法，即平移参数空间的上、下界，根据定义2，若平移参数解空间中的一点与广义极面的距离小于 d_θ，则该解与广义极面相符。据此给定某个平移参数子空间 D_{ti}，若该子空间中心 $\bar{\boldsymbol{t}}$ 与 n 个广义极面相符，则表示此空间至少对应 n 个广义极面，因此将 n 定义为分支定界法的下界。考虑子空间的不确定半径 r_t，进一步放宽式(4.76)定义的相符条件：

$$dist(\bar{\boldsymbol{t}},\ \mathcal{P}) \leqslant d_\theta + \sqrt{3}\varphi\ r_t \leqslant \sqrt{3}\varphi \tag{4.77}$$

式(4.77)定义的相符条件表示：若子空间中的任意一点与某广义极面相符，则整个子空间与该广义极面相符，这定义了子空间到广义极面距离的上限。据此可以得到 m 个与该子空间相符的广义极面，并将 m 定义为分支定界法的上界。对于一个子空间而言，上界大于或等于下界。

旋转参数空间的分支定界取决于内层分支定界的结果，给定某个旋转参数子空间 D_{ri}，将其中心 $\bar{\boldsymbol{r}}$ 代入内层分支定界法进行优化，并将得到的最优广义极面的数量作为该子空间的下界。考虑到旋转参数子空间的不确定性，旋转之后得到的后一帧射素将会出现更大的偏移量，因此，参考文献[24]放宽后一帧射素的阈值为 ε'：

$$\varepsilon' = \varepsilon + \sqrt{3}\sigma \tag{4.78}$$

这个新的误差阈值考虑了旋转参数子空间的不确定性，据此重新计算距离阈值 d'_θ，以将其代入内层分支定界法进行优化得到的最优广义极面数量作为该子空间的上界，由于 $d'_\theta > d_\theta$，所以一个旋转参数子空间对应的上界大于或等于下界。

3. 嵌套式分支界定法的实现

首先需明确多目相机相对定向问题中解空间的参数化表达和上、下界的计算方式，本节采用的嵌套式分支定界法的流程如图4.22所示。

外层分支定界法在旋转参数解空间中进行，具体步骤如下：

输入参数：匹配射素，角度偏差阈值 ε，初始解空间 C_r^3。

输出参数：最优模型内点数 I^*，最优相对定向参数 $\boldsymbol{R}^*$、$\boldsymbol{t}^*$。

(1) 对搜索队列 Q_r 进行初始化，将初始解空间 C_r^3 加入队列，并令 $I^*=0$。

(2) 取队列中第一个解空间进行分支，等分生成8个子空间。

(3) 对每个子空间进行定界，将子空间的中心 $\bar{\boldsymbol{r}}$ 代入内层分支定界法，得到子空间下界 $\underline{I}_r$，若 $\underline{I}_r > I^*$，则更新 $I^*=\underline{I}_r$，$\boldsymbol{R}^*=\bar{\boldsymbol{r}}$。将子空间的中心 $\bar{\boldsymbol{r}}$ 与考虑子空间不确定性的角度偏差 ε' 代入内层分支定界法得到子空间的上界 $\bar{I}_r$，若 $\bar{I}_r \leqslant I^*$，则抛弃该子空间，否则将该子空间加入搜索队列。

(4) 不断重复步骤(2)和步骤(3)，直到搜索队列为空。

算法中内层分支定界法在平移参数解空间中进行，具体步骤如下：

输入参数：匹配射素，角度偏差阈值 ε，初始解空间 C_t^3，旋转参数 $\bar{\boldsymbol{r}}$，当前最优模型内点

数 I^*。

输出参数：最优模型内点数 I^*，最优平移参数 $\boldsymbol{t}^*$。

(1) 对搜索队列 Q_t 进行初始化，将初始解空间 C_t^3 加入队列，并令 $I_t^* = I^*$。根据匹配射素和旋转参数 $\bar{\boldsymbol{r}}$ 生成广义极面 $\mathcal{P}$。

(2) 取队列中的第一个解空间进行分支，等分生成 8 个子空间。

(3) 对每个子空间进行定界，根据距离阈值 d_θ 计算与子空间中心 $\bar{\boldsymbol{t}}$ 相符的广义极面的数量，作为子空间的下界 $\underline{I}_t$，若 $\underline{I}_t > I^*$，则更新 $I^* = \underline{I}_t$，$\boldsymbol{t}^* = \bar{\boldsymbol{t}}$，放宽距离阈值为 $d_\theta + \sqrt{3}\varphi$，将再一次计算得到的相符广义极面数量作为子空间的上界 $\bar{I}_t$，若 $\bar{I}_t \leqslant I^*$，则抛弃该子空间，否则将该子空间加入搜索队列。

(4) 不断重复步骤(2)和步骤(3)，直到搜索队列为空。

若一个子空间的上界小于当前最优模型内点数，则表示该空间中不存在优于当前最优解的可行解，所以该子空间不再具有继续分割的价值，继而放弃对该子空间的分割和搜索，以节省计算时间和内存。通过本节提出的嵌套分支定界法，不断验证、排除解空间中的可行解，最终得到全局最优的相对定向参数和模型内点。

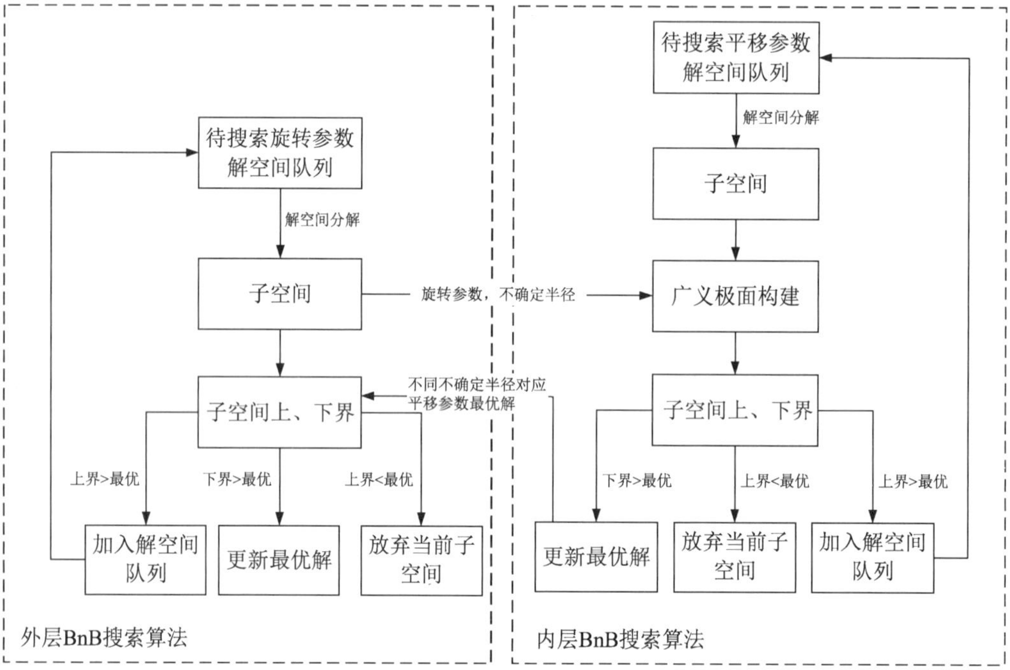

图 4.22　嵌套式分支定界法流程图

4.3.4　试验与验证

本节提出的嵌套式分支定界法用 C++ 语言进行编程，并在一台 CPU 为 i7 2.2 GHz 的笔记本电脑上进行测试。为了保证算法收敛，设定最小子空间分割边长，若分割得到的子空间边长小于或等于最小子空间分割边长，则终止搜索分割算法并返回当前最优解，同时，最小子空间的边长也反映了最终结果的不确定度。影响本节算法效率的主要因素为原始射素匹配的数量和解空间的大小。需要注意的是，本节算法的效率仅与原始射素匹配的数量有关，与其中内点的比例无关。因此，本节算法能够处理由复杂环境造成的高粗差原始匹配数据。此外，由于外层分支定界法需调用内存算法，故需要较多的运算，而在实际应用中，根据车体的运动情况或是旋转参数的先验信息，相应地减小旋转参数解空间的大小，可以极大地提高嵌套式分支定界法的效率。在试验验证中，利用 OpenGV 库[25]中的函数实现嵌套式分支定界法与现有的相对定向算法，包括 17 点法、6 点法和广义特征值最小化法(Generalized Eigenvalue Minimization, GE)的对比。同时，为了处理匹配中的粗差，引入 RANSAC 粗差剔除框架。

本节的验证试验分别采用模拟数据和真实场景数据作为试验数据。

1. 模拟数据

在模拟试验中，按照以下方式生成一组随机的射素匹配数据。

(1) 设定一个由四相机组成的多目相机系统，如图 4.23 所示，各子相机的内方位元素相同，且分别朝向不同的方向，以四个相机的中心作为多目相机坐标原点，各子相机的中心与多目相机中心的距离为 0.5 m。

(2) 随机生成 200 组三维点，投影至各子相机生成射素匹配数据，按设置的噪声等级对射素添加观测噪声，并按设置的比例将三维点投影到一个错误的投影中心，生成粗差射素匹配。

(3) 设定第一组多目相机坐标系与世界坐标系重合，随机设定第二组多目相机坐标系的位姿，规定其与第一组像对的距离不超过 2 m，姿态之间的欧拉角差异不超过 0.5 rad。这样的设置对应于实际应用中可能出现的两组多目影像的相互位姿关系。

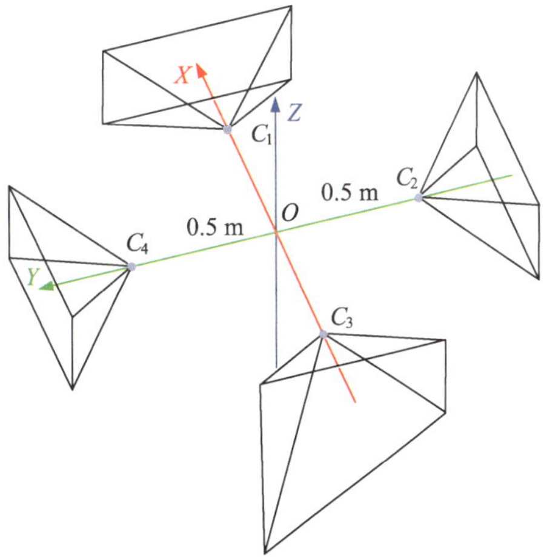

图 4.23 模拟数据试验的相机布置

(4) 令嵌套式分支定界法的初始旋转参数的搜索空间为 $C_r^3=[-1, 1]^3$，平移参数的搜索空间为 $C_t^3=[-4, -4]^3$，均为模拟试验限定的相对定向参数的 2 倍，该初始搜索空间充分包含了模拟参数。设定旋转参数解空间中最小子空间分割边长为 0.02 rad，平移参数解空间中最小子空间分割边长为 0.01 m。

为了比较各类相对定位算法的精度，在射素中随机加入噪声等级从 0～5 像素的观测噪声(未加入粗差)，共进行了 1 000 次模拟试验。各算法的平均误差和中位误差如图 4.24(a)所示。从定位误差角度分析，本节 BnB 算法表现出良好的抗噪能力，在各等级的观测噪声下，其平均误差和中位误差均保持在 0.005 rad。进一步分析误差可知，本节算法在搜索解空间时，直到当前最优解所在子空间的边长小于最小子空间分割边长，则停止搜索，并将子空间的中心作为最终结果，因此，其与真实值之间仍有一定误差，且该误差的

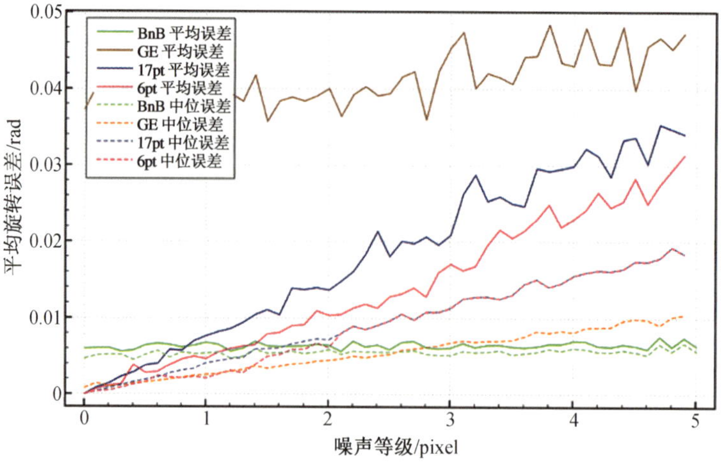

(a) 不同噪声等级下各类算法的精度

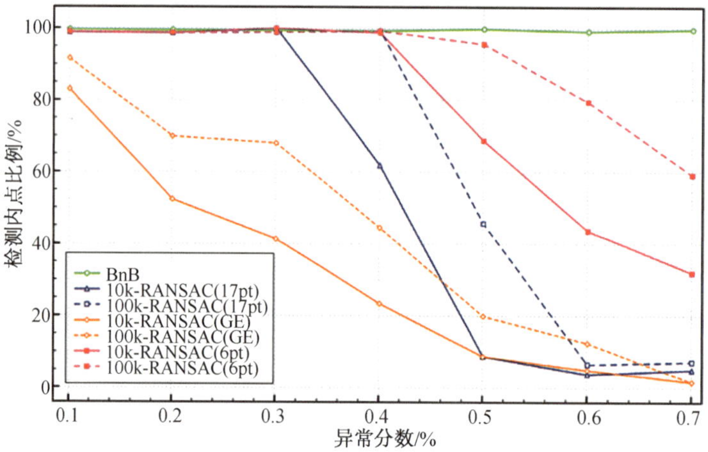

(b) 不同粗差比例下各类算法的鲁棒性

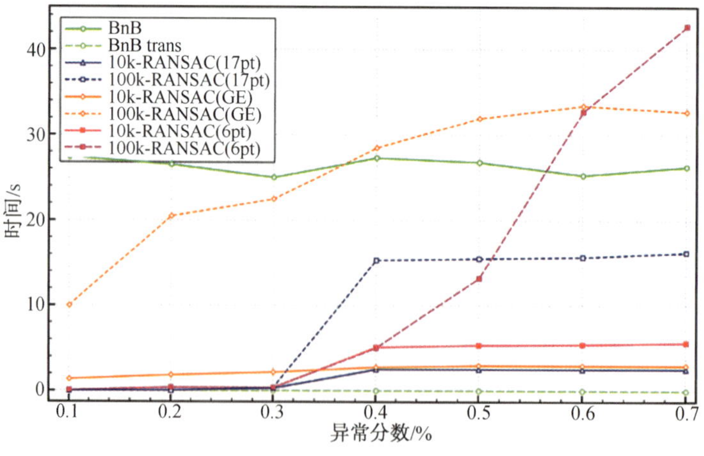

(c) 不同粗差比例下各类算法所需时间

图 4.24 模拟试验中各类算法精度、鲁棒性与效率比较

平均值约为最小子空间分割边长的 1/4。在模拟试验中，设定的最小子空间分割边长为 0.02 rad，而本节算法所得结果的平均误差为 0.005 rad，该结果证实了本章的分析结论。

本节算法的定位误差可以通过减小最小子空间分割边长而进一步减小，但这将增加算法搜索的时间，在实际应用时可根据对精度和效率的平衡设置最小子空间分割边长。作为比较算法，17 点法(17 pt)和 6 点法(6 pt)的抗噪能力较差，其平均误差和中位误差均随着噪声等级的增加而增大。广义特征值最小化法(GE)的中位误差较小，而平均误差较大。这是由于广义特征值最小化法是基于非线性优化算法，其优化结果可能会陷入局部最优解，此时误差较大，这就导致该方法的平均误差较大，而中位误差较小的情况。

为了评估各算法的抗粗差能力，将 17 点法、6 点法与广义特征值最小化法结合 RANSAC 框架进行粗差剔除，并设定了两种 RANSAC 算法最大迭代次数，分别为 10 000 次和 100 000 次，当 RANSAC 算法满足终止条件或达到最大迭代次数时就停止迭代。在原始射素匹配中添加 10%～70%的粗差，对不同粗差比例的数据进行 1 000 次模拟试验，其结果如图 4.24(b)所示。本节算法在不同粗差比例下的模型内点识别比例都接近 100%，这也证明了本节算法的解与所有的模型内点相符且具有全局最优性。基于 RANSAC 的粗差剔除算法仅在粗差比例较低时会取得较好的结果，当粗差比例大于 50%时，算法的鲁棒性较低，无法保证正确识别模型内点。这是由于 RANSAC 算法的抗粗差能力受原始数据粗差比例的影响，当粗差比例上升时，RANSAC 算法需要更多的迭代次数(大于 100 000 次)以保证算法的鲁棒性，而本节算法的抗差能力与原始数据的粗差比例无关，在高粗差比例条件下仍表现出极强的抗粗差能力。考虑到复杂环境中获取的影像存在匹配数据粗差比例较高的问题，本节算法比 RANSAC 算法适用性更强。

各类算法进行一次相对定向解算的计算时间如图 4.24(c)所示，分支定界法的本质是一种全局搜索算法，其计算效率较低，为了保证结果的全局最优性，需要大量运算。本节算法在不同粗差比例条件下所需的时间一致，约 28 s。这主要是由于外层旋转参数解空间中的搜索需要大量的运算，而在旋转参数已知的情况下，仅进行内层平移参数解空间的搜索(BnB trans)只需 15 ms。而 RANSAC 算法所需的理论运算时间随着粗差比例的增加而增加，尤其是 17 点法由于采样子集较大，在粗差比例较高时需要大量的迭代以保证结果的可靠性。与 RANSAC 算法相比，本节算法在低粗差比例条件下远慢于同类算法，但在有旋转参数先验信息的条件下，本节算法效率与同类算法相当且在高粗差比例条件下优于同类算法。

2. 真实场景数据

为进一步验证和评估算法，本节使用 5 台工业相机组成的多目相机系统采集一组室内场景数据，5 台相机各朝向不同方向，相互之间仅有部分视野重叠。在真实场景试验中，考虑到相机采集的频率和平台运行的速率，设定嵌套式分支定界法的初始旋转参数，搜索空间为 $C_r^3=[-0.25, 0.25]^3$，最小子空间分割边长为 0.02 rad，平移参数为 $C_t^3=[-1, -1]^3$，最小子空间分割边长为 0.01 m。在图 4.25(a)所示的场景中，本节算法耗时 8.08 s，从原始匹配中识别到 7 599 对内点，在相同场景下，基于 RANSAC 框架的 GE 法识

(a) 本节 BnB 算法得到内点 7 599 对

(b) 基于 RANSAC 框架的 GE 法得到内点 4 338 对

(c) 基于 RANSAC 框架的 17 点法得到内点 2 564 对

(d) 基于 RANSAC 框架的 6 点法得到内点 3 806 对

图 4.25　各类算法在实际场景中识别的内点数量

别到 4 388 对内点，如图 4.25(b)所示，17 点法识别到 2 564 对内点，如图 4.25(c)所示，6 点法识别到 3 806 对内点，如图 4.25(d)所示。根据图中内点在各子相机上的分布可知，本节算法的优势不仅体现在识别到更多数量的模型内点，同时内点在三帧影像中的分布更加均匀。与之相较，6 点法得到的内点集中于第二、三、四子相机像对中，而第一、五子相机像对的匹配数量较少；17 点法得到的内点集中于第二、三子相机像对中，其余像对则匹配较少；GE 法得到的内点集中于第二、三、四子相机像对中。基于 RANSAC 框架的方法在某些子相机像对中的匹配数量明显少于其余像对，主要原因在于 RANSAC 算法得到的相对定向参数属于局部最优，该参数仅与某些子相机像对中的特征较为相符，而与另外的子相机运动有较大的偏差。本节算法得到的内点分布则不存在这个现象，内点较均匀地分布于各像对中，这证明了本节算法得到的相对定向参数与整体系统较为相符，优于基于 RANSAC 框架的方法得到的相对定向参数。此外，在当前基础上，继续不断细分参数子空间，得到的内点数量并未增加，证明当前的参数解为该相对定向问题的全局最优解。

为进一步验证本节相对定向方法的精度，使用数据平台采集的数据，根据影像间的匹配进行相对定向来估算平台的运动参数，并以渐进的方式推导平台的运动轨迹，如图 4.26 所示，为了清晰地表达轨迹，仅在图中显示多目相机系统的位置，各类算法的定位精度统计如表 4.2 所示。在实际场景处理过程中，各类 RANSAC 算法被赋予足够的运算时间与迭代次数，为了通过各类算法的误差累积情况评估算法的精度，并未进行闭环检测，而真实的位置参考(GT)是经过闭合检测和全局光束法平差优化后的结果。分析最终的定位结果，相较于基于 RANSAC 的算法，本节 BnB 算法更接近真实值，并且定位精度优于其余算法，这主要是由于本节算法识别的模型内点数量较多，且在各子相机像对中的分布更加均匀，因此能够有效地提高相邻帧影像运动估计的精度，进而抑制了定位误差累积的发散[26]。

表 4.2　各类算法定位精度统计

算法	BnB	17 pt	GE	6 pt
数据集 1	1.07%	1.7%	1.47%	1.51%
数据集 2	1.13%	1.7%	1.5%	1.56%

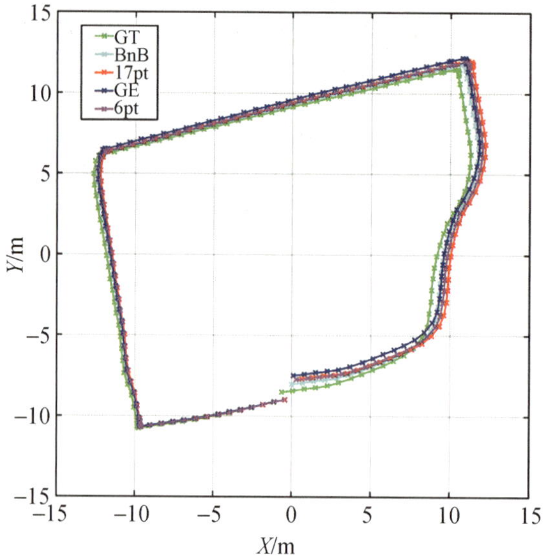

(a) 多目相机数据集 1

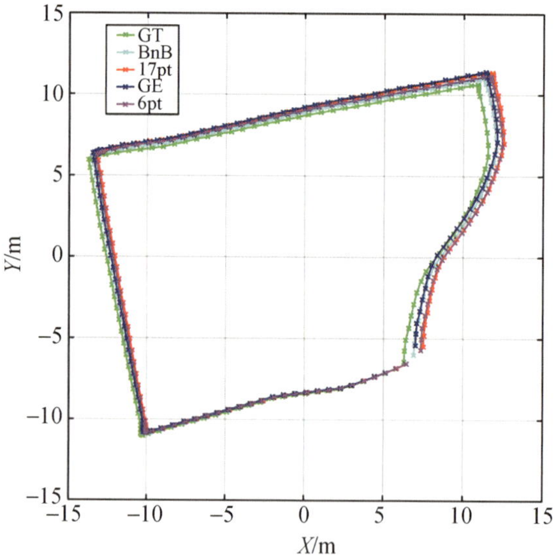

(b) 多目相机数据集 2

图 4.26　各类算法在多目相机数据集中的定位结果

多目相机相对定向问题是多目相机并行定位与建图研究中的基础问题，相对定向结果的好坏也直接影响后续定位与建图算法的精度。本节主要解决复杂环境中多目相机相对定向问题，考虑到特征匹配受环境影响会导致精度降低，为了保证高鲁棒性、高精度的相对定向结果，以广义极线几何约束为基础重新定义了相对定向问题的优化目标，并提出了基于解空间搜索的嵌套式分支定界法作为优化方法。本节主要的创新点在于以下三个方面。

（1）广义极线几何约束的补充和扩展。广义极线几何描述了两帧多目相机影像的射影几何关系，它独立于三维场景，只依赖于多目相机的内部检校参数和相对位姿。现有的广义极线几何是根据 Plücker Vector 相交的条件推导而得，与熟知的极线几何的关联较小，因此无法沿用极线几何中极线和极面等几何概念描述相对位姿关系。本节通过恢复多目相机系统中子相机坐标系之间的极线几何关系，并将其扩展至多目相机坐标系，推导出广义极线几何，同时明确了广义极面的概念。本节的推导过程是对原有推导的一种补充，为后续的研究提供了另一个看待广义极线几何的角度。

（2）相对定向问题的几何定义。根据本节推导的广义极面公式，已知旋转参数和一组匹配的射素，可以构建一个广义极面，且该极面约束了平移参数在空间中位于该平面内。若考虑观测噪声，则约束平移参数到平面的距离需小于一定阈值。匹配多对射素可以构建多个广义极面，且理论上这些广义极面相交于一点，对应于平移参数，因此，本节将相对定向问题的求解转换为求平面相交点的问题：寻找解空间中的一点与尽量多的广义极面相符。

（3）嵌套式分支定界法求解。针对本节提出的广义极面相交问题，为了高效地对解空间进行搜索，采用分支定界法对解空间不断地分割，同时验证各子空间是否有被继续细分的价值，通过舍弃不符合条件的部分子空间，有效缩小搜索范围以提高搜索效率。由于旋转参数与平移参数分属于不同子空间，采用嵌套结构由外层算法求解旋转参数，由内层算法求解平移参数。

4.4　激光里程计位姿估计

4.4.1　2D LiDAR 位姿估计

2D LiDAR SLAM 包括前端数据关联和后端位姿优化，在 SLAM 前端中输入激光雷达数据，激光雷达通过对环境的观测确定非连续位姿间的联系，在位姿图中对应闭环约束。后端的主要工作是处理前端构建好的位姿图模型，求解其信息矩阵，不断迭代、优化，使误差函数最小，以实现全局地图估计。位姿估计原理如图 4.27 所示。

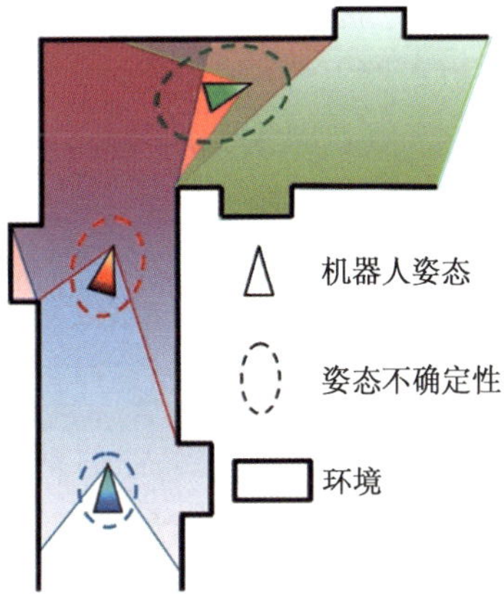

图 4.27　位姿估计原理

1. 数据关联

基于激光雷达 SLAM 的移动地图为激光雷达扫描及其姿态的集合。激光雷达扫描 $s=(H,\ \xi)$ 指的

是激光雷达点 $H=\{h_i\}$，$i=1$，…，I，$h_i \in \mathrm{R}^2$ 以及位姿 ξ，包含位置 (x, y) 和定向角 θ，在 t 时刻地图 m 表示为

$$m_t=\{(H_1, \xi_1), (H_2, \xi_2), \cdots, (H_t, \xi_t)\}, t=1, 2, 3, \cdots \tag{4.79}$$

式中，H_t 为 t 时刻的激光扫描点及对应的位姿。

移动激光雷达测绘的目标是在最佳估计的姿态下排列扫描序列，以构造给定输入数据的最有可能的地图，可将其表示为

$$\operatorname{argmin}_{m_t}\{1-P(m_t \mid d_t)\} \tag{4.80}$$

式中，$P(m_t \mid d_t)$ 为地图的似然性；d_t 为输入数据。

一般来说，为了最大化地图的似然性，使用扫描匹配来估计扫描的全局最优位姿。在概率网格的基础上，对激光雷达扫描端点进行栅格化。在给定环境图 m_{t-1} 的条件下，激光雷达传感器对扫描的每个感知点 $\{H_t\}$ 观测到一个扫描点 z_i 的条件概率为 $P(z_i \mid \xi_t, m_{t-1})$。对地图上的每个点重复扫描匹配的过程，找到最佳扫描位姿，使得在扫描点处的概率最大化。扫描匹配过程可以表示为非线性最小二乘问题：

$$\operatorname{argmin}_{\xi_t'} \sum_{i=1}^{I}[1-P(z_i \mid \xi_t, m_{t-1})]^2 \tag{4.81}$$

式中，ξ_t' 为激光扫描帧的最优位姿；I 为激光扫描点的数量；ξ_t 为激光雷达传感器和 IMU 传感器融合输出的位姿，为扫描匹配提供初始位姿。

2. 位姿优化

SLAM 中的闭环检测环节根据激光观测信息对机器人位姿进行纠正与地图校准，对新添加的位姿和子图进行非线性优化，纠正由于误差累积造成的地图畸变，进而形成全局一致地图。

由激光雷达等传感器进行观测进而确定机器人的位置称为虚拟测量，假设机器人有 ξ_m 和 ξ_n 两个状态的位姿，$\boldsymbol{\Sigma}_{mn}$ 信息矩阵能反映虚拟观测的不确定性，且该虚拟测量由分别从 m、n 处获取的观测值的最大概率重叠得到。z_{mn} 表示 ξ_m 节点在 ξ_n 处的预测值，该观测值可以根据二者的相对位姿关系计算得出，e_{mn} 表示实际值与预测值之间的差值。位姿图的一条边由误差函数 $e_{mn}(\xi_m, \xi_n)$ 和信息矩阵 $\boldsymbol{\Sigma}_{mn}$ 来充分表示。位姿优化被描述为非线性最小二乘问题[式(4.82)]，位姿估计结果如图 4.28 所示。

$$\begin{cases} \operatorname{argmin}_{\xi_m^*, \xi_n^*} \dfrac{1}{2} \boldsymbol{\Sigma}_{mn} \rho[E^2(\xi_m, \xi_n, \boldsymbol{\Sigma}_{mn})] \\ E^2(\xi_m, \xi_n, \boldsymbol{\Sigma}_{mn})=e_{mn}(\xi_m, \xi_n)^{\mathrm{T}} \boldsymbol{\Sigma}_{mn}^{-1} e_{mn}(\xi_m, \xi_n) \\ e_{mn}(\xi_m, \xi_n)=z_{mn}-\begin{bmatrix} \boldsymbol{R}_{\xi_n}^{-1}(t_{\xi_n}-t_{\xi_m}) \\ \xi_n-\xi_m \end{bmatrix} \end{cases} \tag{4.82}$$

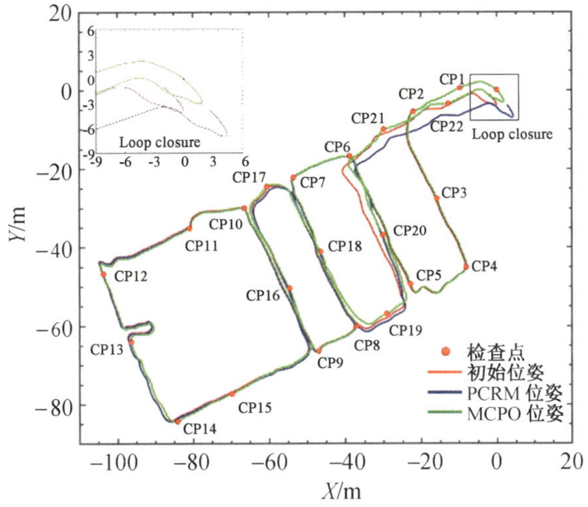

(a) 位姿估计

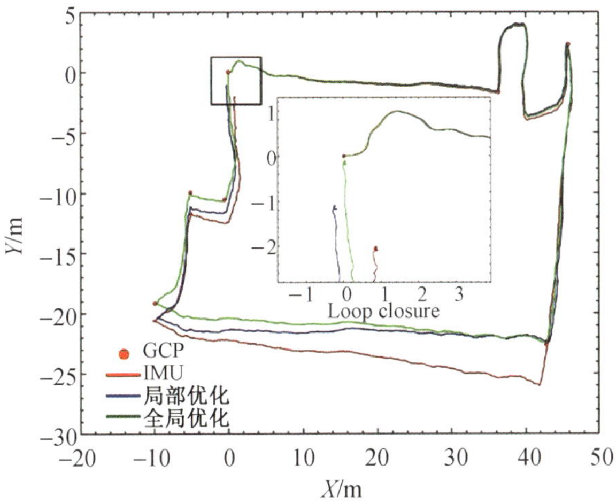

(b) 位姿优化

图 4.28 位姿估计结果

4.4.2 3D LiDAR 位姿估计

1. 提取特征点

将激光雷达扫描的第 k 帧点云数据定义为 P_k，i 是 P_k 中的某一数据点，其坐标值为 $\boldsymbol{X}^{\mathrm{L}}_{(k,i)}$，$S$ 为在相同扫描帧中 i 的连续点的集合，选取位于点云边界和平面上的点，s 为缩放因子。激光扫描点曲率 c 的计算如下：

$$c=\frac{1}{|s|\cdot\|\boldsymbol{X}^{\mathrm{L}}_{(k,i)}\|}\left\|\sum_{j\in S,\,j\neq i}[(\boldsymbol{X}^{\mathrm{L}}_{(k,i)}-\boldsymbol{X}^{\mathrm{L}}_{(k,j)})]\right\| \tag{4.83}$$

为了确定特征点的种类，根据 c 值的大小对特征点进行分类。若 c 为连续点云中的极大值，则将这个点定义为边界点；若 c 是连续点云中的极小值，则将这个点定义为平面点。为了使当前环境下特征点的描述更加均匀，可以把当前环境划分成4个子区域。判断一个点到底是边界点还是平面点，这取决于 c 值与规定阈值的大小关系，在选取特征点的过程中，有些点常常位于与扫描线大致平行的平面上或位于阻挡区域的边界上，应当尽量避免选取这些点作为特征点。

2. 寻找特征点的对应点

将激光雷达进行第 k 帧扫描开始的时刻设定为 t_k，在扫描结束时获取当前帧的点云数据为 P_k，将当前帧的点云数据利用空间旋转、平移的方式映射到下一时刻 t_{k+1} 的点云数据所处的坐标系内，将映射后的点云数据定义为 $\bar{P}_k$。当第 $k+1$ 帧点云扫描结束时，利用映射后的点云 $\bar{P}_k$ 和当前扫描获得的点云 $\bar{P}_{k+1}$ 估计和校正激光雷达的位置。

在第 $k+1$ 帧扫描的点云 P_{k+1} 中，选取点云中的边界点和平面点分别组成边界点云 ε_{k+1} 和平面点云 H_{k+1}。在映射点云 $\bar{P}_k$ 中寻找与边界点云 ε_{k+1} 和平面点云 $\bar{P}_k$ 中的特征点对应的边界线和平面块，分别组成点云 $\bar{\varepsilon}_{k+1}$ 和 $\bar{H}_{k+1}$。在开始进行第 $k+1$ 帧点云扫描时，点云 P_{k+1} 是空的点云，随着激光雷达一圈圈扫描，点云 P_{k+1} 中的点会越来越多。判断前后两帧点云之间最近邻点的依据就是分别计算点云 ε_{k+1}、H_{k+1} 中的特征点到点云 $\bar{\varepsilon}_{k+1}$、$\bar{H}_{k+1}$ 中对应点的最小距离。为了找到点云之间对应的边界线，首先需找到边界点云 $\bar{\varepsilon}_{k+1}$ 中任意一点 i 的最近邻点，然后在不同的扫描线上寻找 i 的最近邻点，两点确定一条直线，利用公式检查确认边界点的真实性。为了选取对应平面，首先需找到平面点云 $\bar{H}_{k+1}$ 中任意一点 i 的最近邻点，然后选取不同的近邻点，这些近邻点在相同的扫描线上，再在不同的扫描线上选取 i 的最近邻点，三个不在同一条直线上的点可以确定一个平面，利用公式检查确认平面点的真实性。

3. 激光雷达姿态估计

将当前时刻定义为 t，激光雷达进行第 $k+1$ 帧点云扫描的开始时刻定义为 t_{k+1}。将时间段 $[t_{k+1}, t]$ 之间的激光雷达姿态变换关系定义为 $\boldsymbol{T}_{k+1}^{\mathrm{L}}$。

$$\boldsymbol{T}_{k+1}^{\mathrm{L}} = [t_x, t_y, t_z, \theta_x, \theta_y, \theta_z] \tag{4.84}$$

$\boldsymbol{T}_{k+1}^{\mathrm{L}}$ 中包括平移变换矩阵和旋转变换矩阵，选择点云 P_{k+1} 中的任意一点 i，将该点的扫描时刻定义为 t_i，将激光雷达在时间段 $[t_{k+1}, t_i]$ 内的姿态变化关系定义为 $\boldsymbol{T}_{(k+1,i)}^{\mathrm{L}}$。

$$\boldsymbol{T}_{(k+1,i)}^{\mathrm{L}} = \frac{t_i - t_{k+1}}{t - t_{k+1}} \boldsymbol{T}_{k+1}^{\mathrm{L}} \tag{4.85}$$

对应点之间的距离可以通过计算得出，根据对应点之间的距离，可以建立边界点和边界线之间以及平面点和平面块之间对应的几何关系表达式，并且可以得到一个非线性函数：

$$f(\boldsymbol{T}_{k+1}^{\mathrm{L}}) = d \tag{4.86}$$

式中，每一个非线性函数 f 都一一对应一个特征点，对应点之间的距离用 d 来表示。

为了更新激光雷达的姿态变化关系 $\boldsymbol{T}_{k+1}^{\mathrm{L}}$，可通过计算非线性函数 $f(\boldsymbol{T}_{k+1}^{\mathrm{L}})$ 的雅克比矩阵 $\boldsymbol{J}$ 得到：

$$\boldsymbol{J}=\frac{\partial f\boldsymbol{T}_{k+1}^{\mathrm{L}}}{\partial \boldsymbol{T}_{k+1}^{\mathrm{L}}} \tag{4.87}$$

利用激光雷达进行第 $k+1$ 帧扫描，扫描结束后，将会输出一个没有失真的点云 $\bar{P}_{k+1}$ 以及一个姿态变换关系 $\boldsymbol{T}_{k+1}^{\mathrm{L}}$，其中包括激光雷达在时间段$[t_{k+1}, t_{k+2}]$内扫描时的姿态。采用建图算法进行点云建图，将点云地图上第 k 帧扫描结束后累计的点云定义为 Q_k，当前帧扫描结束后 t_{k+1} 时刻激光雷达的姿态变化关系定义为 $\boldsymbol{T}_k^{\mathrm{W}}$，利用该算法可以得到 t_{k+2} 时刻激光雷达的姿态变化关系，将其定义为 $\boldsymbol{T}_{k+1}^{\mathrm{W}}$，将扫描后得到的点云 $\bar{P}_{k+1}$ 映射到世界坐标系中，得到点云 $\bar{Q}_{k+1}$。为了进一步纠正激光雷达的姿态 $\boldsymbol{T}_{k+1}^{\mathrm{W}}$，可以对点云 $\bar{Q}_{k+1}$ 和点云 Q_k 进行配准。

4.5　激光-IMU组合位姿估计

随着室内激光无人平台的前进，倾斜安置的单线激光扫描仪可获取场景的几何数据。获取扫描瞬间机器人的位姿参数后，可以将每一帧的点云数据转换到全局坐标系下，实现场景的三维重构。借助 IMU 以及 16 线激光雷达实现平台的定位与定姿，再通过一定的方法精准内插出每一帧点云对应的位姿参数，这对三维重构至关重要。

4.2 节系统地介绍了基于 IMU 的机器人初始姿态解算问题，解算得到的姿态可以为激光里程提供一个旋转约束。16 线激光雷达获取的每一帧点云经坐标系旋转后，点云所处坐标系与全局坐标系处于近似平行的位置，此时进行当前帧点云 P_1 与相邻帧点云 P_2 的精确匹配，能够避免激光因为旋转不灵敏而造成的误匹配。通过不断的迭代求解激光连续的位姿变化情况。

激光里程求解首先要进行特征点的提取。按式(4.83)计算激光扫描点的曲率 c，对每帧数据 P_k 进行遍历。根据曲率对扫描点进行排序，其中曲率大的点为边缘点，曲率小的点为平面特征点。在特征点选取过程中需要根据场景设置曲率的阈值，保留满足阈值情况的特征点，剔除不满足阈值要求的不稳定特征点。

然后以特征点及特征面构造目标函数，进行不同帧点云间的匹配，获取激光雷达相对运动变化情况。以第 k 帧激光点云数据为例，第 k 帧及之前的激光点云数据 $P_1 \sim P_k$ 经过特征匹配、坐标转换后得到的点云为 $\bar{P}_k$，对下一帧激光雷达获取的点云结合 IMU 输出的姿态进行初始旋转，得到后一帧预匹配的点云集合 $\tilde{P}_{k+1}$。以 $\tilde{P}_{k+1}$ 中的一个边缘点 i 为例，该点的坐标值为 $\tilde{\boldsymbol{X}}_{(k+1,i)}^{\mathrm{L}}$，在 $\bar{P}_k$ 的边缘点集合中找出距离点 i 最近的一个边缘点 l，在与点 l 所在激光线相邻的激光线上找到离点 i 最近的边缘点 j。边缘点 i 与边缘点 l、j 在同一条边缘直线上，如图 4.29(a) 所示。点 i 到边缘直线的距离计算如下：

$$d_{\mathrm{E}}=\frac{\left|\left[\widetilde{\boldsymbol{X}}_{(k+1,i)}^{\mathrm{L}}-\bar{\boldsymbol{X}}_{(k+1,j)}^{\mathrm{L}}\right]\times\left[\widetilde{\boldsymbol{X}}_{(k+1,i)}^{\mathrm{L}}-\bar{\boldsymbol{X}}_{(k+1,l)}^{\mathrm{L}}\right]\right|}{\left|\bar{\boldsymbol{X}}_{(k+1,j)}^{\mathrm{L}}-\bar{\boldsymbol{X}}_{(k+1,l)}^{\mathrm{L}}\right|} \tag{4.88}$$

若 i 为一个平面点，则从相邻帧中寻找对应点的方法有所不同，首先找到 $\bar{P}_k$ 中距离点 i 最近的一个平面点 j，在点 j 所在的同一条激光线上找到另外一个距离点 i 较近的平面点 l。为了构建平面的约束条件，需要找到与点 i 同面且与点 j、l 不共线的第三个点，考虑到激光的视角按顺序递增，在与点 j 所在激光线相邻的激光线上找到一个距离点 i 最近的平面点 m。至此，点 i 所在平面上的三个激光点寻找完毕，如图 4.29(b)所示。

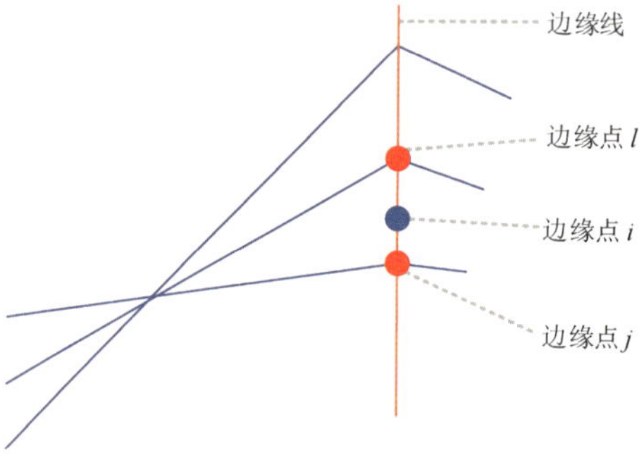

(a) 边缘特征点

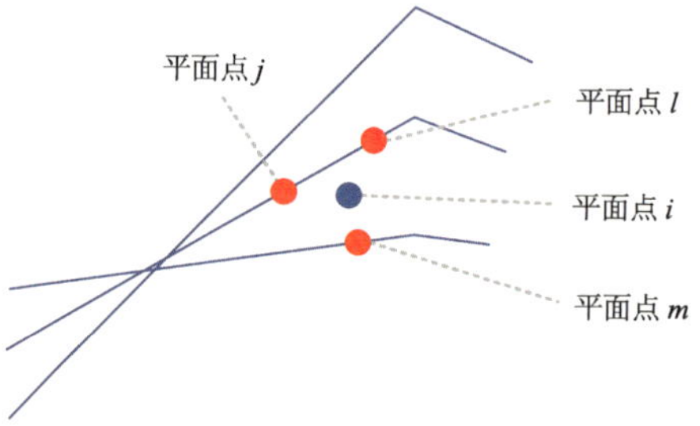

(b) 平面特征点

图 4.29　特征点示意图

点 i 到平面的距离为

$$d_{\mathrm{E}}=\frac{\left|\left[\widetilde{\boldsymbol{X}}_{(k+1,i)}^{\mathrm{L}}-\bar{\boldsymbol{X}}_{(k,j)}^{\mathrm{L}}\right]\cdot\left\{\left[\bar{\boldsymbol{X}}_{(k,j)}^{\mathrm{L}}-\bar{\boldsymbol{X}}_{(k,l)}^{\mathrm{L}}\right]\times\left[\bar{\boldsymbol{X}}_{(k,j)}^{\mathrm{L}}-\bar{\boldsymbol{X}}_{(k,m)}^{\mathrm{L}}\right]\right\}\right|}{\left|\left[\widetilde{\boldsymbol{X}}_{(k,j)}^{\mathrm{L}}-\bar{\boldsymbol{X}}_{(k,l)}^{\mathrm{L}}\right]\times\left[\widetilde{\boldsymbol{X}}_{(k,j)}^{\mathrm{L}}-\bar{\boldsymbol{X}}_{(k,m)}^{\mathrm{L}}\right]\right|} \tag{4.89}$$

在相邻帧的点云集合中存在以下坐标转换关系：

$$\bar{\boldsymbol{X}}_{(k+1,j)}^{\mathrm{L}}=\boldsymbol{R}_{(k+1,k)}\cdot\widetilde{\boldsymbol{X}}^{\mathrm{L}}{}_{(k+1,j)}+t_{(k+1,k)} \tag{4.90}$$

将式(4.90)代入式(4.91)中构建约束方程：

$$f\left(\boldsymbol{R}_{(k+1,k)},\ t_{(k+1,k)}\right)=d \tag{4.91}$$

该约束方程对应目标为 d 最小，此时的旋转、平移关系解算结果最佳，利用 LM 算法即可求出该解。将求解后的位姿代入原点云中，对原点云进行畸变纠正，得到去除畸变后的点云，对去除畸变后的点云再次进行精确匹配，输出精确的激光里程计数据。

参考文献

[1] 张海鹏. 船用光纤陀螺捷联姿态测量系统研究[D]. 太原：中北大学，2019.

[2] Stewénius H, Engels C, Nistér D. Recent developments on direct relative orientation[J]. ISPRS Journal of Photogrammetry and Remote Sensing, 2006, 60: 284-294.

[3] Kurt K. Relative and absolute orientation based on linear features[J]. ISPRS Journal of Photogrammetry and Remote Sensing, 1991, 46(4): 199-204.

[4] Hartley R, Zisserman A. Multiple view geometry in computer vision[M]. 2nd edition. Cambridge: Cambridge University Press, 2003.

[5] Szeliski R. Computer vision: Algorithms and applications[M]. Springer-Verlag New York, 2011.

[6] 张剑清，胡安文. 多基线摄影测量前方交会方法及精度分析[J]. 武汉大学学报(信息科学版)，2007，32(10)：847-851.

[7] Li H, Hartley R, Kim J. A linear approach to motion estimation using generalized camera models [C]//Computer Vision and Pattern Recognition, 2008. IEEE Conference, 2008: 1-8.

[8] Lepetit V, Moreno-Noguer F, Fua P. EPnP: An accurate O(n) solution to the PnP problem[J]. International Journal of Computer Vision, 2009, 81(2): 155-166.

[9] Kneip L, Martinelli A, Weiss S, et al. Closed-form solution for absolute scale velocity determination combining inertial measurements and a single feature correspondence[C]//2011 IEEE International Conference on Robotics and Automation, Shanghai, China, 2011.

[10] Raguram R, Chum O, Pollefeys M, et al. USAC: A universal framework for random sample consensus[J]. IEEE Transactions on Pattern Analysis and Machine Intelligence, 2013, 35(8): 2022-2038.

[11] Hochbaum D S. Heuristics for the fixed cost median problem[J]. Mathematical Programming, 1982, 22(1): 148-162.

[12] Kumar K V R, Garg D G. Choosing the efficient algorithm for vertex cover problem[D]. Patiala: Thapar University, 2009.

[13] Chum O, Matas J. Web scale image clustering — Large scale discovery of spatially related images [J]. IEEE Transactions on Pattern Analysis and Machine Intelligence, 2008, 32(2): 371-377.

[14] Chum O, Matas J, Kittler J. Locally optimized RANSAC[J]. The 25th DAGM Symposium, 2003: 236-243.

[15] Mur-Artal R, Tardós J D. ORB-SLAM2: An open-source SLAM system for monocular, stereo, and RGB-D cameras[J]. IEEE Transactions on Robotics, 2017, 33(5): 1255-1262.

[16] Geiger A, Ziegler J, Stiller C. StereoScan: Dense 3D reconstruction in real-time[C]//2011 IEEE Intelligent Vehicles Symposium (Ⅳ), Baden-Baden, Germany, 2011.

[17] Fredriksson J, Larsson V, Olsson C. Practical robust two-view translation estimation[C]//IEEE Conference on Computer Vision & Pattern Recognition, 2015.

[18] Kim J H, Li H, Hartley R. Motion estimation for nonoverlapping multicamera rigs: Linear algebraic and L_∞ geometric solutions[J]. IEEE Transactions on Pattern Analysis and Machine Intelligence, 2010, 32(6): 1044-1059.

[19] Pless R. Using many cameras as one[C]//2003 IEEE Computer Society Conference on Computer Vision and Pattern Recognition, 2003: 587-593.

[20] Gupta O K, Ravindran A. Branch and bound experiments in convex nonlinear integer programming [J]. Management Science, 1985, 31(12): 1533-1546.

[21] Žilinskas J. Branch and bound with simplicial partitions for global optimization[J]. Mathematical Modelling and Analysis, 2008, 13(1): 145-159.

[22] Kahl F, Agarwal S, Chandraker M K, et al. Practical global optimization for multiview geometry [J]. International Journal of Computer Vision, 2008, 79(3): 271-284.

[23] Hartley R, Trumpf J, Dai Y, et al. Rotation averaging[J]. International Journal of Computer Vision, 2013, 103(3): 267-305.

[24] Hartley R I, Kahl F. Global optimization through rotation space search[J]. International Journal of Computer Vision, 2009, 82(1): 64-79.

[25] Kneip L, Furgale P. OpenGV: A unified and generalized approach to real-time calibrated geometric vision[C]//2014 IEEE International Conference on Robotics and Automation (ICRA), Hong Kong, China, 2014.

[26] Fraundorfer F, Scaramuzza D. Visual odometry: Part Ⅱ: Matching, robustness, optimization, and applications[J]. IEEE Robotics & Automation Magazine, 2012, 19(2): 78-90.

CHAPTER

5

第 5 章 室内无人平台三维场景点云地图的构建

本章主要介绍室内无人平台构建三维场景点云地图的方法。构建室内地图可以通过影像、激光或多传感器结合的方式实现。本章首先阐述了通过影像的方式进行点云数据的采集和建模的基本方法，并介绍了在复杂场景中基于影像建图的优化方法；然后总结了通过激光的方式进行点云数据的采集和建图的基本方法并提出了相关的优化算法；最后对室内无人平台多传感器构建三维场景点云地图的方法进行了详细介绍。

本章指引 | 阅读本章节，你会了解到

- ☑ 基于影像的建图原理及粗差剔除等相关优化方法
- ☑ 基于激光的建图原理及相关优化算法
- ☑ 多源传感器组合的室内彩色点云地图构建方法

提出的方法

- ☑ 基于动态目标识别的三维点云粗差剔除方法、具有多目相机约束的稀疏光束法平差优化方法、基于关键帧稠密关联的三维点云地图构建优化方法。

与其他章节的联系

- ☑ 第 2,3,5 章相关知识的综合应用和拓展。

先验知识

- ☑ 相机成像模型、拓展卡尔曼滤波原理、欧拉角、单位四元数。

5.1 基于影像的室内地图构建

现实世界中的场景在空间中是三维的，而通过相机获取的信息是二维的平面影像，为了能更好地描述和记录现实场景，可以根据二维影像恢复场景三维结构。本节将介绍通过多目相机采集影像，由影像构建稀疏三维点云场景地图的方法。三维点云与多目相机系统以及各子相机的关系如图 5.1 所示。假设多目相机系统包含 4 个子相机，由定位算法解算得到多目相机系统的位姿关系后，各子相机的位姿关系也可由多目相机系统坐标系与子相机坐标系之间的外方位元素计算。在估算平台运动参数的基础上，通过前方交会算法，将影像平面中的二维特征点投影至三维空间，形成坐标统一且能反映场景实际情况的三维点云。地图构建的基本原理将在 5.1.1 节中介绍。

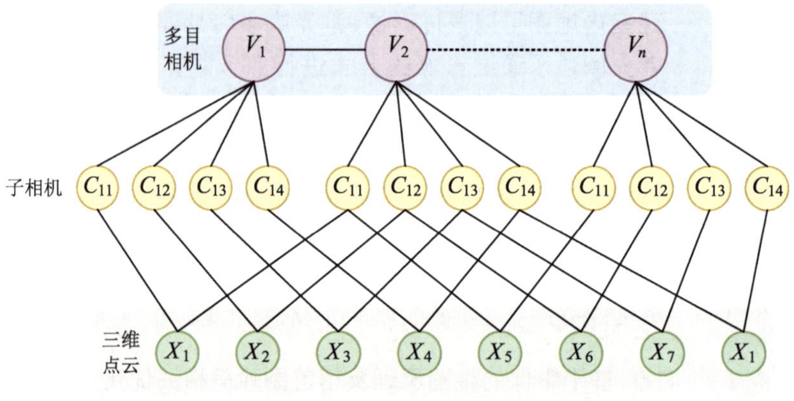

图 5.1　三维点云与多目相机及子相机关系图

基于关键帧影像进行地图构建时，由关键帧中的影像特征点生成的点云可分为两类：一类为新的三维点，另一类为当前地图中已有的三维点。若生成了新的三维点，则将该三维点加入当前地图，但受复杂场景中动态目标的影响，属于动态地物的三维点可能也会被加入当前地图。引入动态三维点将影响地图构建的精度，因此，使用基于深度学习目标识别算法对影像中的动态目标进行识别，并剔除该目标对应的三维点，这部分内容将在 5.1.2 节中阐述。

若生成现有的三维点，则利用该三维点在新关键帧中的观测对其三维坐标进行优化。常用的优化方法为光束法平差(Bundle Adjustment)，对三维点云和影像的位姿进行联合优化，可有效降低观测噪声对地图构建的影响。但现有的光束法平差多是基于单目相机模型，若直接利用现有的光束法平差对多目相机系统构建的地图进行优化，不仅会增加待优化参数，同时也将破坏多目相机固有的刚性结构。因此，本书提出适用于多目相机系统的光束法平差方法，这部分内容将在 5.1.3 节介绍。

基于影像的室内地图构建的算法流程如图 5.2 所示。

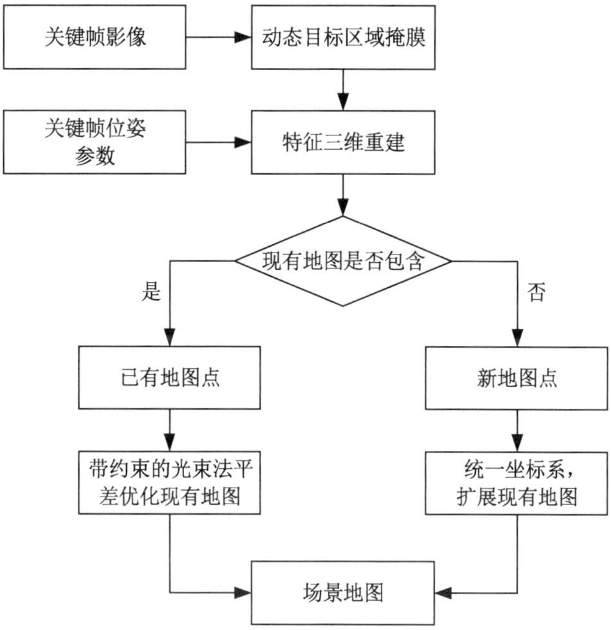

图5.2 场景地图构建流程图

5.1.1 基于影像的地图构建方法

基于影像采集点云并构建地图的方法主要根据相机传感器系统从场景中获取的连续影像,通过特征提取与匹配、相对定向、绝对定向、前方交会等算法来完成影像自定位与三维重建。本书所提及的影像特征提取特指点特征提取,利用特征提取算法获得影像中具有视觉显著性的特征点,并根据特征描述算子生成描述该特征点的特征向量。特征点匹配则是通过匹配不同帧影像中的特征点,得到视觉特征相似的特征点对,成功匹配的影像特征点对应于三维世界中的同一场景点,因此,匹配的特征点对也称为同名点。利用影像的同名点进行影像相对定向,求解两帧影像的相对位姿关系。在得到影像自定位的基础上,通过前方交会将不同帧影像平面中的同名点投影到三维世界中,根据交会信息恢复场景点的三维坐标,通过大量地恢复场景点完成对场景的三维重建,并形成场景地图。下面将介绍构建地图所用到的相机模型、特征提取与匹配的方法,并阐述地图构建的几何原理。通过相对定向、前方交会实现位姿估计的内容已在第4章的4.1节中介绍,本节不再赘述。

1. 相机模型

从几何角度考虑,相机是三维世界(物方空间)和二维影像之间的一种映射关系。本节介绍的室内无人平台使用的相机模型为多目相机模型。将多个单目相机(3个及以上)进行组合并控制同步曝光,组成多目相机模型。相比于双目立体相机模型,多目相机的安装更加灵活,并且视野(Field-Of-View, FOV)更加宽广,双目立体相机与多目相机的有效视野对比如图5.3所示。

在双目立体相机模型中,为了能够快速恢复目标三维信息,要求该目标被左、右两个相机同时观测,因此,双目立体相机的有效视野为两个相机视野的交集。而在多目相机模

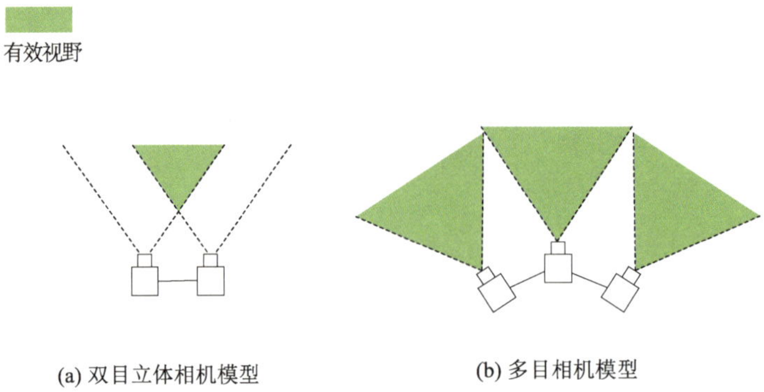

图 5.3 双目立体相机与多目相机模型有效视野对比

型中，各子相机的视野相互独立，其有效视野为所有子相机视野的并集。通常为了使多目相机模型的有效视野范围最大化，在安装时会考虑减少子相机之间的视野重合。因此，与双目立体相机模型相比，多目相机模型拥有更大的有效视野，能够获取更加丰富的环境信息。同时，宽广的视野也提升了多目相机系统的鲁棒性，即使其中部分相机受到外界遮挡，也不影响整体相机系统获取足够的环境信息用于定位和建模。

多目相机系统由多个具有不同投影中心、不同相机坐标系的单目相机组成，因此，多目相机模型内具有多个子投影中心和多个子相机坐标系。为了能够统一地描述多目相机系统的投影模型，引入广义统一相机模型(General Camera Model)。在广义统一相机模型中，不再以像平面中的像素坐标描述影像的像素，而是以相机中心为原点，以指向影像平面中像素位置的一个向量来表示影像平面中的像素。如图 5.4 所示，以多目相机系统中的某一相机中心为起点，连接空间三维点的射线经过三维点在影像上的投影，这样的射线也被称为射素。

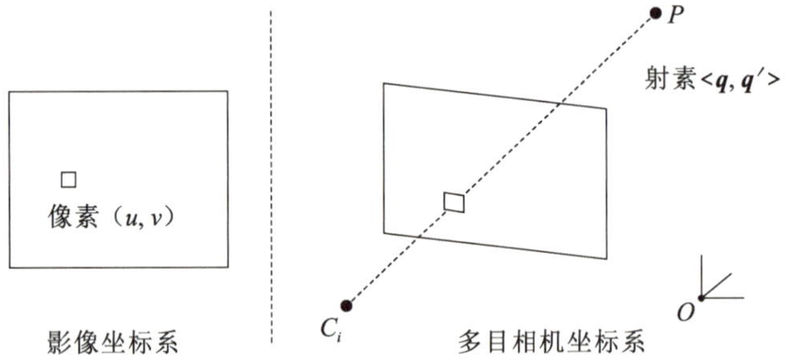

图 5.4 像素在多目相机坐标系中的射素表达

为了方便计算与表达，使用 Plücker Vector 的形式来参数化地表达射素[1]。Plücker Vector 由两个三维向量 $\langle \boldsymbol{q}, \boldsymbol{q}' \rangle$ 组成，其中，$\boldsymbol{q}$ 为方向向量(Direction Vector)，表示任意长度射线的方向，通常为了方便表达，将方向向量归一化为一个单位向量；$\boldsymbol{q}'$ 为时刻向量(Moment Vector)，表示射线上点的位置。记点 $\boldsymbol{P}$ 是射线上的一点，$\boldsymbol{q}'=\boldsymbol{P}\times\boldsymbol{q}$。在广义统一相机坐标系内，射素采用 Plücker Vector 的形式表示为

$$\langle \boldsymbol{q}, \boldsymbol{C}_i \times \boldsymbol{q} \rangle \tag{5.1}$$

式中，$\boldsymbol{C}_i$ 为射素对应的子相机投影中心坐标，且 $\boldsymbol{C}_i$ 相对于广义统一相机坐标系的姿态为 $\boldsymbol{R}$。若相机的标定矩阵 $\boldsymbol{K}$ 和射素经过影像平面内的像素 $\langle x, y, 1\rangle$ 已知，则方向向量 $\boldsymbol{q}$ 可以由下式计算：

$$\boldsymbol{q} = \frac{\boldsymbol{RK}\langle x, y, 1\rangle^{\mathrm{T}}}{\| \boldsymbol{RK}\langle x, y, 1\rangle^{\mathrm{T}} \|} \tag{5.2}$$

若三维点在 $\boldsymbol{C}_i$ 对应的广义统一相机坐标系内的坐标 $\boldsymbol{X}$ 已知，则方向向量 $\boldsymbol{q}$ 也可以由下式计算：

$$\boldsymbol{q} = \frac{\boldsymbol{X} - \boldsymbol{C}_i}{\| \boldsymbol{X} - \boldsymbol{C}_i \|} \tag{5.3}$$

通过将多目相机系统中不同相机的像素转换为广义统一相机坐标系内的射素，并借助 Plücker Vector 进行参数化表达，是多目相机的几何基础。

2. 影像特征提取与匹配

影像的特征可以分为点状特征、线状特征和区域特征，综合考虑特征提取算法的效率和稳定度，以及在实际环境中特征提取的难易程度，室内无人平台是通过点特征提取算法来实现影像特征的提取。常用的角点特征提取算子有 Harris[2]、FAST[3]、AGAST[4]等。这些点特征通常为图像中的某些极值点，如直线的交点、曲率最大点，或水平、竖直方向上属性最大的点。在此基础上，为了使点特征具有对旋转、尺度缩放、光照变化的不变性，以及对视角变化、放射变化、噪声影响的鲁棒性，研究人员提出了 SIFT[5]、SURF[6]和 Orb[7]等特征提取算法。

影像特征匹配是基于特征点的描述子，合理定义的描述子能够提高特征匹配的成功率。对于无人车平台获取的序列影像数据，根据对平台运动方式的不同假设，主要有两种特征匹配策略。一种匹配策略是假设平台运动平稳，相邻影像重叠度较高，可以根据前一帧影像中特征点的位置，在当前帧影像的邻域范围内通过开窗的方式匹配同名点。由于平台运动平稳，相机视场角度相差不大，特征在影像中的位置差异较小，通过这种匹配策略可以快速进行特征匹配。另一种匹配策略是在更一般的情况下，在两帧影像中各自提取特征，再基于特征描述子进行匹配。这种匹配方式在平台出现运动漂移或运动突变而导致视场发生较大改变时，仍能够保持特征匹配的成功率，同时在平台运动平稳时也能够满足需求。

3. 地图构建的几何原理

明确相机模型，通过特征提取与匹配获得同名点，然后进行位姿估计得到参数后，就可以构建地图。双目立体相机模型可以在一帧像对中，通过立体匹配快速求解场景点的三维位置。而在更一般的情况中，需预知影像的相对位姿关系，才能进行前方交会。假设在世界坐标系中有三维点 $\boldsymbol{X}$，在对应影像中的齐次坐标为：$\boldsymbol{x} = w[u, v, 1]^{\mathrm{T}}$，其中 w 为一个未知的尺度因子。根据单目相机投影模型关系：

$$\boldsymbol{x} = \boldsymbol{K}[\boldsymbol{R} \mid \boldsymbol{t}]\boldsymbol{X}_{\text{world}} \tag{5.4}$$

令 $\boldsymbol{K}[\boldsymbol{R} \mid \boldsymbol{t}]=\boldsymbol{P}$，则有 $\boldsymbol{x}=\boldsymbol{P}\boldsymbol{X}$，令 p_i 为矩阵 $\boldsymbol{P}$ 的第 i 行，则投影关系可以改写为下列方程：

$$wu=p_1\boldsymbol{X},\quad wv=p_2\boldsymbol{X},\quad w=p_3\boldsymbol{X} \tag{5.5}$$

利用式(5.5)的第三式消去 w，得到：

$$\begin{cases} up_3\boldsymbol{X}=p_1\boldsymbol{X} \\ vp_3\boldsymbol{X}=p_2\boldsymbol{X} \end{cases} \tag{5.6}$$

通过两帧影像，一共可以建立四组线性方程，求解线性方程组得到的 $\boldsymbol{X}$ 即为场景点的三维坐标。

求解式(5.6)组成的线性方程组的方法有很多，其中最主要的方法为齐次方程法和最小二乘法。齐次方程法令 $\boldsymbol{X}=[x,\ y,\ z]^{\mathrm{T}}$，并将式(5.6)写为齐次方程组 $\boldsymbol{AX}=\boldsymbol{0}$ 的形式，求解 $\boldsymbol{X}$ 即最小化 $\|\boldsymbol{AX}\|$，服从于条件 $\|\boldsymbol{X}\|=1$。利用奇异值分解法分解 $\boldsymbol{A}^{\mathrm{T}}\boldsymbol{A}$，最小特征向量对应的单位特征向量即为方程的解。最小二乘法用齐次形式表达 $\boldsymbol{X}=[x,\ y,\ z,\ 1]^{\mathrm{T}}$，并将线性方程写为 $\boldsymbol{AX}=\boldsymbol{b}$ 的形式，通过 $\boldsymbol{X}=(\boldsymbol{A}^{\mathrm{T}}\boldsymbol{A})^{-1}\boldsymbol{A}^{\mathrm{T}}\boldsymbol{b}$ 进行求解。

这两类方法比较类似，当存在噪声时，它们性质却不相同。最小二乘法假定三维点不在无穷远处，否则不能假定点位为 $\boldsymbol{X}=[x,\ y,\ z,\ 1]^{\mathrm{T}}$，这是该方法的缺陷，若考虑无穷远平面的情况 $\boldsymbol{X}=[x,\ y,\ z,\ 0]^{\mathrm{T}}$，此时最小二乘法将不再适用。齐次方程法的假设 $\|\boldsymbol{X}\|=1$ 在仿射变换条件下不一定保持不变，因此，齐次方程法不具有仿射不变性。而最小二乘法的假设 $\boldsymbol{X}=[x,\ y,\ z,\ 1]^{\mathrm{T}}$ 在仿射变换条件下一定保持不变，因此，最小二乘法具有仿射不变性。在实际应用时，需根据情况选择不同的求解方法。

前方交会得到的三维点的不确定性，不仅与影像的观测误差有关，还受到两帧影像的相对关系的影响。假定影像观测误差角度相同，分析由影像相对位置关系造成的不确定区域，结果如图 5.5 所示。参与前方交会的一对射线越接近平行，视差越小，解算得到的三维点的不确定度就越大，相应的点位精度就越低。为了提高前方交会的精度，在算法层面上可以通过关键帧技术，选取相对定向姿态大于一定阈值的两帧影像进行计算，或对多帧观测到的该三维点的影像进行前方交会，以约束点位的不确定度；在硬件层面上可

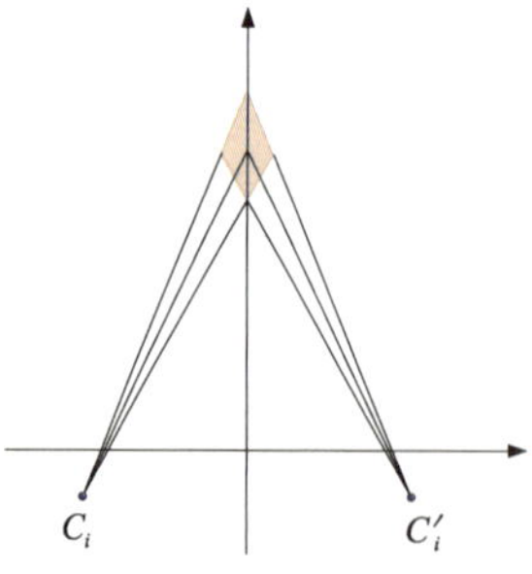

(a) 点位不确定度较小

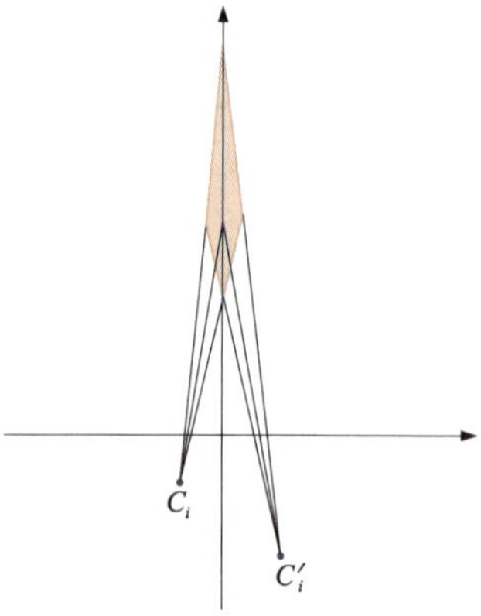

(b) 点位不确定度较大

图 5.5　不同影像相对位置关系对应的不确定区域

以在安装相机传感器时考虑增大相机光轴与无人车行进方向的角度。

5.1.2　基于动态目标识别的三维点云粗差剔除

1. 基于区域卷积神经网络概述

在复杂场景中，常存在动态物体如行人、车辆等，传统的点特征提取算法无法区分动态目标与静态目标，如图 5.6 所示，特征提取算法从静态环境和动态物体（行人）中提取了点特征。属于动态物体的点特征（下文简称动态特征）在三维空间中的位置并不固定，导致地图构建精度降低，并且会影响地图合并以及重用等后续操作[8-9]。同时考虑到隐私问题，在构建场景地图过程中，应防止行人、车辆等个人信息的泄露，需对其进行遮掩处理。综合以上因素，本节利用目标识别算法对原始影像中特定的动态物体进行识别并确定其在影像中的对应位置，根据动态目标位置生成图像掩膜覆盖原始影像。这样一方面滤除了动态特征点，另一方面保护了行人、车辆的隐私信息，掩膜结果如图 5.6 所示。复杂场景中动态物体种类多样，且视觉表现各异，传统的基于人工定义的图像特征难以很好地表征各类动态目标，而本节采用基于深度学习的目标识别方法，通过数据自学习得到的图像特征可以更好地总结各类目标的特征，以提高目标识别的精度。基于区域卷积神经网络（Region based Convolutional Neural Networks，RCNN）是深度学习的重要分支[10]，它可以将目标识别问题转换为分类和回归问题：基于深度卷积神经网络提取的特征，对潜在的目标进行分类并利用回归算法精确定位目标位置。传统的 RCNN 方法具体可分为以下四个步骤。

图 5.6　基于 Faster-RCNN 的动态目标识别与掩膜生成

(1) 候选区域生成：针对原始影像采用如选择性搜索（Selective Search）方法[11]，选择影像中可能是目标的区域。

（2）特征提取：对每个候选区域，利用深度卷积网络（Convolutional Neural Networks，CNN）提取影像特征。

（3）分类识别：利用分类器如 SVM 根据获取的影像特征进行分类。

（4）位置修正：对正确分类的区域利用回归器对候选区域的初始位置进行修正。

在传统 RCNN 中，CNN 网络的参数以及分类器和回归器的参数，是通过监督学习的方式，利用大量的预先标注的数据对网络进行训练得到。基于 RCNN 的目标识别方法在公开数据集 VOC2007 上取得了 58%的平均精度（mean Average Precision，mAP），而传统方法 DPM[12]（Deformable Parts Models）在相同数据集上的 mAP 仅为 43%。尽管 RCNN 方法取得了较好的效果，但其仍存在重复计算的问题，即候选区域相互重叠，重叠部分会被多次提取影像特征，进而影响计算效率。针对这个缺陷，Girshick[13]提出了 Fast-RCNN 方法将候选区域映射到 CNN 最后一层形成的特征图中，这样仅需进行一次特征提取，提高了识别的效率，同时也由于流程的整合与分类精度的提高，在 VOC2007 上取得了 68%的平均精度。上述模型中，候选区域生成的方法是基于人工设计的特征，如 Selective Search、EdgeBox[14]等，都需要大量运算且不易进行并行化计算，使得候选区域生成成为目标识别方法效率的瓶颈[15]。针对这个不足，Ren 等[16]在 Fast-RCNN 的基础上设计了 Faster-RCNN 模型，将候选区域生成也纳入整体网络结构，根据图像特征筛选候选区域，通过 GPU 加速，提高了整体目标识别算法的效率和准确率，达到了接近实时的效果，在 VOC2007 上取得了 73%的平均精度。

综合考虑算法的精度和计算效率，本节选用 Faster-RCNN 网络识别原始影像中的动态目标，并对目标所在区域进行掩膜，防止动态点影响地图构建的精度以及保护个人隐私。

2. Faster-RCNN 网络结构

Faster-RCNN 的网络结构如图 5.7 所示，输入原始影像后，由共享卷积特征层从原始影像中提取特定的影像特征，再由候选区域生成网络得到潜在的目标区域（目标兴趣区），最终回归分类器根据影像特征以及目标兴趣区对其进行分类，并基于回归算法修正兴趣区的位置，各网络结构的具体构造和功能如下。

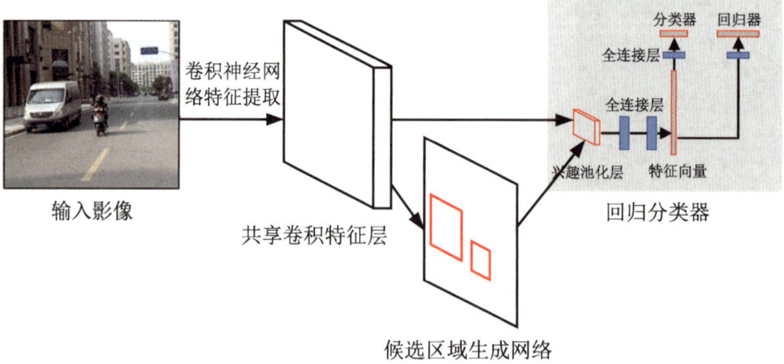

图 5.7　Faster-RCNN 网络结构

1）共享卷积特征层

为避免重复提取特征，Faster-RCNN 利用卷积神经网络对输入影像仅进行一次特征提取，形成共享卷积特征层。用于特征提取的 CNN 是一种具有一定的平移、缩放和倾斜不变性的前馈神经网络[17-18]，其主要用于处理影像等二维数据。CNN 基础架构的第一层为卷积层（Convolution Layer），即通过卷积核对输入数据进行卷积操作以提取特征。由于 CNN 的网络参数较多，并且输入数据的维度较高，采用卷积层可以对输入数据进行局部连接和权值共享，以降低模型的复杂度和减少网络参数的数量。通常为了提高特征提取的能力，会采用多个卷积核，每个卷积核用于提取不同的特征，并形成一组二维的特征映射。原始数据经过卷积层形成一个 $W\times H\times D$ 的三维特征映射，其中 W、H、D 分别为特征映射的长、宽、深，特征映射的深度就是卷积核的数量。

CNN 基础架构的第二层为池化层（Pooling Layer），它是仿照视觉系统进行降采样以获得更为抽象的特征表示。卷积层虽然减少了连接的数量，但并没有显著减少神经元的个数。如果直接在卷积层后面连接分类器，那么分类器的输入维数依然很高，容易出现过拟合现象。为了避免该现象发生，在卷积层后面连接池化层以降低特征维数。卷积神经网络的平移不变性和旋转不变性也主要由于池化层的使用。目前常见的池化方式包括最大值池化（Max Pooling）、平均值池化（Average Pooling）和随机池化（Random Pooling）三种。池化的计算过程和卷积类似，也是用一个窗口在输入图像上移动。最大值池化是取每个窗口中的最大值，平均值池化是取窗口中所有元素的平均值，随机池化则是从窗口中随机取值作为输出。

通过叠加多个卷积层和池化层可以提取影像中的高阶特征，CNN 中的第一个卷积层主要用于检测低阶特征，如边、角、曲线等。随着卷积层的增加，对应卷积核检测到的特征就更加复杂。例如，第二个卷积层的输入为上一层的输出，这一层主要用来检测低阶特征的组合情况如半圆、四边形等，如此反复，以检测到更加复杂的特征。最后一层卷积层可以根据训练的样本，在检测到特定类别时被激活。

2）候选区域生成网络

为形成候选区域，Faster-RCNN 在卷积网络形成的特征映射上滑动一个微型网络，即候选区域生成网络（Region Proposal Network，PRN），将共享特征卷积层的特征映射进一步映射为一个低维特征。为了实现对不同尺度和比例的目标的检测，对于滑动的每一个位置采用 3 种尺度（80×80，160×160，320×320）和 3 种不同比例（1∶1，1∶2，2∶1）组合的共 9 个锚点（Anchor），每个锚点可以反向推导出其在原始影像中的区域，即需要估计的候选区域。因此，通过滑动窗口和锚点的方式，可以得到多个不同尺度和不同比例的候选区域，其对应的特征映射通过滑动窗口形成低维特征，并作为两个全连接层（分类器和回归器）的输入。由分类器判断目标是物体还是背景，若为物体，则再由回归器估算该物体在影像中的坐标。为训练 RPN，为每个锚点分配一个二值类别标签（是目标或不是目标）。在以下两种情况下赋予锚点正标签：①具有与实际边界框的重叠交并比（Intersection-over-Union，IoU）超过 0.7 的锚点；②具有与实际边界框的 IoU 最大的锚点。

通常第一个条件足以确定正样本，但在一些特殊情况下，仅通过第一个条件无法得到正样本，因此采用第二个条件进行补充判断。对于所有的真实边界框，如果一个锚点的IoU小于0.3，则为该锚点分配一个负标签。其余未标注的锚点既非正面也非负面，不会有助于训练RPN，因此在训练RPN时将其排除在外。在设定标签的基础上，定义RPN的损失函数如下：

$$L(\{p_i\},\{t_i\})=\frac{1}{N_{\text{cls}}}\sum_i L_{\text{cls}}(p_i,p_i^*)+\lambda\frac{1}{N_{\text{reg}}}\sum_i p_i^* L_{\text{reg}}(t_i,t_i^*) \tag{5.7}$$

式中，p_i 为锚点 i 作为目标的预测概率，如果锚点为正样本，则真实标签 $p_i^*=1$，若为负样本，则 $p_i^*=0$。t_i 为预测边界框的四个参数，通常为中心坐标和边界框的长和宽。t_i^* 为正锚点的真实边框参数。分类的损失函数 L_{cls} 是两个类别（是目标和不是目标）的对数损失。对于回归损失，L_{reg} 采用文献[16]中定义的L1范数鲁棒损失函数。注意，只有正标签能够激活回归损失，否则若 $p_i^*=0$，则回归损失被禁用。两项损失用 N_{cls} 和 N_{reg} 进行标准化，并由一个权重参数 λ 对两项进行平衡。根据训练样本，采用反向传播[19]（Back Propagation）和随机梯度下降（Sophisticated Gradient Descent，SGD）的方法优化网络参数，减小损失函数值。

3）分类回归器

根据共享卷积特征层中的特征映射和RPN生成的候选区域，Faster-RCNN将候选区域反向映射至共享卷积特征层中，得到该候选区域对应的特征映射，并利用兴趣区域池化（RoI Pooling）生成较小的固定大小为 $H\times W$ 的特征映射，其中 H、W 为预设的参数，与兴趣区域的大小无关，这也是Faster-RCNN能够实现端到端训练的基础。固定大小的特征映射由两个全连接层映射为一个特征向量，其将被用于分类识别和候选区域边界框修正。用于分类识别的向量通过全连接层进一步映射为一个 $\boldsymbol{p}=[p_0,\cdots,p_k]$ 的向量，表示当前目标属于 $k+1$ 类别的概率，其中 k 为预先设定的目标类别的数量，另外一类则不属于任何目标，即属于背景。分类识别的损失函数由交叉熵函数（Cross Entropy）计算。用于候选区域边界框修正的向量通过另一个全连接层映射为 $\boldsymbol{t}^k=[t_x^k,t_y^k,t_w^k,t_h^k]$，其中 k 为所属类别的索引，向量 $\boldsymbol{t}^k$ 代表边界框在影像上的位置与长宽。与RPN相似，每一个候选区域对应一个已经标注类别的目标 $\boldsymbol{p}^*$ 和一个边界框的真实值 $\boldsymbol{t}^*$，定义联合损失函数为

$$L(p,t)=L_{\text{cls}}(p,p^*)+\lambda L_{\text{reg}}(t^k,t^{k^*}),\ k>0 \tag{5.8}$$

式中，$L_{\text{cls}}(p,p^*)$ 为分类识别的损失函数，其计算如下：

$$L_{\text{cls}}(p,p^*)=-\sum_i p_i^*\lg(p_i) \tag{5.9}$$

式中，$L_{\text{reg}}(t^k,t^{k^*})$ 为边界框回归的损失函数，其计算如下：

$$
\begin{cases}
L_{\mathrm{reg}}(t^{k},\ t^{k^{*}}) = \sum_{i} smooth_{\mathrm{L1}}(t_i - t_i^{*}) \\
smooth_{\mathrm{L1}}(x) = \begin{cases} 0.5x^{2}, & |x| < 1 \\ |x| - 0.5, & \text{其他} \end{cases}
\end{cases}
\tag{5.10}
$$

由于分类识别的损失函数和边界框回归的损失函数的尺度不同，因此，在二者之间以一个权重参数 λ 进行平衡。

3. 动态目标识别网络训练

综合考虑大多数场景中可能存在的动态目标，本节将需要识别的动态目标定为汽车、摩托车、自行车和行人四类。尽管这四类目标在公开数据集 VOC2007 中已经进行了标注，但为获得更多的训练数据，本节对数据采集平台采集的数据也进行了相关的标注，在训练网络过程中综合利用自标注的数据集和 VOC2007 数据集。在现实场景中，待识别的目标与训练数据可能存在不同的观测视角，如不同的观测尺度、光照条件、物体形变、物体遮挡等形成的不同视觉表现。为提高目标识别的准确率以及网络的泛化能力，在网络训练时使用数据增广方法[20]（Data Augmentation）扩充原始数据，对原始训练数据进行图像亮度、饱和度、对比度变化，随机旋转变换，上下左右翻转，增加高斯噪声、模糊处理等操作，并将经过数据增广的数据并入训练数据，进一步扩大训练样本的数量以及数据的多元性，增广后的数据如图 5.8 所示。

(a) 原始影像　(b) 变换影像亮度　(c) 变换影像饱和度

(d) 变换影像对比度　(e) 随机旋转影像角度　(f) 增加随机高斯噪声

图 5.8　采用数据增广方法扩充原始数据

为了能够更综合地提取影像特征，利用在 ImageNet[21] 上经过预训练的卷积神经网络模型，保留其卷积层的参数，作为特征提取网络的初始值。采用预训练的初始值而非从零开始训练网络，是根据迁移学习[22]的原理：影像分类与目标识别存在一定的相关性，使用影像分类预训练得到的模型参数能够将学到的模式分享给目标识别任务，从而加快并优化模型的学习效率。

基于预训练的网络参数，利用反向传播和随机梯度下降的方法对 Faster-RCNN 进行端到端的训练。由于 Faster-RCNN 中包含了两个子网络（RPN 和 Fast-RCNN），采用交替训练的方式，首先训练 RPN，并使用生成的候选区域来训练 Fast-RCNN，将由 Fast-RCNN 微调的网络用于初始化 RPN 继续训练，并重复这个过程。

5.1.3 具有多目相机约束的稀疏光束法平差优化

1. 稀疏光束法平差

为了提高地图构建的精度以及使误差分布均匀，本节引入光束法平差对初始重建结果进行非线性优化。光束法平差[23]是对实际观测和估算的影像特征点之间的重投影误差进行最小化，待优化的目标方程由一系列非线性最小二乘方程组成，因此，经过参数化的光束法平差问题也是一个典型的非线性优化问题。常用的优化方法包括梯度下降法、高斯-牛顿法和 LM 法。梯度下降法考虑函数在某点的负梯度方向是函数减小最快的方向，在利用梯度下降法优化时，求解每个阶段的函数负梯度并沿着负梯度方向移动一定步长，可以快速达到极小值。高斯-牛顿法是用泰勒级数展开来近似地代替非线性回归模型，通过多次迭代修正回归系数，使回归系数不断逼近非线性回归模型的最佳回归系数，最后使原模型的残差平方和最小。LM 法在高斯-牛顿法的基础上增加了阻尼项，能在优化过程中自适应调整，使 LM 法介于高斯-牛顿法和梯度下降法之间，并能结合二者的优点对它们的不足有所改善，能够有效处理过参数化问题，并降低目标函数陷入局部极值的概率。

通常为了保证平差结果的可靠性和精度，将大量的影像和三维点参与平差，因此需要迭代解算大量的未知数。常规的求解方法的计算复杂度为 $O(N^3)$，其中 N 为参数个数，当参数个数较多时，算法效率极低。考虑到序列观测影像光束法平差的法方程为稀疏矩阵结构，若合理利用其矩阵的稀疏性进行方程组求解，则可大大提高光束法平差效率[24]。

传统的光束法平差研究多是基于单目相机模型，通过优化目标方程的设定调整相机的位姿。而本节的主要研究对象为多目相机模型，若直接应用现有的光束法平差算法单独调整多目相机中各个子相机的位姿，将破坏多目相机原有结构。因此，在已知相机检校参数的情况下，本节在光束法平差中增加子相机互约束条件，将多目相机作为一个整体同步调整各个相机的位姿，在提高精度的同时也保留了多目相机的结构。

综上所述，本节在已有研究的基础上针对多目相机获取的序列影像数据，提出带多目相机约束的稀疏光束法平差方法。此方法在稀疏光束法平差的基础上引入多目相机几何约束，并利用 LM 算法进行优化。

光束法平差的目标是最小化实际观测与估算的影像特征点之间的重投影误差，假设将 p 个场景三维点投影到 n 张影像上，光束法平差的目标方程可以用下式表示：

$$\min_{\boldsymbol{a}_p,\ \boldsymbol{b}_n} \sum_{n,\ p} \left(\| \pi(\boldsymbol{a}_p,\ \boldsymbol{b}_n) - \boldsymbol{x}_{np} \|^2 \right) \tag{5.11}$$

式中，$\boldsymbol{a}_p$ 为空间三维点的坐标；$\boldsymbol{b}_n$ 为影像 n 的投影矩阵；$\pi(\cdot)$ 是将三维点投影至影像的投影函数；$\boldsymbol{x}_{np}$ 为三维点对应像平面内的特征点。

将式(5.11)中的参数 $\boldsymbol{a}_p$、$\boldsymbol{b}_n$ 整合到一个参数 $\boldsymbol{P}$ 中，将 $\boldsymbol{x}_{np}$ 整合到一个观测向量 $\boldsymbol{X}$ 中可得：

$$\begin{cases}\boldsymbol{P}=[\boldsymbol{a}_1^{\mathrm{T}},\ \boldsymbol{b}_1^{\mathrm{T}},\ \cdots,\ \boldsymbol{a}_k^{\mathrm{T}},\ \boldsymbol{b}_k^{\mathrm{T}},\ \cdots,\ \boldsymbol{a}_p^{\mathrm{T}},\ \boldsymbol{b}_n^{\mathrm{T}},\ ]^{\mathrm{T}} \\ \boldsymbol{X}=[\boldsymbol{x}_{11}^{\mathrm{T}},\ \cdots,\ \boldsymbol{x}_{1n}^{\mathrm{T}},\ \cdots,\ \boldsymbol{x}_{21}^{\mathrm{T}},\ \cdots,\ \boldsymbol{x}_{2n}^{\mathrm{T}},\ \cdots,\ \boldsymbol{x}_{p1}^{\mathrm{T}},\ \cdots,\ \boldsymbol{x}_{pn}^{\mathrm{T}}]^{\mathrm{T}}\end{cases} \tag{5.12}$$

根据初始化参数 $\boldsymbol{P}_0$，可以估算一个观测向量 $\hat{\boldsymbol{X}}$：

$$\hat{\boldsymbol{X}}=f(\boldsymbol{P}) \tag{5.13}$$

根据最小二乘原理，光束法平差可以转化为求最小马氏距离(Mahalanobis Distance) $\boldsymbol{\varepsilon}^{\mathrm{T}}\boldsymbol{\Sigma}_X^{-1}\boldsymbol{\varepsilon}$，其中，$\boldsymbol{\varepsilon}=\boldsymbol{X}-\hat{\boldsymbol{X}}$，$\boldsymbol{\Sigma}_X$ 为协方差矩阵。由于没有其他先验条件，可以将协方差矩阵作为单位矩阵，根据 LM 法求解，其中法方程可用式(5.14)表示：

$$(\boldsymbol{J}^{\mathrm{T}}\boldsymbol{\Sigma}_X^{-1}\boldsymbol{J}+\mu\boldsymbol{I})\delta=\boldsymbol{J}^{\mathrm{T}}(\boldsymbol{\Sigma}_X^{-1}\boldsymbol{\varepsilon}) \tag{5.14}$$

式中，$\boldsymbol{J}$ 为雅可比矩阵；δ 为最佳参数 $\boldsymbol{P}$ 的搜索步长；μ 为 LM 法中设定的阻尼系数。

鉴于不同的相机之间以及不同的三维点之间的不相关性，法方程中存在一个稀疏结构。为了具体描述该稀疏结构，假设现有 4 个三维点在 3 张影像中可被观测到，观测向量可以表示为 $\boldsymbol{X}=[\boldsymbol{x}_{11}^{\mathrm{T}},\ \boldsymbol{x}_{12}^{\mathrm{T}},\ \boldsymbol{x}_{13}^{\mathrm{T}},\ \boldsymbol{x}_{21}^{\mathrm{T}},\ \boldsymbol{x}_{22}^{\mathrm{T}},\ \boldsymbol{x}_{23}^{\mathrm{T}},\ \boldsymbol{x}_{31}^{\mathrm{T}},\ \boldsymbol{x}_{32}^{\mathrm{T}},\ \boldsymbol{x}_{33}^{\mathrm{T}},\ \boldsymbol{x}_{41}^{\mathrm{T}},\ \boldsymbol{x}_{42}^{\mathrm{T}},\ \boldsymbol{x}_{43}^{\mathrm{T}}]^{\mathrm{T}}$，参数向量可以表示为 $\boldsymbol{P}=[\boldsymbol{a}_1^{\mathrm{T}},\ \boldsymbol{a}_2^{\mathrm{T}},\ \boldsymbol{a}_3^{\mathrm{T}},\ \boldsymbol{b}_1^{\mathrm{T}},\ \boldsymbol{b}_2^{\mathrm{T}},\ \boldsymbol{b}_3^{\mathrm{T}},\ \boldsymbol{b}_4^{\mathrm{T}}]^{\mathrm{T}}$。值得注意的是：

$$\begin{cases}\dfrac{\partial\hat{x}_{ij}}{\partial a_k}=0, & \forall j\neq k, \\ \dfrac{\partial\hat{x}_{ij}}{\partial b_k}=0, & \forall i\neq k\end{cases} \tag{5.15}$$

用 A_{ij} 和 B_{ij} 分别指代$\dfrac{\partial\hat{x}_{ij}}{\partial a_k}$和$\dfrac{\partial\hat{x}_{ij}}{\partial b_k}$，那么雅可比矩阵 $\boldsymbol{J}$ 可以表示为

$$\frac{\partial\boldsymbol{X}}{\partial\boldsymbol{P}}=\begin{bmatrix}A_{11} & 0 & 0 & B_{11} & 0 & 0 & 0 \\ 0 & A_{12} & 0 & B_{12} & 0 & 0 & 0 \\ 0 & 0 & A_{13} & B_{13} & 0 & 0 & 0 \\ A_{21} & 0 & 0 & 0 & B_{21} & 0 & 0 \\ 0 & A_{22} & 0 & 0 & B_{22} & 0 & 0 \\ 0 & 0 & A_{23} & 0 & B_{23} & 0 & 0 \\ A_{31} & 0 & 0 & 0 & 0 & B_{31} & 0 \\ 0 & A_{32} & 0 & 0 & 0 & B_{32} & 0 \\ 0 & 0 & A_{33} & 0 & 0 & B_{33} & 0 \\ A_{41} & 0 & 0 & 0 & 0 & 0 & B_{41} \\ 0 & A_{42} & 0 & 0 & 0 & 0 & B_{42} \\ 0 & 0 & A_{43} & 0 & 0 & 0 & B_{43}\end{bmatrix} \tag{5.16}$$

从雅可比矩阵结构中可以清楚地看出其中的稀疏性，并且矩阵 $\boldsymbol{J}$ 的稀疏性导致了法方程的稀疏性。

设观测向量的协方差矩阵为

$$\boldsymbol{\Sigma}_X=\mathrm{diag}(\boldsymbol{\Sigma}_{X_{11}},\boldsymbol{\Sigma}_{X_{12}},\boldsymbol{\Sigma}_{X_{13}},\boldsymbol{\Sigma}_{X_{21}},\boldsymbol{\Sigma}_{X_{22}},\boldsymbol{\Sigma}_{X_{23}},\boldsymbol{\Sigma}_{X_{31}},\boldsymbol{\Sigma}_{X_{32}},\boldsymbol{\Sigma}_{X_{33}},\boldsymbol{\Sigma}_{X_{41}},\boldsymbol{\Sigma}_{X_{42}},\boldsymbol{\Sigma}_{X_{43}}) \tag{5.17}$$

综合以上公式，令：

$$\boldsymbol{U}_j=\sum_{i=1}^{4}\boldsymbol{A}_{ij}^{\mathrm{T}}\boldsymbol{\Sigma}_{X_{ij}}^{-1}\boldsymbol{A}_{ij},\quad \boldsymbol{V}_i=\sum_{j=1}^{3}\boldsymbol{B}_{ij}^{\mathrm{T}}\boldsymbol{\Sigma}_{X_{ij}}^{-1}\boldsymbol{B}_{ij},\quad \boldsymbol{W}_{ij}=\boldsymbol{A}_{ij}^{\mathrm{T}}\boldsymbol{\Sigma}_{X_{ij}}^{-1}\boldsymbol{B}_{ij} \tag{5.18}$$

那么法方程式(5.14)左侧的 $\boldsymbol{J}^{\mathrm{T}}\boldsymbol{\Sigma}_X^{-1}\boldsymbol{J}$ 可以展开如下：

$$\begin{bmatrix}\boldsymbol{U}_1 & 0 & 0 & \boldsymbol{W}_{11} & \boldsymbol{W}_{21} & \boldsymbol{W}_{31} & \boldsymbol{W}_{41}\\ 0 & \boldsymbol{U}_2 & 0 & \boldsymbol{W}_{12} & \boldsymbol{W}_{22} & \boldsymbol{W}_{32} & \boldsymbol{W}_{42}\\ 0 & 0 & \boldsymbol{U}_3 & \boldsymbol{W}_{13} & \boldsymbol{W}_{23} & \boldsymbol{W}_{33} & \boldsymbol{W}_{43}\\ \boldsymbol{W}_{11}^{\mathrm{T}} & \boldsymbol{W}_{12}^{\mathrm{T}} & \boldsymbol{W}_{13}^{\mathrm{T}} & \boldsymbol{V}_1 & 0 & 0 & 0\\ \boldsymbol{W}_{21}^{\mathrm{T}} & \boldsymbol{W}_{22}^{\mathrm{T}} & \boldsymbol{W}_{23}^{\mathrm{T}} & 0 & \boldsymbol{V}_2 & 0 & 0\\ \boldsymbol{W}_{31}^{\mathrm{T}} & \boldsymbol{W}_{32}^{\mathrm{T}} & \boldsymbol{W}_{33}^{\mathrm{T}} & 0 & 0 & \boldsymbol{V}_3 & 0\\ \boldsymbol{W}_{41}^{\mathrm{T}} & \boldsymbol{W}_{42}^{\mathrm{T}} & \boldsymbol{W}_{43}^{\mathrm{T}} & 0 & 0 & 0 & \boldsymbol{V}_4\end{bmatrix} \tag{5.19}$$

用分块矩阵的形式表示式(5.19)，左上 3×3 用矩阵 $\boldsymbol{U}$ 表示，右下 4×4 用矩阵 $\boldsymbol{V}$ 表示，剩下部分右上用 $\boldsymbol{W}$ 表示，左下用 $\boldsymbol{W}^{\mathrm{T}}$ 表示，那么式(5.19)可以表达为

$$\begin{bmatrix}\boldsymbol{U} & \boldsymbol{W}\\ \boldsymbol{W}^{\mathrm{T}} & \boldsymbol{V}\end{bmatrix} \tag{5.20}$$

同理，法方程式(5.14)右侧可以展开如下：

$$\Bigg[\sum_{i=1}^{4}[\boldsymbol{A}_{i1}^{\mathrm{T}}\boldsymbol{\Sigma}_{x_{i1}}^{-1}\boldsymbol{\varepsilon}_{i1}]^{\mathrm{T}},\sum_{i=1}^{4}[\boldsymbol{A}_{i2}^{\mathrm{T}}\boldsymbol{\Sigma}_{x_{i2}}^{-1}\boldsymbol{\varepsilon}_{i2}]^{\mathrm{T}},\sum_{i=1}^{4}[\boldsymbol{A}_{i3}^{\mathrm{T}}\boldsymbol{\Sigma}_{x_{i3}}^{-1}\boldsymbol{\varepsilon}_{i3}]^{\mathrm{T}},\sum_{j=1}^{3}[\boldsymbol{B}_{1j}^{\mathrm{T}}\boldsymbol{\Sigma}_{x_{1j}}^{-1}\boldsymbol{\varepsilon}_{1j}]^{\mathrm{T}},$$
$$\sum_{j=1}^{3}[\boldsymbol{B}_{2j}^{\mathrm{T}}\boldsymbol{\Sigma}_{x_{2j}}^{-1}\boldsymbol{\varepsilon}_{2j}]^{\mathrm{T}},\sum_{j=1}^{3}[\boldsymbol{B}_{3j}^{\mathrm{T}}\boldsymbol{\Sigma}_{x_{3j}}^{-1}\boldsymbol{\varepsilon}_{3j}]^{\mathrm{T}},\sum_{j=1}^{3}[\boldsymbol{B}_{4j}^{\mathrm{T}}\boldsymbol{\Sigma}_{x_{4j}}^{-1}\boldsymbol{\varepsilon}_{4j}]^{\mathrm{T}}\Bigg]^{\mathrm{T}} \tag{5.21}$$

令 $\boldsymbol{\varepsilon}_{aj}=\sum_{i=1}^{4}(\boldsymbol{A}_{ij}^{\mathrm{T}}\boldsymbol{\Sigma}_{x_{ij}}^{-1}\boldsymbol{\varepsilon}_{ij})^{\mathrm{T}}$，$j=1, 2, 3$；$\boldsymbol{\varepsilon}_{bi}=\sum_{j=1}^{3}(\boldsymbol{B}_{ij}^{\mathrm{T}}\boldsymbol{\Sigma}_{x_{ij}}^{-1}\boldsymbol{\varepsilon}_{ij})^{\mathrm{T}}$，$i=1, 2, 3, 4$，其中 $\boldsymbol{\varepsilon}_{ij}=\boldsymbol{x}_{ij}-\hat{\boldsymbol{x}}_{ij}$，式(5.21)可以简化为

$$[\boldsymbol{\varepsilon}_{a1},\boldsymbol{\varepsilon}_{a2},\boldsymbol{\varepsilon}_{a3},\boldsymbol{\varepsilon}_{b1},\boldsymbol{\varepsilon}_{b2},\boldsymbol{\varepsilon}_{b3},\boldsymbol{\varepsilon}_{b4}]^{\mathrm{T}} \tag{5.22}$$

将式(5.22)进一步合并可得 $[\boldsymbol{\varepsilon}_a,\boldsymbol{\varepsilon}_b]^{\mathrm{T}}$，那么法方程式(5.14)可以简化表示为

$$\begin{bmatrix}\boldsymbol{U} & \boldsymbol{W}\\ \boldsymbol{W}^{\mathrm{T}} & \boldsymbol{V}\end{bmatrix}\begin{bmatrix}\boldsymbol{\delta}_{\mathrm{a}}\\ \boldsymbol{\delta}_{\mathrm{b}}\end{bmatrix}=\begin{bmatrix}\boldsymbol{\varepsilon}_{\mathrm{a}}\\ \boldsymbol{\varepsilon}_{\mathrm{b}}\end{bmatrix} \tag{5.23}$$

将 $\boldsymbol{J}^{\mathrm{T}}\boldsymbol{\Sigma}_X^{-1}\boldsymbol{J}+\mu\boldsymbol{I}$ 表示为

$$\begin{bmatrix}\boldsymbol{U}^* & \boldsymbol{W}\\ \boldsymbol{W}^{\mathrm{T}} & \boldsymbol{V}^*\end{bmatrix} \tag{5.24}$$

式中，$\boldsymbol{U}^*$、$\boldsymbol{V}^*$ 为元素参数在更新增量 $\mu\boldsymbol{I}$ 之后的数值，那么式(5.23)可以表示为

$$\begin{bmatrix}\boldsymbol{U}^* & \boldsymbol{W}\\ \boldsymbol{W}^{\mathrm{T}} & \boldsymbol{V}^*\end{bmatrix}\begin{bmatrix}\boldsymbol{\delta}_{\mathrm{a}}\\ \boldsymbol{\delta}_{\mathrm{b}}\end{bmatrix}=\begin{bmatrix}\boldsymbol{\varepsilon}_{\mathrm{a}}\\ \boldsymbol{\varepsilon}_{\mathrm{b}}\end{bmatrix} \tag{5.25}$$

对式(5.25)左乘矩阵 $\boldsymbol{M}$：

$$\boldsymbol{M}=\begin{bmatrix}\boldsymbol{I} & -\boldsymbol{W}\boldsymbol{V}^{*-1}\\ \boldsymbol{0} & \boldsymbol{I}\end{bmatrix} \tag{5.26}$$

可以得到：

$$\begin{bmatrix}\boldsymbol{U}^*-\boldsymbol{W}\boldsymbol{V}^{*-1}\boldsymbol{W}^{\mathrm{T}} & \boldsymbol{0}\\ \boldsymbol{W}^{\mathrm{T}} & \boldsymbol{V}^*\end{bmatrix}\begin{bmatrix}\boldsymbol{\delta}_{\mathrm{a}}\\ \boldsymbol{\delta}_{\mathrm{b}}\end{bmatrix}=\begin{bmatrix}\boldsymbol{\varepsilon}_{\mathrm{a}}-\boldsymbol{W}\boldsymbol{V}^{*-1}\boldsymbol{\varepsilon}_{\mathrm{b}}\\ \boldsymbol{\varepsilon}_{\mathrm{b}}\end{bmatrix} \tag{5.27}$$

由于左乘得到的矩阵的右上角为 $\boldsymbol{0}$，表示相机之间的相关性在式(5.27)中已被消除，因此，$\boldsymbol{\delta}_{\mathrm{a}}$ 可以由式(5.27)的上半部分求解，关系式可写为

$$(\boldsymbol{U}^*-\boldsymbol{W}\boldsymbol{V}^{*-1}\boldsymbol{W}^{\mathrm{T}})\boldsymbol{\delta}_{\mathrm{a}}=\boldsymbol{\varepsilon}_{\mathrm{a}}-\boldsymbol{W}\boldsymbol{V}^{*-1}\boldsymbol{\varepsilon}_{\mathrm{b}} \tag{5.28}$$

矩阵 $\boldsymbol{S}\equiv\boldsymbol{U}^*-\boldsymbol{W}\boldsymbol{V}^{*-1}\boldsymbol{W}^{\mathrm{T}}$ 是矩阵 $\boldsymbol{V}^*$ 的舒尔补(Schur Complement)，由于对称正定矩阵 $\boldsymbol{S}$ 的舒尔补本身也是对称正定的，故式(5.28) 可由矩阵 $\boldsymbol{S}$ 的 Cholesky 分解快速求解。求解得到 $\boldsymbol{\delta}_{\mathrm{a}}$ 后，可将其代入式(5.27) 中，求解 $\boldsymbol{\delta}_{\mathrm{b}}$：

$$\boldsymbol{V}^*\boldsymbol{\delta}_{\mathrm{b}}=\boldsymbol{\varepsilon}_{\mathrm{b}}-\boldsymbol{W}^{\mathrm{T}}\boldsymbol{\delta}_{\mathrm{a}} \tag{5.29}$$

先求解 $\boldsymbol{\delta}_{\mathrm{a}}$ 后求解 $\boldsymbol{\delta}_{\mathrm{b}}$ 是考虑到在实际问题中，相机的数量远小于场景三维点的数量，因此，先求解相机参数可以节省大量的运算。

通过上述公式推导可以发现，光束法平差的法方程存在明显的稀疏结构，在矩阵元素中存在有规律性的零项，在利用 LM 法迭代解算过程中利用舒尔补的性质可以快速求解更新变量，实现快速迭代求解。同时，选择合适的存储结构来保存零项，可以充分减少内存开支。因此，采用稀疏光束法平差对地图构建环节进行优化，是目前 SLAM 算法实现中的重要环节。基于影像构建室内场景点云地图，并按照上述方法对地图优化后，最终生成的室内场景点云地图如图 5.9 所示。

2. 多目相机约束条件

本节在多目相机内、外方位元素已知的情况下，以多目相机整体坐标的位姿为光束法平差的法方程变量，针对各子相机模型，利用检校参数构建不同的投影函数，既保证了光束法平差的法方程的稀疏性，又考虑了各子相机之间的约束，同时也减少了待优化参数的数量，提高了优化效率。

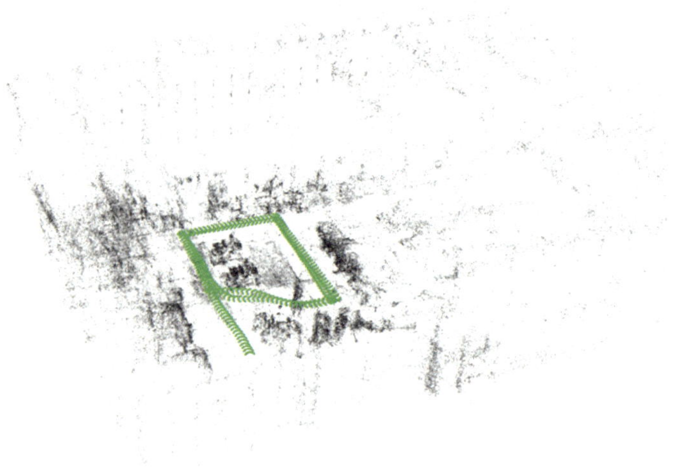

图 5.9 基于影像的室内场景点云地图构建结果

假设在世界坐标系中的三维点 $\boldsymbol{a}_p^{\mathrm{W}} \in \mathbb{R}^3$，被投影至多目相机系统的第 i 个子相机，并且已知第 i 个子相机对应多目相机整体坐标系的转换参数经过相机检校为 $[\boldsymbol{R}_i^{\mathrm{c}} \mid \boldsymbol{t}_i^{\mathrm{c}}]$，而多目相机整体坐标系相对于世界坐标系的转换参数为 $[\boldsymbol{R}_n^{\mathrm{W}} \mid \boldsymbol{t}_n^{\mathrm{W}}]$，该转换参数只有初始值需经过光束法平差优化，那么经典光束法平差的目标方程[式(5.11)]在考虑多目相机约束的条件下可表示为

$$\min_{\boldsymbol{a}_p^{\mathrm{W}},\boldsymbol{R}_n^{\mathrm{W}},\boldsymbol{t}_n^{\mathrm{W}}} \sum_{n,p,i} (\| \pi(\boldsymbol{R}_i^{\mathrm{c}}\boldsymbol{R}_n^{\mathrm{W}}\boldsymbol{a}_p^{\mathrm{W}} + \boldsymbol{R}_i^{\mathrm{c}}\boldsymbol{t}_n^{\mathrm{W}} + \boldsymbol{t}_i^{\mathrm{c}}) - \boldsymbol{x}_{inp} \|^2) \tag{5.30}$$

式中，$\boldsymbol{x}_{inp}$ 为世界坐标系中第 p 个三维点在第 n 个多目相机系统的第 i 个子相机上的投影。

在新的目标方程中，由于各个多目相机模型之间不存在相机之间的关联，因此光束法平差的法方程仍具有稀疏结构，可以应用稀疏光束法平差进行求解。同时引入已知的子相机外方位元素，考虑到子相机模型之间的约束，优化完成后各子相机仍能保持原有的相对位姿关系。新的目标方程仅优化多目相机模型的整体位姿，相较于对每个相机进行优化，减少了待优化参数的数量，提高了算法的效率。

5.2 基于激光的室内地图构建

除了根据影像构建三维场景点云地图外，还可以通过移动三维激光扫描系统建立三维场景点云地图。本节将介绍利用移动三维激光扫描系统并基于图优化的室内地图构建方法。该方法通过特定的方法进行数据匹配，构成位姿网络，成为一个“图”的原型，其中图的各个节点就是室内无人平台在不同采样时刻的位姿，而图的每条边对应两个节点之间的误差约束关系。图构建完成后，需要利用一定的优化技术，使得图中每个节点能尽量满足与边约束最匹配的空间位姿状态，并通过位姿状态的组合以及环境感知数据，构建出全局一致性较优的室内三维场景地图[25]。此外，本节还阐述了一种基于关键帧稠密关联的三维点云地图构建优化方法，该方法主要解决了目前利用移动三维激光扫描系统建立场景三维点云地图存在的问题：①在选择关键帧时主要依赖累计移动距离，从而导致当走过一小段距离、场景却发生较大变化时（如从走廊进入房间），前后关键帧重叠区域较小，难以准确计算帧间的位姿变化；②在优化位姿图时只对关键帧进行优化，导致生成的点云地图十分稀疏（只包含关键帧点云）。

5.2.1　基于图优化的室内地图构建方法

基于图优化的地图构建方法整体可以分为两个部分。第一部分是首先根据激光扫描得到的点云数据提取无人平台运动的位姿变化的约束，然后根据这些约束使得无人平台运动的轨迹全局误差最小化，这个过程是通过配准的方式来完成的。其次，可以将这些位姿以及约束表示为图的形式，这一阶段通常被称为 SLAM 系统前端。第二部分是进行闭环检测，通过检测得到的结果进一步对图进行约束，然后基于此对图进行全局轨迹的优化，这一阶段也被称为 SLAM 系统后台，最后建成室内三维点云的场景地图。

综上可知，对图进行全局优化之前需要完成图的构建和数据之间相互关联的初始化。4.4.2 节已经提到了 3D LiDAR 的位姿估计方法，可以通过该方法得到无人平台的位姿和激光数据，基于此进行图的构建和数据关联的初始化，为后续的全局轨迹优化以得到更高精度的地图做准备。图的具体构建步骤如下：

首先，假设有 n 组扫描数据，初始化图的顶点集 $\boldsymbol{P}=\{\boldsymbol{P}_1,\ \boldsymbol{P}_2,\ \cdots,\ \boldsymbol{P}_n\}$，每个顶点对应某个时刻的无人平台位姿和激光数据，例如，$\boldsymbol{P}_n$ 对应的是第 n 个时刻无人平台的位姿 $\boldsymbol{P}_{\text{pos\_}n}$ 以及该时刻的三维激光扫描数据在无人平台坐标系下的描述 $\boldsymbol{X}_n$。其次，构建一个无向图 $T=\{P,\ E\}$，其中 E 为边集，$E=\{E_{1,2},\ E_{2,3},\ \cdots,\ E_{n-1,n}\}$，依次代表通过激光里程计得到的前后帧关联匹配的相邻顶点对，如$E_{1,2}$ 表示图 T 中的点 $\boldsymbol{P}_1$、$\boldsymbol{P}_2$ 相互关联。

除了对图 T 中的顶点相互关联，还需要对边集进行数据关联，这便是第二个步骤。边集的数据关联在这里采用一种简洁的描述方式[25]。位姿之间的相对变换关系通过加号“+”和减号“−”来表示，图 T 中的每条边 $E_{i,j}$ 的约束可以对应表示为

$$\Delta\boldsymbol{P}_{\text{pos\_}i,j}=\boldsymbol{P}_{\text{pos\_}j}-\boldsymbol{P}_{\text{pos\_}i} \tag{5.31}$$

由于传感器本身存在误差，故还要考虑其他不确定因素带来的误差。观测得到的约束关系因存在一定的偏差而不能完全反映出真实的约束。真实的约束关系可以按照下式建立：

$$\Delta\boldsymbol{P}_{\text{pos\_}i,j\text{\_true}}=\Delta\boldsymbol{P}_{\text{pos\_}i,j}+\Delta\boldsymbol{P}_{\text{pos\_}i,j\text{\_error}} \tag{5.32}$$

式中，$\Delta\boldsymbol{P}_{\text{pos\_}i,j\text{\_error}}$ 为通过观测得到的约束关系 $\Delta\boldsymbol{P}_{\text{pos\_}i,j}$ 与真实的约束关系 $\Delta\boldsymbol{P}_{\text{pos\_}i,j\text{\_true}}$ 之间的误差，可以将观测的约束误差 $\Delta\boldsymbol{P}_{\text{pos\_}i,j\text{\_error}}$ 表示成单位四元数的形式[25]：

$$\Delta \boldsymbol{P}'_{\mathrm{pos}\_i,\, j\_\mathrm{error}} = \begin{bmatrix} X_{\mathrm{pos}\_i,\, j\_\mathrm{error}} \\ Y_{\mathrm{pos}\_i,\, j\_\mathrm{error}} \\ Z_{\mathrm{pos}\_i,\, j\_\mathrm{error}} \\ Q_{\mathrm{pos}\_i,\, j\_\mathrm{error}} \end{bmatrix} \tag{5.33}$$

式中，$Q_{\mathrm{pos}\_i,\, j\_\mathrm{error}}$ 为单位四元数描述中的旋转误差。

通过将误差 $\Delta \boldsymbol{P}'_{\mathrm{pos}\_i,\, j\_\mathrm{error}}$ 最小化可实现对图 T 的全局优化。全局优化之后的图 T 便可以用于构建室内三维场景地图。

5.2.2 基于关键帧稠密关联的三维点云地图构建优化方法

在使用移动三维激光扫描系统构建室内三维点云地图时，有时候会遇到无人平台从走廊进入房间的情况，这类情况的特点是位移很小但场景变化很大，这会造成帧间的位姿变化难以准确计算的后果。普通的基于图优化的方法，在对位姿图进行优化时，只对关键帧进行优化，导致生成的点云只包含关键帧的点云，地图点云特别稀疏。针对以上问题，可以采用一种基于关键帧稠密关联的三维点云地图构建优化方法。该方法具有以下优点：

(1) 利用体素增量判断关键帧，在场景突变时能够准确地生成关键帧。

(2) 在关键帧与非关键帧之间建立稠密连接(每个非关键帧与最近的两个关键帧建立连接)并形成点云块，利用点云块之间的配准结果判断是否存在闭环，将关键帧与非关键帧之间的位姿估算结果作为关键帧与非关键帧位姿节点的连接边，将块间的配准结果作为关键帧位姿节点的连接边，使得位姿图更加稳定。

(3) 在位姿图优化时，基于稠密连接对所有帧进行优化，能够利用所有帧进行三维重建，得到更加稠密的点云地图。

基于关键帧稠密关联的三维点云地图构建优化流程如图 5.10 所示。

(1) 初始位姿计算：如图 5.11(a)所示，假设有 n 帧点云 $P=\{p_i,\ i=0,\ 1,\ \cdots,\ n\}$，首先读入第 0 帧点云 p_0，作为初始点云地图 M_0，然后依次读入每帧点云 p_i，p_i 与点云地图 M_{i-1} 进行基于点面距离的迭代最近点配准，匹配后将 p_i 加入 M_{i-1} 形成 M_i，每次有新的点云加入点云地图后，对 M_i 进行体素下采样，降低计算复杂度。最终得到每帧点云的初始位姿 $\boldsymbol{T}_i$，其中 $\boldsymbol{T}_0$ 为四阶单位矩阵，并得到初始的点云地图 M^{init}。基于此建立位姿图 PG，位姿图的节点为每帧点云的初始位姿 $\boldsymbol{T}_i$，图的节点间的边待定。

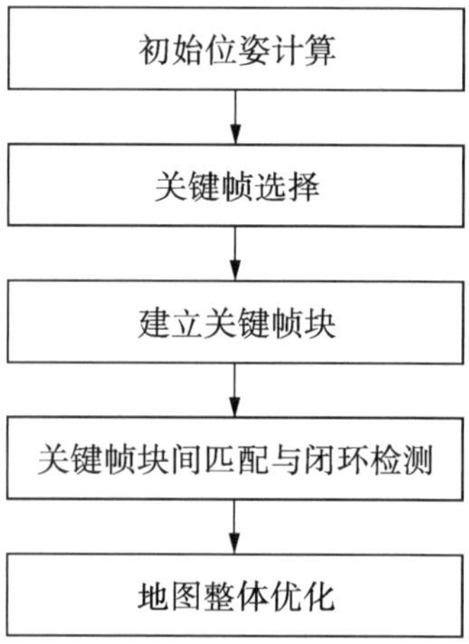

图 5.10 基于关键帧稠密关联的三维点云地图构建优化流程图

(2) 关键帧选择：针对初始的点云地图 M^{init} 新建体素 V^{x*y*z}(每个体素单元的值初始化为 0)，保证体素的长、宽、高大于初始点云地图。从 $i=0$ 开始，

(a) 点云初始位姿计算,共 19 帧点云

(b) 基于体素增量判断出 7 个关键帧

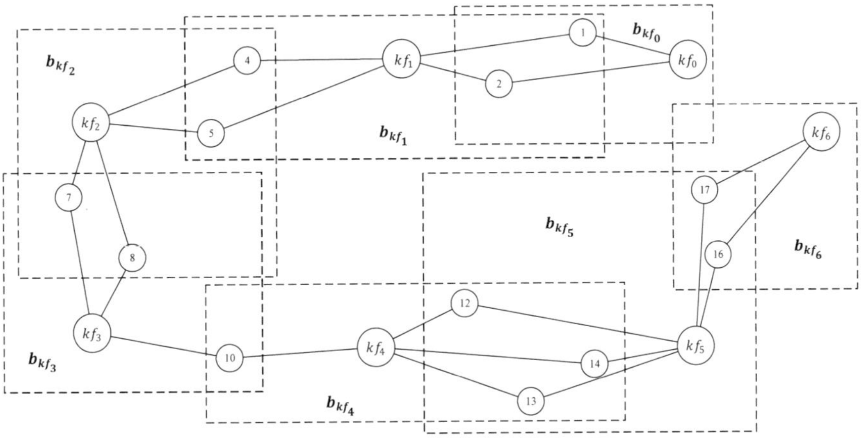

(c) 建立关键帧与非关键帧之间联系形成 7 个关键帧块

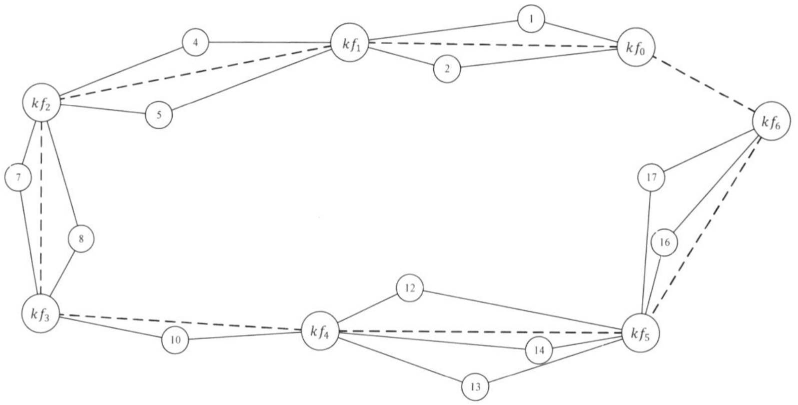

(d) 根据关键帧块进行闭环检测并计算关键帧块间的位姿关系，得到稠密位姿图

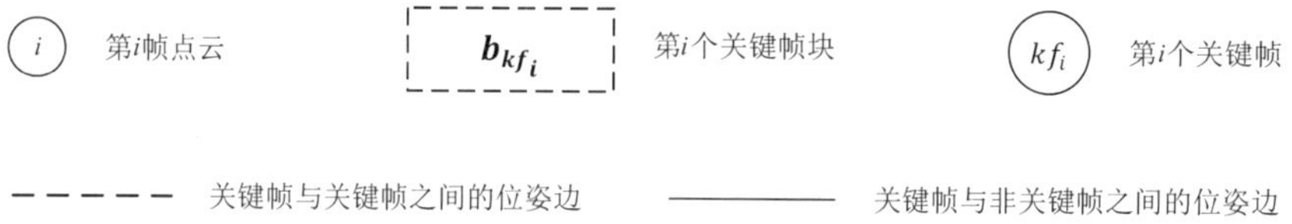

图 5.11　位姿图构建示意图

将点云 p_i 结合 $\boldsymbol{T}_i$，从而将 p_i 归到第 0 帧点云的坐标系中，将 p_i 与 V^{x*y*z} 放置在同一坐标系下，遍历 V^{x*y*z} 的每个体素单元，若其中包含 p_i 中的点，则将该体素单元的值设为 1，从而生成二值化体素。每在 V^{x*y*z} 中加入一帧点云后计算 V^{x*y*z} 中值为 1 的体素单元的个数，当加入第 i 帧点云后，V^{x*y*z} 中体素单元的值为 1 的个数超过阈值 t_1 时，认为第 i 帧为关键帧，并将 V^{x*y*z} 中所有体素单元的值置零，从第 $i+1$ 帧点云开始计算。如图 5.11(b) 所示，最终得到 m 个关键帧 $KF=\{kf_0, kf_1, \cdots, kf_m\}$。

(3) 建立关键帧块：针对每帧点云 p_i，计算每个关键帧点云 p_{kf_j} 与自身的序列差 $\text{abs}(kf_j - i)$，并将 p_i 与序列差最小的两个关键帧建立配对关系。针对每个关键帧点云 p_{kf_j}，将所有与自身有配对关系的点云按序列差由小到大进行排序，再将这些点云按顺序与 p_{kf_j} 进行基于点面距离的迭代最近点配准，匹配后将该帧点云加入 p_{kf_j}，遍历完所有与其有配对关系的点云后，如图 5.11(c)所示，最终得到 m 个关键帧块 $B=\{b_{kf_0}, b_{kf_1}, \cdots, b_{kf_m}\}$，并对位姿图 PG 进行更新，加入节点间的连接边，边的两个端点分别为关键帧 p_{kf_j} 的初始位姿 $\boldsymbol{T}_{kf_j}$ 和与其有配对关系的非关键帧 p_i 的初始位姿 $\boldsymbol{T}_i$，边的值为 p_{kf_j} 和 p_i 之间通过基于点面距离的迭代最近点配准算法计算的位姿变换 $\boldsymbol{T}^i_{kf_j}$。

(4) 关键帧块间匹配与闭环检测：遍历 B 中所有关键帧块 b_{kf_k}，将其与其他所有关键帧块 b_{kf_h} $(h \neq k)$ 进行基于点面距离的迭代最近点配准，匹配后可以得到两个关键帧块的匹配度 $g^{kf_h}_{kf_k}$，若 $g^{kf_h}_{kf_k}$ 大于阈值 t_2，则认为两个块间可以相互匹配，此时对位姿图 PG 进行更新，如图 5.11(d) 所示，加入关键帧节点间的连接边，边的两个端点分别为关键帧 p_{kf_k} 的初始位姿 $\boldsymbol{T}_{kf_k}$ 和与其有配对关系的帧 p_{kf_h} 的初始位姿 $\boldsymbol{T}_{kf_h}$，边的值为 b_{kf_k} 和 b_{kf_h} 之间通过基于点面距离的迭代最近点配准算法计算的位姿变换 $\boldsymbol{T}^{kf_h}_{kf_k}$。

(5) 地图整体优化：对得到的位姿图 PG 进行整体优化，从而得到优化后的每帧点云 p_i 的优化位姿 $\boldsymbol{TO}_i$，结合 p_i 与 $\boldsymbol{TO}_i$ 得到优化后的点云地图。优化后的基于激光的室内三维点云场景地图如图 5.12 所示。

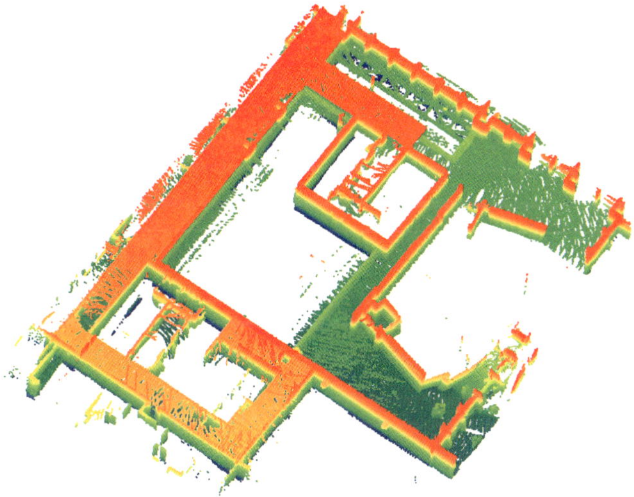

图 5.12　基于激光的室内三维点云场景地图构建结果

5.3　基于多传感器组合的室内地图构建

室内三维场景点云地图的构建也可以使用室内无人平台搭载多传感器组合的方式实现。本节将介绍室内无人平台搭载激光扫描仪和多目相机系统获取室内场景地图的方法，首先阐述如何利用激光数据进行室内三维重构，然后再详细叙述如何完成室内场景的彩色重构，最终得到彩色的室内三维场景点云地图。

5.3.1　基于激光数据的室内三维重构

利用室内无人平台搭载两台单线激光扫描仪来获取室内空间几何数据，在 3.5.3 节传感器的检校中介绍了如何进行扫描仪的标定，借助标定结果可以将采集到的每帧激光点云转换到机身坐标系下。第 4 章介绍了无人平台位姿的解算方法。本节在以上研究的基础上，介绍运用采集到的激光数据进行室内三维重构的方法。

1. 室内三维重构方法流程概述

单线激光扫描仪获取室内几何模型是通过移动平台获取周围环境数据，其三维重构过程如图 5.13 所示。首先定义出扫描仪坐标系与机身坐标系，然后通过标定的外参数将扫描仪坐标系下的点云转换到机身坐标系下，最后借助平台的位姿信息将机身坐标系下的点云转换到全局坐标系下，生成全局的场景点云图。

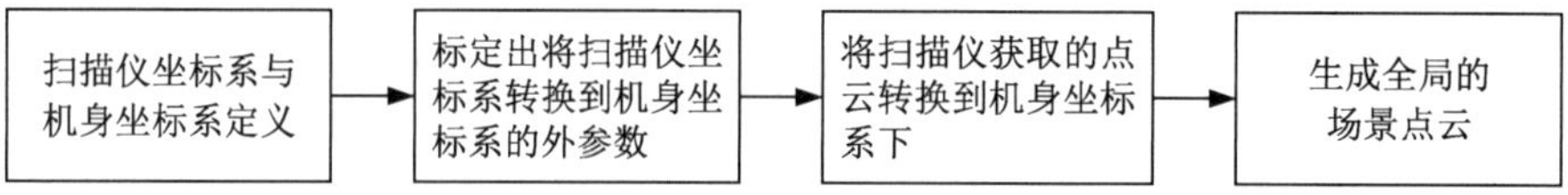

图 5.13 室内激光无人平台三维重构流程图

单线激光扫描仪水平安置进行数据采集时，可以通过点云数据间的相互匹配获取自身位姿，进而进行二维成图。但在倾斜安置时，随着机身前进，其相邻帧获取到的数据无重叠部分，自身无法进行定位，需要通过其他传感器提供位姿与姿态数据实现三维重构。

室内激光无人平台获取的数据频率如图 5.14 所示，其中 IMU 获取的数据频率最高，对应解算得到的姿态数据也是最高频的。IMU 在短时间内解算结果的精度较高，长时间观测由于数据携带零漂、白噪声等观测误差，随着时间的传递会出现误差累积。激光里程产出位姿的频率在 IMU 数据以及单线激光扫描数据之间，可以产出较为精准的位姿数据。根据单线激光扫描仪获取数据的时间进行适宜的位姿内插是三维重构的重点。

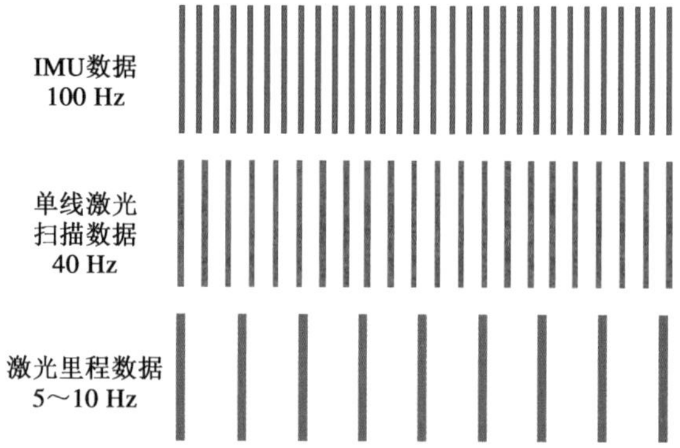

图 5.14 室内激光无人平台数据采集频率

2. 基于轨迹和姿态的内插方法

在室内三维场景重建的过程中需要对位置轨迹进行内插加密，得到较为稠密的三维点云，为室内三维场景的重建提供数据基础。

1）基于航迹推算位置轨迹的内插方法

航迹推算是一项古老的技术，起源于无卫星导航时代的海上导航，船员根据航向和航速推算出船只航行的位置，后来逐渐演变为航位推算(Dead Reckoning)算法。航迹推算对短时间内的航迹预测具有较高的精度[26]。航迹推算需要知道 t_k 时刻的位置(x_k，y_k，z_k)、俯仰角 A_y、航向角 A_z 以及到下一时刻的位移值 Δd，可以根据式(5.34) 推算出 t_{k+1} 时刻的位置(x_{k+1}，y_{k+1}，z_{k+1})。

$$\begin{bmatrix} x_{k+1} \\ y_{k+1} \\ z_{k+1} \end{bmatrix} = \begin{bmatrix} x_k \\ y_k \\ z_k \end{bmatrix} + \Delta d \begin{bmatrix} \cos A_y \cos A_z \\ \cos A_y \sin A_z \\ \sin A_y \end{bmatrix} \tag{5.34}$$

从式(5.34)可以看出，航迹推算的主要误差来自两方面，一方面是当前的位置，另一方面是此时刻距离下一时刻的位置差 Δd 以及航向角的精度。根据室内移动测图机器人获取的高频姿态数据以及激光里程计获取的位移数据，10 Hz 的里程信息意味着相邻两帧间的位移较小。以室内测图机器人的平均行走速度 0.5 m/s 为例，机器人在 0.1 s 的时间内仅前行了 0.05 m，这段位移以激光里程作为约束，采用航迹推算方法对轨迹进行加密，得到 100 Hz 的轨迹信息。对于 t_l 时刻单线激光扫描仪获取的点云数据，假设距离 t_l 时刻最近的两帧时刻为 t_k 与 t_{k+1}，调取这两帧时刻对应的加密后的轨迹坐标数值按式(5.35)进行线性内插，获取点云对应的轨迹。

$$\begin{bmatrix} x_{\text{int}} \\ y_{\text{int}} \\ z_{\text{int}} \end{bmatrix} = \frac{t_{k+1} - t_l}{0.01} \begin{bmatrix} x_k \\ y_k \\ z_k \end{bmatrix} + \frac{t_l - t_k}{0.01} \begin{bmatrix} x_{k+1} \\ y_{k+1} \\ z_{k+1} \end{bmatrix} \tag{5.35}$$

2）基于姿态的内插方法

采用单位四元数表示物体的姿态变化时，由于涉及四维空间，因此它更加支持姿态内插。单位四元数的插值方法有很多，最为经典、实用性也最广的为球面线性(Spherical Linear Interpolation)插值。以两个单位四元数为例，这两个四元数分别为

$$\begin{cases} \boldsymbol{q}_1 = s_1 + x_1\boldsymbol{i} + y_1\boldsymbol{j} + z_1\boldsymbol{k} \\ \boldsymbol{q}_2 = s_2 + x_2\boldsymbol{i} + y_2\boldsymbol{j} + z_2\boldsymbol{k} \end{cases} \tag{5.36}$$

四元数线性内插后得到的 $\boldsymbol{r}$ 应满足：

$$\boldsymbol{r} = f_1(t)\boldsymbol{q}_1 + f_2(t)\boldsymbol{q}_2 \tag{5.37}$$

式中，$f_1(t)$ 和 $f_2(t)$ 为四元数球面线性内插系数。

图 5.15 表示的是这两个四元数所在的平面，该图形表示的向量有以下关系：

$$\begin{cases} \boldsymbol{q}_1 \cdot \boldsymbol{r} = f_1(t)\boldsymbol{q}_1 \cdot \boldsymbol{q}_1 + f_2(t)\boldsymbol{q}_1 \cdot \boldsymbol{q}_2 \\ \boldsymbol{q}_2 \cdot \boldsymbol{r} = f_1(t)\boldsymbol{q}_2 \cdot \boldsymbol{q}_1 + f_2(t)\boldsymbol{q}_2 \cdot \boldsymbol{q}_2 \end{cases} \tag{5.38}$$

对式(5.38)进行化简，可以得到方程组：

$$\begin{cases} \cos(t\theta) = f_1(t) + f_2(t)\cos\theta \\ \cos[(1-t)\theta] = f_1(t)\cos\theta + f_2(t) \end{cases} \tag{5.39}$$

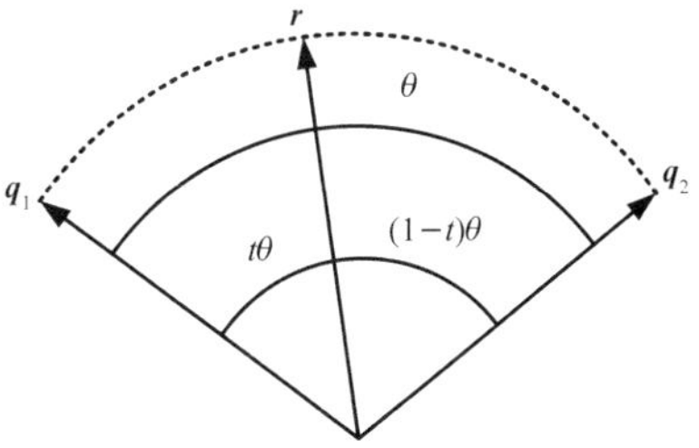

图 5.15　四元数球面内插示意图

解方程组(5.39)并进行化简，可得到系数 $f_1(t)$ 和 $f_2(t)$ 的解。

$$\begin{cases} f_1(t) = \dfrac{\sin[(1-t)\theta]}{\sin\theta} \\ f_2(t) = \dfrac{\sin(t\theta)}{\sin\theta} \end{cases} \tag{5.40}$$

将式(5.40)代入式(5.37)中可以得到四元数球面线性内插公式：

$$r = f_1(t)\boldsymbol{q}_1 + f_2(t)\boldsymbol{q}_2 = \frac{\sin[(1-t)\theta]}{\sin\theta}\boldsymbol{q}_1 + \frac{\sin t\theta}{\sin\theta}\boldsymbol{q}_2 \tag{5.41}$$

换算成实际过程中的内插，式(5.41)中 t 表示时间的比例，如对单线激光点云数据对

应的时间 t_l 在 t_k 与 t_{k+1} 两个时刻的姿态进行内插，t 可表示成如下形式：

$$t = \frac{t_{k+1} - t_l}{t_{k+1} - t_k} \tag{5.42}$$

3. 场景点云生成

本节将对场景点云生成过程进行梳理，场景点云生成流程如图 5.16 所示。

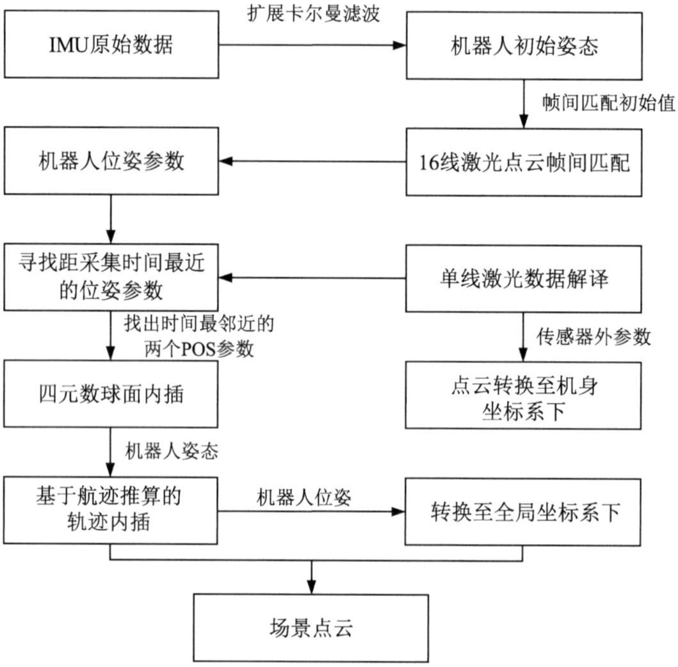

图 5.16　场景点云生成流程图

首先获取 IMU 的原始文件，通过扩展卡尔曼滤波解算出机器人的初始姿态，将前后帧姿态变化情况作为 16 线激光点云帧间匹配的初始值，将后一帧点云旋转至与前一帧点云近似平行的姿态后再进行精确配准，通过点云的帧间匹配获取机器人的位姿参数。通过室内测图机器人上搭载的单线激光扫描仪获取高频的原始距离观测数据，经过点云解译后生成激光坐标系下的点云，借助激光的外参数将其转换到本体坐标系下，故只需知道该扫描仪每一帧数据获取瞬间机器人的位姿，即可将每一帧点云转换到全局坐标系下，生成场景点云。

机器人解算得到的位姿与单线激光扫描仪获取的数据在时间上无法做到精准的对齐，故需要进行位姿数据的内插。借助航迹推算算法对短时间内的行进位置进行内插，利用四元数球面内插方法对姿态数据进行内插，得到每一帧点云获取瞬间的位姿参数，再由该参数进行点云从本体坐标系向全局坐标系的转换，实现场景的三维重构。

为方便点云解算，本书设计了一款点云解算软件，其界面如图 5.17 所示，功能包括数据的读取、单线扫描仪外参数的输入以及点云一键生成三个模块。在完成位姿解算后，该软件可以实现原始点云文件、机器人位姿参数文件的读取，并可进行点云的解算。考虑到单线激光扫描仪可能会出现因拆卸导致的外参数变化，因此设计了外参数输入界面，方便参数的更改。最终重构后生成的点云数据以 txt 格式进行存储。

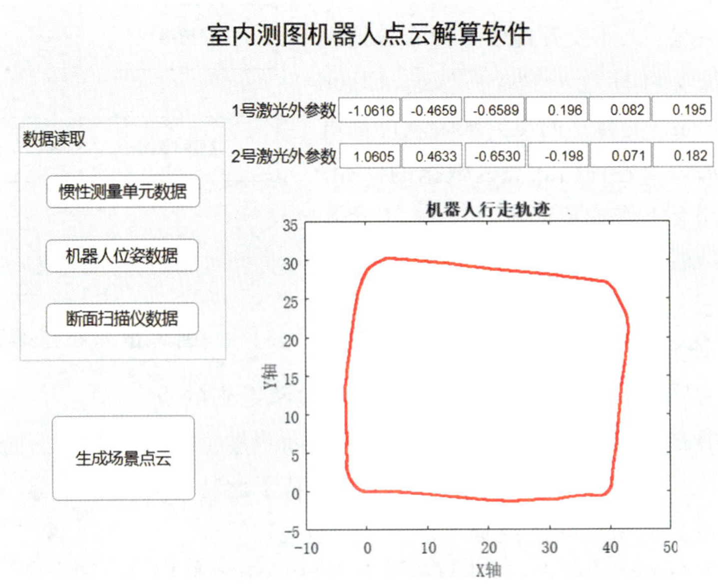

图 5.17　点云解算软件界面

4. 点云噪声去除

通过上述方法生成场景点云之后，要对重构场景的几何模型进行噪声去除，以便获取更干净的点云数据，生成更精确的地图。本节将先对点云的噪声进行分类，然后说明如何去除点云噪声。

1）点云噪声分类

三维激光点云噪声点按其成因进行分类，可以分为离群噪声、穿透噪声和近群噪声三类。

离群噪声：在扫描过程中，动态目标如人、车辆进入扫描仪的有效视场内，会对目标地物的观测带来一定程度的遮挡，或激光点打在空气中的尘埃颗粒上，这些原因会带来错误的距离观测值；激光在扫描尖锐的目标时，其入射角度会发生剧变，从而带来错误的角度观测值。错误的距离观测值与角度观测值都会给解译后的点云带来离群的噪声点，这些噪声点通常远离点云主体，根据成因的不同，其密度及分布特点也有所不同。

穿透噪声：激光测距类传感器通常采用近红外光和红外光为载体，基于光电测距原理获取目标地物的三维坐标信息。在室内进行观测时，激光可穿透玻璃，进而产生由穿透作用带来的噪声点。

近群噪声：由扫描仪自身的因素如距离观测、角度观测分辨率有限带来的噪声，或由目标地物表面纹理材质、粗糙度等因素造成的噪声。这类噪声与主体点云混合在一起，不易区分，表现为影响被测地物表面光顺性的毛刺点。

2）点云噪声去除方法

针对点云噪声特点的不同，按图 5.18 所示的流程，采用人工交互的方式去除穿透噪声，采用统计滤波方法去除离群噪声。

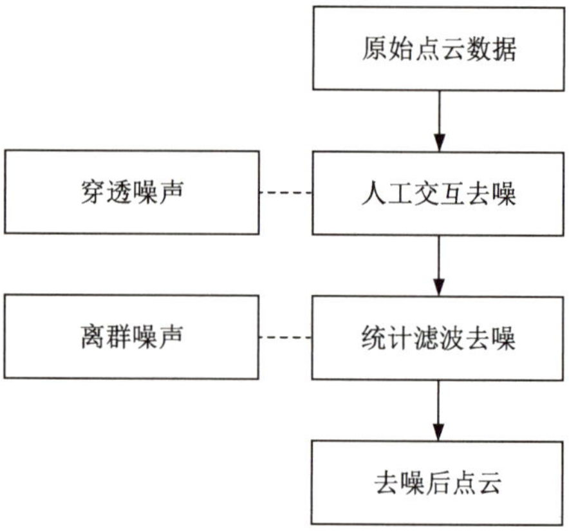

图 5.18　点云去噪流程图

穿透噪声去噪：人工交互能够迅速有效地去除穿透噪声以及目标地物外的点云。Cloud Compare、Geomagic 等常见的点云编辑软件都可进行点云的裁剪以及各种格式点云数据的保存。为了减少人工交互工作的劳动量，可在人工交互前设置一个简单的低通滤波器，去除明显不符合目标地物的点云，如采集一层楼房的室内点云，可设置去除 Z 轴数值大于 3 m 的点。

离群噪声去噪：离群噪声点包括动态目标解译得到的点和测量误差导致的粗差点，这些点的存在并无实际测量意义。离群噪声相比主体点云在空间分布上更为稀疏，基于此特征，利用统计分析的方法来去除此类噪声。

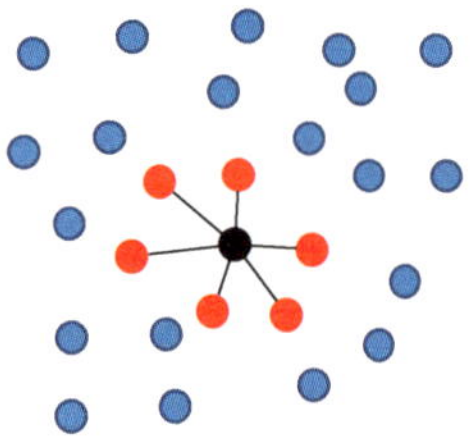
图 5.19　k 邻近点示意图

针对点云集合中的目标点，寻找目标点与其欧氏距离最近的 k 个邻近点，如图 5.19 所示。数量为 n 的点云集合 P_n 中每一个目标点 $P_i(x_i, y_i, z_i)$ 与 k 个邻近点的平均距离为 $\bar{d}_i$，所有平均距离 $\bar{d}_i$ 的均值为 μ_n，σ_n 为标准差，这些评价指标对应的计算公式如下：

$$\bar{d}_i = \sqrt{\frac{\sum_{j=1}^{k}[(x_i - x_j)^2 + (y_i - y_j)^2 + (y_i - y_j)^2]}{k}} \tag{5.43}$$

$$\mu_n = \frac{1}{n}\sum_{i=1}^{n}\bar{d}_i \tag{5.44}$$

$$\sigma_n = \sqrt{\frac{1}{n}\sum_{i=1}^{n}(\bar{d}_i - \mu_n)^2} \tag{5.45}$$

统计滤波去除离群噪声的步骤如下：

(1) 对目标点云集合 P 进行一次遍历，基于 KD 树索引寻找目标点的 k 个邻近点。

(2) 计算每个目标点 $P_i(x_i, y_i, z_i)$ 与其 k 个邻近点的平均距离 d_i 及其标准差 σ_i，σ_i 的计算公式如下：

$$\sigma_i = \sqrt{\frac{\sum_{j=1}^{k}\left[d_i - \sqrt{(x_i - x_j)^2 + (y_i - y_j)^2 + (y_i - y_j)^2}\right]}{k}} \tag{5.46}$$

(3) 根据标准差确定阈值，若采样点在阈值范围内则予以保留，否则去除该采样点。

为验证试验结果，选取三块不同的点云进行去噪，第一块为 PCL 点云库中提供的案例点云，第二块为视觉点云，第三块为实际采集到的激光点云，相应的去噪效果见图 5.20—图 5.22。

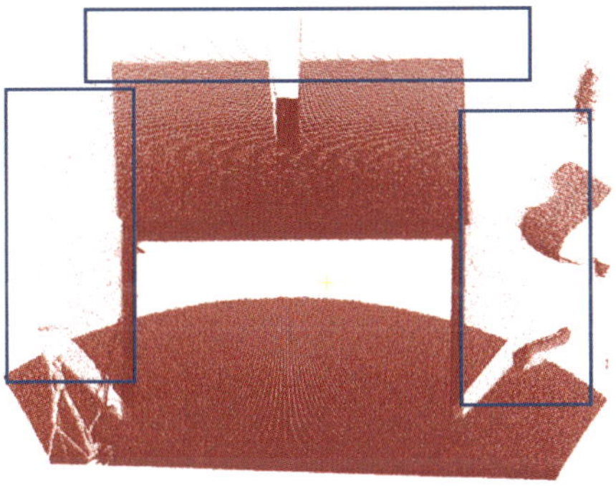

(a) 去噪前　　(b) 去噪后

图 5.20　PCL 点云库提供的点云去噪结果

(a) 去噪前　　(b) 去噪后

图 5.21　实际采集的视觉点云去噪结果

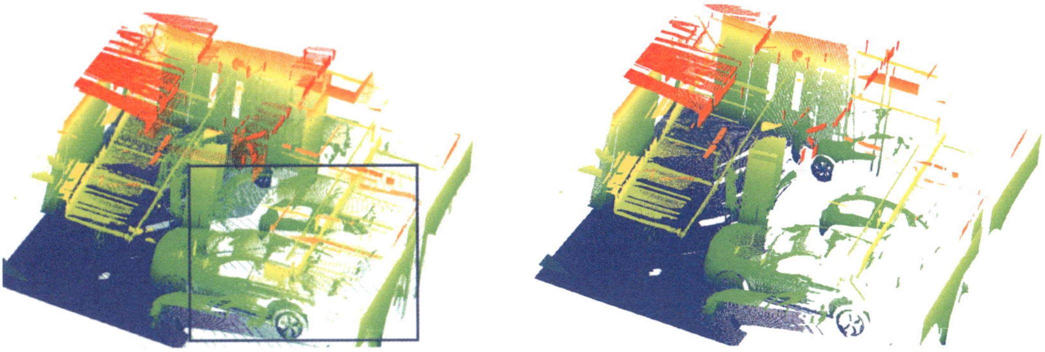

(a) 去噪前　　(b) 去噪后

图 5.22　地基激光扫描仪获取的点云去噪结果

根据上述方法，使用激光数据重建室内地图并去除相关噪声，生成的室内三维地图如图 5.23 所示。

图 5.23　基于激光数据的室内三维重构结果

5.3.2　室内场景的彩色重构方法

经过扩展卡尔曼滤波、轨迹内插、位置内插和坐标系转换后，可以得到场景点云。但此时得到的场景点云不具有颜色属性，不能直观地反映场景的真实颜色。为了更好地利用点云展示三维场景，可以通过像片对点云进行彩色重构。为获取影像中的色彩信息，需要通过配准将点云投影回像平面获取色彩信息，实现场景的彩色重构，从而生成具有 RGB 信息的点云数据，主要步骤如图 5.24 所示。

1. 场景点云分块

室内激光无人平台在移动的过程中不断触发单线激光扫描仪与多目相机进行数据采集。随着无人平台在场景中不断前进，点云的数据量不断增加，单张影像难以为所有的点云提供色彩信息，且在非直线采集过程中会出现视场遮挡的情况。受这些情况的影响，将单张影像用于整片点云的配准是远远不够的。为解决该问题，采用点云切块的方法，根据点云块所处的位置选择对应的视觉影像进行配准，提供点云缺少的色彩信息。

点云的切块方法如图 5.25 所示，沿着无人平台的前进方向进行切块。由于相机垂直视场覆盖的限制，在平台前方的一段区域存在视觉影像数据获取盲区，该区域如图 5.26 所示。

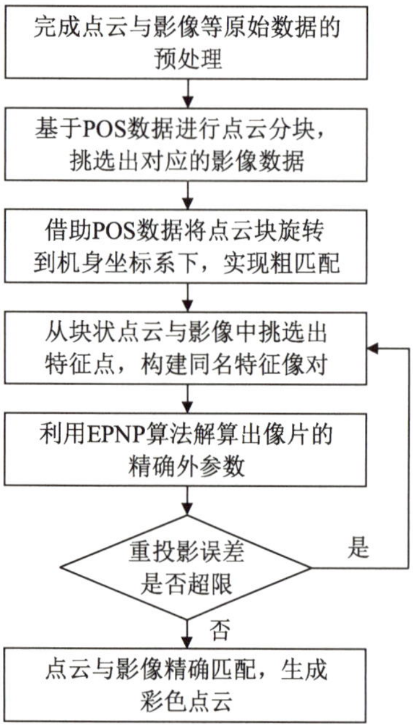

图 5.24　彩色点云生成流程图

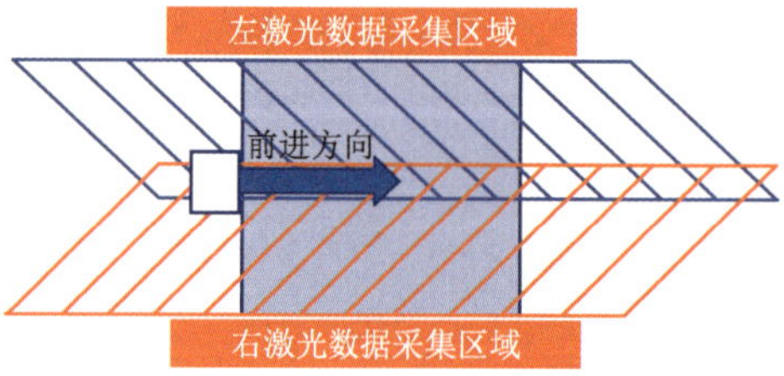

图 5.25　点云切块示意图

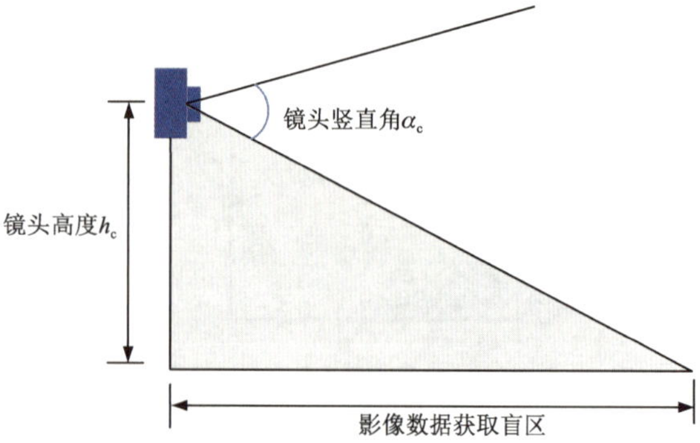

图 5.26　影像数据获取盲区

为避免漏掉盲区获取的点云数据，依据 POS 数据进行点云分割时，点云块距应与机身有一段距离，且该段距离大于盲区覆盖范围。盲区的计算公式如下：

$$l_{盲区}=h_{c}\cdot\tan\left(90^{\circ}-\frac{\alpha_{c}}{2}\right) \tag{5.47}$$

在 t_1 时刻获取的点云块，应寻找 t_1 时刻之前获取的、距离无人平台 t_1 时刻位置 $l_{盲区}$ 以上位置获取的影像数据，用该时刻的影像提供点云所需的色彩信息。

2. 基于 POS 数据的单张影像与点云的粗配准

完成像片畸变纠正后，通过相机的外参数将三维点由世界坐标系转换至相机坐标系下，再通过相机的内参数将点投影至像片平面，建立点与影像像素的映射关系。点在全局坐标系下坐标为 $(x_{w},\ y_{w},\ z_{w})$，相机内参数已经通过标定试验预先获取，故知道该像片在全局坐标系下的外参数即可进行点云与影像的配准。

$$\begin{bmatrix}u\\v\\1\end{bmatrix}=\frac{\begin{bmatrix}\frac{1}{dX}&0&u_{0}\\0&\frac{1}{dY}&v_{0}\\0&0&1\end{bmatrix}\begin{bmatrix}f&0&0&0\\0&f&0&0\\0&0&1&0\end{bmatrix}\begin{bmatrix}\boldsymbol{R}&\boldsymbol{t}\\0&1\end{bmatrix}\begin{bmatrix}x_{w}\\y_{w}\\z_{w}\\1\end{bmatrix}}{z_{c}} \tag{5.48}$$

然而，在实际试验过程中，由于测图平台一直在移动，相机的外参数不断发生变化，像片的外参数矩阵 $[\boldsymbol{R}|\boldsymbol{t}]$ 的求解比较困难，而寻找控制点进行外参数的计算将会增加大量的人工成本。测图平台在不断前进的过程中，其位姿是已知的，且室内三维重构也是以该数据为基础的。若已知像片拍摄瞬间其运动的 POS 数据（位置与姿态），并利用相机与机器人机身坐标系的空间标定结果，即可计算相机像空间坐标系与点云坐标系之间的相互转换关系，其中测图平台的机身坐标系起到过渡作用。该匹配过程如图 5.27 所示。

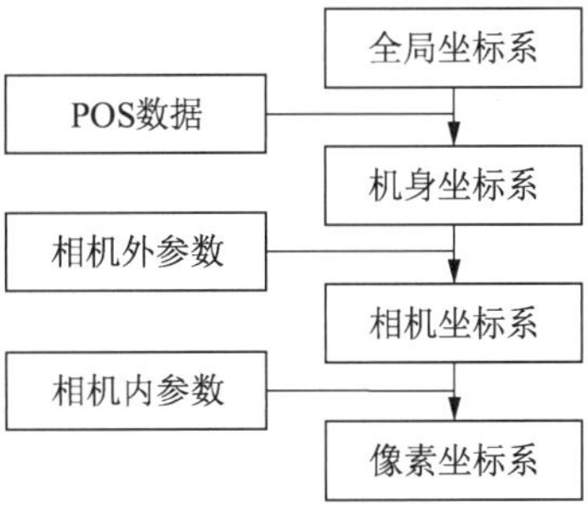

图 5.27　基于 POS 数据的点云影像匹配过程

在使用 POS 数据时，可调取 T_k 时刻由全局坐标系向机身坐标系转换的旋转、平移参数 $[\boldsymbol{R}_{k}|\boldsymbol{t}_{k}]$，由机身坐标系转换至相机坐标系的旋转、平移参数为 $[\boldsymbol{R}_{c}|\boldsymbol{t}_{c}]$，综合得到 4×4 的旋转矩阵 $[\boldsymbol{R}|\boldsymbol{t}]$ 为

$$\begin{bmatrix}\boldsymbol{R}&\boldsymbol{t}\\0&1\end{bmatrix}=\begin{bmatrix}\boldsymbol{R}_{c}&\boldsymbol{t}_{c}\\0&1\end{bmatrix}\begin{bmatrix}\boldsymbol{R}_{k}&\boldsymbol{t}_{k}\\0&1\end{bmatrix} \tag{5.49}$$

将式(5.48)代入式(5.49)，即可建立点云与像片中像素的映射关系。室内测图平台

上安置了 6 台工业相机，用于获取前进方向的影像，实际获取到的影像如图 5.28 所示。

图 5.28　6 个相机的影像

根据视场覆盖范围，将前方的点云沿着 Z 轴投影至平面，利用点云在机身坐标系中的 X 坐标和 Y 坐标，计算其相对于机身坐标区域的位置。根据水平视场将点云分割成 6 个区域，对应各相机视场覆盖范围，如图 5.29 所示。

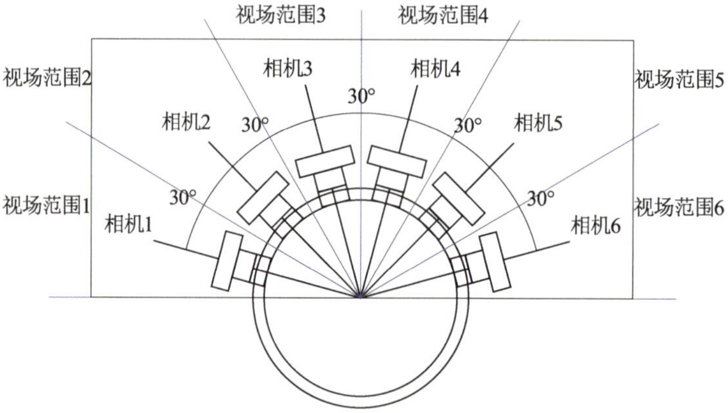

图 5.29　6 个镜头的视场范围

3. 控制点优化下的精配准

POS 数据可以将块状点云投影回机身坐标系，但是 POS 数据存在着一定的误差，数据同步采集过程中不同类型的传感器数据来源也存在着时间基准对齐方面的误差，这也会给点云与影像的配准带来误差。为此，在 POS 转回本体的基础上，通过人工选取控制点，以前置相机获取的影像为基础，通过三维点与二维影像点的对应关系，利用第 3 章中介绍的相机外参数标定算法（EPNP 算法）求解相机拍摄瞬间的精确位置，再借助不同相机的外参数求得其他相机的位姿。像控点应选取特征明显的地物，如建筑部件拐点、地上标识等，控制点选取精度的提高对点云着色精度的提高有一定的帮助。图 5.30 为像控点选择示例。

经过以上三个步骤之后，便可以对室内场景的三维点云地图完成彩色重构，彩色重构的效果如图5.31所示，可以看到，相较于之前的地图增加了色彩信息。

图5.30 像控点选择

图5.31 室内场景彩色重构结果

参考文献

[1] Pless R. Using many cameras as one[C]//2003 IEEE Computer Society Conference on Computer Vision and Pattern Recognition, 2003: 587-593.

[2] Harris C, Stephens M. A combined corner and edge detector[C]//Alvey Vision Conference, 1988, 15(50): 147-152.

[3] Rosten E, Drummond T. Machine learning for high-speed corner detection[C]//European Conference on Computer Vision, Springer, Berlin, Heidelberg, 2006: 430-443.

[4] Mair E, Hager G D, Burschka D, et al. Adaptive and generic corner detection based on the accelerated segment test[C]//European Conference on Computer Vision, Springer, Berlin, Heidelberg, 2010: 183-196.

[5] Lowe D G. Distinctive image features from scale-invariant keypoints[J]. International Journal of Computer Vision, 2004, 60(2): 91-110.

[6] Bay H, Ess A, Tuytelaars T, et al. Speeded-up robust features (SURF)[J]. Computer Vision and Image Understanding, 2008, 110(3): 346-359.

[7] Rublee E, Rabaud V, Konolige K, et al. ORB: An efficient alternative to SIFT or SURF[C]//Computer Vision (ICCV), 2011 IEEE International Conference, 2011: 2564-2571.

[8] Yang H, Dasdan A, Hsiao R L, et al. Map-reduce-merge: Simplified relational data processing on large clusters[C]//Proceedings of the 2007 ACM SIGMOD International Conference on Management of Data, ACM, 2007: 1029-1040.

[9] Mur-Artal R, Tardós J D. ORB-SLAM2: An open-source slam system for monocular, stereo, and RGB-D cameras[J]. IEEE Transactions on Robotics, 2017, 33(5): 1255-1262.

[10] Girshick R, Donahue J, Darrell T, et al. Region-based convolutional networks for accurate object detection and segmentation[J]. IEEE Transactions on Pattern Analysis and Machine Intelligence, 2016, 38(1): 142-158.

[11] Uijlings J R R, Van De Sande K E A, Gevers T, et al. Selective search for object recognition[J]. International Journal of Computer Vision, 2013, 104(2): 154-171.

[12] Felzenszwalb P, McAllester D, Ramanan D. A discriminatively trained, multiscale, deformable part

model[C] //The 26th IEEE Conference on Computer Vision and Pattern Recognition, 2008: 1984-1991.

[13] Girshick R. Fast R-CNN[C]//Computer Vision, 2015 IEEE International Conference, 2015: 1440-1448.

[14] Zitnick C L, Dollár P. Edge boxes: Locating object proposals from edges[C]//European Conference on Computer Vision, Springer, Cham, 2014: 391-405.

[15] 任少卿. 基于特征共享的高效物体检测[D]. 合肥:中国科学技术大学,2016.

[16] Ren S, He K, Girshick R, et al. Faster R-CNN: Towards real-time object detection with region proposal networks[C]//Advances in Neural Information Processing Systems, 2015: 91-99.

[17] Krizhevsky A, Sutskever I, Hinton G E. Imagenet classification with deep convolutional neural networks[C]//Advances in Neural Information Processing Systems, 2012: 1097-1105.

[18] 卢宏涛,张秦川. 深度卷积神经网络在计算机视觉中的应用研究综述[J]. 数据采集与处理,2016:1-17.

[19] LeCun Y, Boser B E, Denker J S, et al. Handwritten digit recognition with a back-propagation network[C]//Advances in Neural Information Processing Systems, 1990: 396-404.

[20] Hauberg S, Freifeld O, Larsen A B L, et al. Dreaming more data: Class-dependent distributions over diffeomorphisms for learned data augmentation[C]//Artificial Intelligence and Statistics, 2016: 342-350.

[21] Russakovsky O, Deng J, Su H, et al. Imagenet large scale visual recognition challenge[J]. International Journal of Computer Vision, 2015, 115(3): 211-252.

[22] Pan S J, Yang Q. A survey on transfer learning[J]. IEEE Transactions on Knowledge and Data Engineering, 2010, 22(10): 1345-1359.

[23] Triggs B, McLauchlan P F, Hartley R I, et al. Bundle adjustment—A modern synthesis[C]//International Workshop on Vision Algorithms, Springer, Berlin, Heidelberg, 1999: 298-372.

[24] Lourakis M I A, Argyros A A. SBA: A software package for generic sparse bundle adjustment[J]. ACM Transactions on Mathematical Software, 2009, 36(1): 1-30.

[25] 韩明瑞. 基于激光 LIDAR 的室外移动机器人三维定位与建图[D]. 南京:东南大学,2016.

[26] 吴鹏,李东京,负超. 一种惯性传感器与编码器相结合的 AGV 航迹推算系统[J]. 机电工程,2018,35(3):310-316.

CHAPTER
6

第 6 章 室内点云数据的语义分割和部件点云检索

本章主要任务为完成室内三维点云数据的语义分割与部件检索，分别介绍了基于深度神经网络的室内点云语义分割、室内部件点云样本库构建以及部件点云检索方法。

本章指引 | 阅读本章节，你会了解到

- ☑ 基于深度神经网络的室内点云语义分割
- ☑ 室内部件点云样本库建设
- ☑ 室内部件模型与点云的检索

与其他章节的联系

- ☑ 第 5 章内容是构建点云地图，本章是对场景点云进行初步处理和分析，是对第 5 章内容的进一步扩充。

先验知识

- ☑ 深度神经网络、上下文、样本库、部件点云检索。

6.1 室内点云语义分割

室内点云的语义分割是场景理解的必要步骤。目前，室内点云语义分割方法主要分为基于经典机器学习的方法和基于深度学习的方法。基于经典机器学习的方法需要人为设计特征，然后利用提取的特征选择合适的分类器进行语义标注。随着三维扫描技术的不断进步，可获取的点云，无论是规模还是复杂性都有明显的提升，继续采用经典的机器学习方法处理复杂、大规模的室内点云泛化能力弱，处理效率也相对较低，无法满足各种实际应用的需求。基于深度学习的方法凭借其良好的特征表示能力成为目前点云分割的研究热点。该方法主要依赖训练数据集的选择以及网络结构的设计。目前研究表明，该类算法在网络框架设计和室内大场景点云数据处理方面仍然存在不足。因此，本书将建立一个用于室内场景点云语义分割的顾及上下文关系的深度神经网络框架，实现室内场景点云高效、精准的语义分割。

6.1.1 现有的室内点云语义分割方法面临的挑战

尽管深度学习已广泛用于二维图像的处理，但直接利用卷积神经网络处理点云仍然存在挑战。因为点云相较于图像来说是稀疏化的、无序的和非结构化的。为了使神经网络可以直接处理点云数据，研究人员尝试将点云数据转换为类似多视图、体素等规则结构，然后再输入神经网络中进行处理，以实现语义分割[1]。但无论是多视图还是体素均会造成点云信息损失，也无法处理大规模点云数据。因此，直接处理原始点云数据是当前点云处理的研究趋势。

PointNet[2]利用多层感知机来提取局部特征，通过最大池化获取全局体征，最后融合局部和全局特征进行语义分割。此后，有一系列的工作如 PointNet++[3]、DGCNN[4]、PointSIFT[5]等均在 PointNet 基础上开展，也取得了较好的效果。但是这些方法也存在一定的不足。它们都需要预先将点云切成 1 m×1 m 的块，然后从块里随机选择 4 096 个点，最后将选择的点云输入神经网络中进行预测。这些方法虽然减少了需要预测的点云数量，也缩短了神经网络训练和测试的时间，但也存在一些问题：①直接将室内大场景点云切成 1 m×1 m 的块，破坏了场景中物体的几何结构，也破坏了物体之间的相互关系；②每次仅从块中取出 4 096 个点，当场景点云密度非常大的时候，整个过程非常耗时，无法高效地处理大规模点云数据。

如果不对室内大场景点云进行体素化或分块等预处理，直接处理大规模点云数据，又将面临以下两个挑战：①直接处理室内大场景点云，如何在保证效率的前提下保留用于点云语义分割的重要特征？②如何克服室内大场景点云密度变化大、噪声多的特性？

针对以上挑战，本书制订了以下几个策略：在输入阶段，利用三维结构张量来聚合三维坐标点邻域内丰富的几何细节，减少神经网络在特征提取阶段造成的信息损失；在网络设计方面，首先建立局部特征聚合模块，该模块可以聚合局部上下文特征，进一步减少在特征提取阶段造成的信息损失；针对大规模点云噪声多、遮挡严重的问题，设计了全局上下文聚合模块，该模块通过对不同位置的特征进行自适应加权，从而扩大网络感受野(Receptive Field)，增强网络特征表示，实现对噪声的鲁棒化；为了加快神经网络的处理效率，提出了结合注意力机制的最近邻采样，通过注意力机制实现低层次和高层次特征融合，进一步弥补最近邻采样过程中损失的信息，同时也加快了神经网络的处理效率。

6.1.2 顾及上下文关系的深度神经网络总体框架

本书构建的顾及上下文关系的深度神经网络框架如图 6.1 所示。该网络的输入包含三个部分，分别是三维坐标、颜色信息以及利用三维结构张量提取的局部几何特征。受编码器-解码器体系结构[6]的启发，本书提出的神经网络框架包含两个部分，分别是用于下采样的编码器和用于上采样的解码器。编码器主要用于特征提取，获取丰富的语义特征。解码器通过上采样来不断恢复特征的空间分辨率，以实现语义分割。

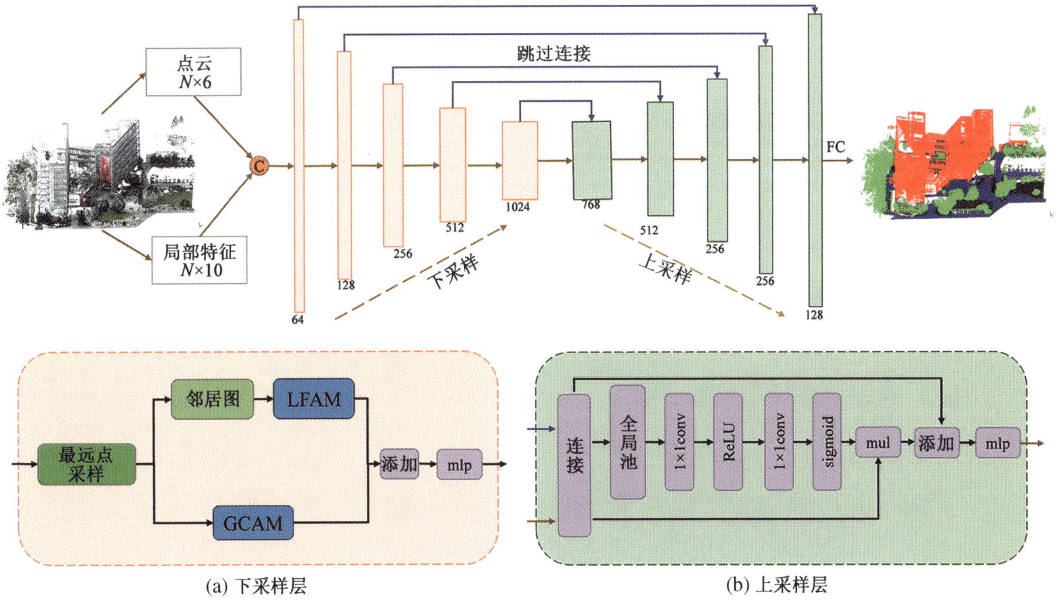

图 6.1 结合上下文的深度神经网络总体框架

用于特征提取的解码器在语义分割任务中起着至关重要的作用，其结构的设计将直接影响最终的分类精度和效率。因此，本网络的解码器主要包含两个模块，分别是局部特征聚合模块和全局上下文聚合模块。局部特征聚合模块通过图来聚合邻域内丰富的局部上下文信息，从而增强特征表示。全局上下文聚合模块通过对任意空间点的特征关系进行建模，使得具有相似语义特征的点之间可以相互促进。通过计算全局上下文权重系数可以有选择地聚合上下文信息，从而提高特征的表示能力。

解码器主要用来聚合由编码器提取的不同分辨率的特征。聚合不同分辨率的特征可以提高分割性能。因此，本书构建了一个结合注意力机制的上采样模块。该模块首先利用最近邻插值来恢复特征空间分辨率。同时，利用跳跃连接结构来获取低层次特征，并将低层次特征与上采样特征叠加，利用注意力机制从通道域中建立不同对象之间的上下文关系，有选择性地增强关键特征并抑制不相关的特征，从而促进不同层次的特征融合。

6.1.3 顾及上下文关系的深度神经网络模块介绍

1. 局部特征聚合模块

利用神经网络对点云进行特征提取的策略一般是从局部再到全局的过程，先聚集局部特征，然后分层逐步增加感受野获取全局特征[3]。由此可知，丰富的局部特征是进行点云语义分割任务的关键步骤之一。获取丰富的局部特征有助于增强特征表示，进而提高语义分割精度。因此，本节主要探索局部邻域内点与点之间的空间关系以及如何聚合更加丰富的局部上下文特征。图 6.2(a)所示为下采样模块，其包括局部特征聚合模块、全局上下文聚合模块，图 6.2(b)为局部特征聚合模块示意图，图 6.2(c)为全局上下文聚合模块示意图。

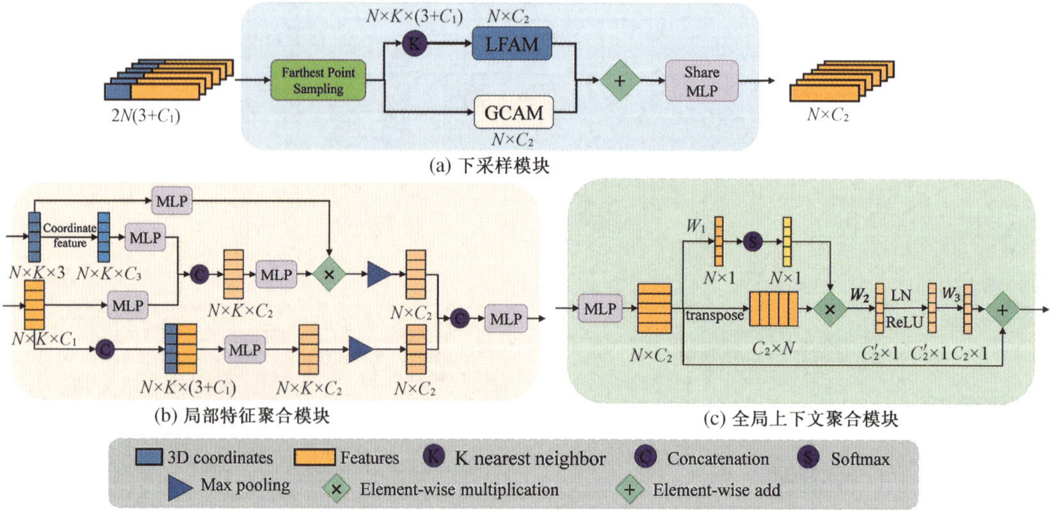

图 6.2　局部特征聚合模块以及全局上下文聚合模块示意图

为了聚合点云的局部特征，首先对点云的三维坐标特征进行聚合。假设三维坐标空间中与每个中心点 p_c 距离最近的 k 个邻近点为 $\{p_c^1, p_c^2, \cdots, p_c^m, \cdots, p_c^k\}$，那么每个中心点 p_c 相当于图的顶点 v_c，e_c^m 表示图的边。e_c^m 描述了中心点 p_c 与 k 个邻近点 p_c^m 之间的几何关系：

$$e_c^m = p_c - p_c^m \tag{6.1}$$

通过 KNN 聚合后形成局部邻域内的三维坐标特征 $r_c = [\| e_c^m \|, e_c^m, p_c, p_c^m]$，其包含中心点坐标、与中心点的距离、邻域坐标等。为了进一步增强特征表示，利用多层感知机学习局部邻域内的三维坐标特征关系，得到 r'_c：

$$r'_c = MLP([\| e_c^m \|, e_c^m, p_c, p_c^m]) \tag{6.2}$$

式中，[…]表示将不同的特征进行叠加；$\| \cdot \|$ 表示计算中心点 p_c 与其 k 个邻近点的欧氏距离；MLP 表示多层感知机函数。

每个三维坐标点 p_i 在输入模块前对应的局部特征为 f_i，每个中心点 p_c 的局部特征经过 KNN 聚合后对应的局部邻域特征可表示为 $f_c \in \{f_c^1, f_c^2, \cdots, f_c^m, \cdots, f_c^K\}$。为了增强局部特征表示，利用多层感知机进行学习得到 f'_c。

然而，以上聚合的特征没有涉及不同局部邻域之间的信息交换，也没有考虑每个点对邻域点的影响。近来研究表明，可直接在局部设计卷积算子来聚合局部信息。目前通常做法是自适应地将两点的相对位置投影到一个卷积权值上，而这个权值函数可以利用多层感知机进行模拟[7]。受以上工作启发，本书采用邻域内坐标点作为多层感知机输入权值函数，对局部特征和局部坐标特征加权，从而进一步聚合局部上下文信息，增强特征对局部邻域的描述能力。

$$f''_c = MaxPool(g(p_c^m) \cdot [f'_c, r'_c]) \tag{6.3}$$

式中，$MaxPool(\cdot)$ 表示最大池化操作；g(·)表示权值在所有点之间共享的多层感知机。

同时，为了进一步增大网络感受野，模块还设计了跳跃连接(Skip Connection)，以加强信息的流通，减少局部信息损失。跳跃连接中的特征主要是经过 KNN 聚集的局部邻域特征以及局部邻域内的三维坐标特征：

$$f''_{short} = MaxPool(MLP[f_c, r_c]) \tag{6.4}$$

最后将聚合局部上下文信息的特征和跳跃连接的特征进行叠加，得到最终融合的局部特征：

$$\check{f} = MLP([f''_c, f''_{short}]) \tag{6.5}$$

局部特征聚合模块利用图结构的思想，通过 KNN 和多层感知机来学习局部点云邻域内三维坐标特征以及点云特征，从而丰富局部特征表示。然后用局部卷积算子来聚合邻域之间的上下文特征，进一步提高特征的表示能力，为后续点云语义分割奠定基础。整体算法流程如表 6.1 所示。

表 6.1　局部特征聚合模块算法流程

算法： 局部特征聚合算法
输入： 局部点云 P 及其对应的特征 F
(1) 根据 KNN 搜索得到包含邻域的点云特征 r_c 以及对应特征 f_c； (2) 分别利用 MLP 学习局部邻域内的坐标特征及其局部特征关系得到 r'_c 和 f'_c； (3) 利用以邻域内坐标点作为输入的多层感知机构建局部卷积算子 $g(\cdot)$； (4) 利用局部卷积算子 $g(\cdot)$ 对 r'_c 和 f'_c 进行加权； (5) 加入跳跃连接，加强信息流通； (6) 聚合加权和跳跃连接的特征。
输出： 增强的局部点云 $\check{f}$

2. 全局上下文聚合模块

获取和利用全局上下文信息在语义分割任务中起着至关重要的作用[6]。但卷积运算均在局部邻域上进行，感受野相对较小。为了获取全局上下文信息，大部分方法是重复进行卷积操作，增加网络深度。但网络深度增加后，网络训练和优化的难度加大，不利于实际应用。此外，研究表明，仅采用局部特征进行分类也会导致误分类[8]。为了在局部特征上获取全局上下文信息，本节建立了全局上下文聚合模块，其通过聚集其他位置的信息来增强局部特征，从而提升网络语义分割精度。

假设以特征 $X=[x_1, x_2, \cdots, x_N]$ 作为输入，其中，$x_i \in \boldsymbol{R}^{1\times C}$ 为在空间位置 i 上的特征；N 为总的特征数量；C 为特征的通道数。

首先利用原始特征求得全局上下文权重系数 α_j：

$$\alpha_j = \frac{e^{n(x_j)}}{\sum_{m=1}^{N} e^{n(x_m)}} \tag{6.6}$$

式中，$n(\cdot)$ 表示线性变换：$n(x_j)=W_k x_j$，$n(x_m)=W_k x_m$，W_k 表示卷积核为 1×1 的卷积运算。

权重系数通过训练不断迭代优化，求得权重系数后与原始特征进行相乘得到初步全局上下文特征 x'_i：

$$x'_i = \sum_{j=1}^{N} \alpha_j x_j \tag{6.7}$$

为了对通道之间的依赖关系建模，对特征进行了线性变换和激活运算，得到变换后的特征 x''_i：

$$x''_i = W_2 \cdot ReLU(LN(W_1 \cdot x'_i)) \tag{6.8}$$

式中，$ReLU$ 为线性整流函数，作用是获取函数中向量与零之间的最大值；W_1 和 W_2 分别表示卷积核为 1×1 的卷积运算。在进行第一次线性变换之后，还引入了层归一化方法(Layer Normalization，LN)。层归一化方法可以降低该模块的优化难度，加快收敛速度，也可以增加模型的泛化能力。通过线性变换后，该特征不仅从空间位置上学习了上下文关系，某种程度上也建立了通道之间的相互依赖关系。最后将获取的上下文特征与原始特征进行叠加，实现融合：

$$\tilde{x}_i = x_i + x''_i \tag{6.9}$$

式中，$\tilde{x} = [\tilde{x}_1, \tilde{x}_2, \cdots, \tilde{x}_N]$ 为融合全局上下文信息后的特征。

整体算法流程如表 6.2 所示。

该模块建立了任意两个空间点之间的相互关系，使得具有相似语义特征的点之间可以相互促进。根据计算的全局上下文权重系数可以有选择地聚合上下文信息，从而增强局部特征的表示。同时，该模块可即插即用，方便灵活，可以简单地插入网络，通过训练来获取全局上下文信息。局部特征聚合模块和全局上下文聚合模块二者结合组成下采样层。

表6.2 全局上下文聚合模块算法流程

算法： 全局上下文聚合模块算法
输入： 神经网络提取的特征
(1) 利用原始特征求得全局上下文权重系数 α_j； (2) 结合权重系数求得初步全局上下文特征 x'_i； (3) 对特征进行线性变化和激活，得到变换后的特征 x''_i； (4) 将获取的上下文特征与原始特征进行融合得到 $\widetilde{x}_i$； (5) 返回融合特征 $\widetilde{x}_i$。
输出： 包含全局上下文的特征 $\widetilde{x}_i$

3. 结合注意力机制的上采样

为了高效地提取语义特征，在编码阶段需要对特征不断进行下采样，从而提取到更加抽象的语义特征。但高级语义特征缺乏基本的空间信息，不利于精准恢复不同地物的边界。因此，在解码阶段必须对高级语义特征进行上采样，恢复点云特征的空间分辨率。目前，大部分上采样方法采用基于K最近邻反距离加权方法[3]，其主要思想是：距离插值点越近的点，它与插值点的语义特征越相似，那么它的权值也越大；距离插值点越远的点，权值越小，对插值影响也越小。该方法虽然能够较好地恢复特征空间的分辨率，但它消耗内存大，计算效率相对较低。

为了进一步提高神经网络算法的上采样效率来适应大场景点云数据，本书采用K最近邻算法进行上采样。通过寻找插值点最近邻特征来进行插值，从而显著提高上采样效率，也可减少内存消耗。但是直接采用最近邻算法会造成一定的空间损失，无法反映特征的真实分布。因此，本书通过加入注意力机制结合高、低层次特征来提高最近邻采样方法的特征表示。研究表明，每个通道的抽象特征都可以作为一个特定类别的响应，因为它们具有较强的语义信息。但是语义信息丰富的高层次特征空间的分辨率相对较差，不利于进行精确的边界定位。低层次特征虽然感受野小、语义信息差，但其具有较好的空间属性。利用注意力机制结合高、低特征之间的相互依赖关系来改进特定语义的特征表示，从而弥补最近邻采样造成的边界模糊问题，整体算法流程如表6.3所示。

表6.3 结合注意力机制的上采样算法流程

算法： 结合注意力机制的上采样算法
输入： 高层次特征局部特征 F，低层次特征 F_2
(1) 对高层次特征 F 进行最近邻上采样，然后与低层次特征 F_2 叠加得到简单组合上采样特征 F_3； (2) 利用全局平均池化得到压缩的全局特征 u_z； (3) 对得到的全局特征进行线性变换，利用激活函数对线性变换后的特征进行筛选，对筛选后的特征再次进行线性变换； (4) 将变换后的特征利用 Sigmoid 函数进行归一化得到权重系数 s_z； (5) 将权重系数与组合特征 F_3 相乘并加上组合特征 F_3 得到增强的上采样特征 $\widetilde{F}$； (6) 利用多层感知机学习增强的上采样特征 $\widetilde{F}$； (7) 返回上采样特征。
输出： 融合后的上采样特征

如图 6.3 所示，首先对低分辨率的抽象特征 F 进行最近邻插值得到插值后的特征 F_1，插值后的特征大小是原来的 2 倍，将插值后的特征 F_1 与低层次的特征 F_2 进行叠加得到简单组合的特征 $F_3=[f_1, f_2, \cdots, f_C]$。可以直接将简单的组合特征 F_3 输入多层感知机进行特征融合和提取，从而实现上采样，但是这种简单的组合没有突出相似的语义特征。为了进一步突出语义特征，在此阶段引入注意力机制。注意力机制先使用全局平均池化(Global Average Pooling, GAP)从特征的每个通道生成全局上下文信息，得到压缩的全局特征 u_z：

$$u_z = F_{\mathrm{GAP}}(f_z) = \frac{1}{N}\sum_{i=1}^{N} f_z(i) \tag{6.10}$$

式中，u_z 为第 z 个通道被压缩的全局特征；$f_z \in \boldsymbol{R}^N$ 为第 z 通道的特征；N 为特征的总的通道数量。

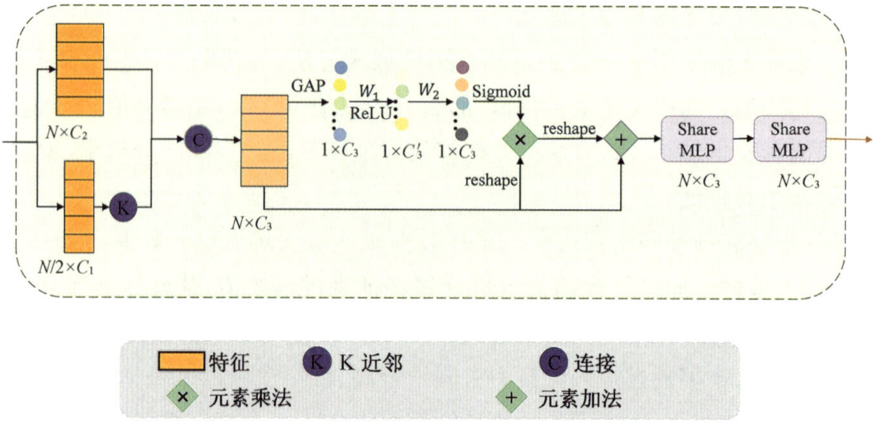

图 6.3 结合注意力机制的上采样模块示意图

其次，对压缩的特征使用类似 Sigmoid 的门控机制来突出具有相似语义信息的通道，抑制与类别无关的通道依赖[8]。同时，为了进一步减少计算量和整个模型的参数，在使用激活函数之前添加了线性变换：

$$s_z = F_s(u, W) = Sigmoid[W_2 \cdot ReLu(W_1 \cdot u_z)] \tag{6.11}$$

式中，W_1 和 W_2 分别表示卷积核为 1×1 的卷积运算；$F_s(u, W)$ 为通过训练得到的各通道的不同权重函数。将权重系数 s_z 与组合特征 F_3 相乘并加上组合特征 F_3，最终得到通道关系增强的特征 $\widetilde{F}$：

$$\widetilde{F} = F_r(v_z, s_z) = f_z + f_z \times s_z \tag{6.12}$$

式中，$\widetilde{F}=[\widetilde{f}_1, \widetilde{f}_2, \cdots, \widetilde{f}_C]$ 为通道关系增强的特征；$\times$ 表示按通道相乘。

最后，利用多层感知机对增强的上采样特征进行学习并输出上采样结果。

结合注意力机制的上采样模块首先对高层次语义特征进行最近邻上采样；其次，将上采样的特征与低层次特征进行叠加；最后，结合注意力机制，从通道角度出发，为不同层次的特征建立权重,使类相关的特征可以自适应地分配更高的权重,增强融合特征的表示能力,从而提高点云语义分割精度。

6.1.4　室内点云语义分割试验

室内场景主要选择两个典型场景开展综合试验和分析,并验证顾及上下文的深度神经网络的鲁棒性和泛化能力。首先选择大型室内开源数据集 S3DIS 进行试验,然后结合 S3DIS 数据对自主采集的室内场景点云进行四分类试验。数据示例如图 6.4 所示。

(a) S3DIS 数据集示例

(b) 同济大学衷和楼点云数据示例

图 6.4　室内典型场景试验数据示例

S3DIS 数据集[9]采集了 3 栋建筑的点云数据,包括 6 个大型的室内区域,总计 271 个房间,是一个典型的大型室内场景点云数据集。该数据分为 13 个语义类别,包括 5 种家具(黑板、书柜、椅子、沙发和桌子)和 7 种建筑元素(天花板、横梁、门、墙体、窗户、柱子和地板)以及杂物。本书开展了利用区域 5 进行测试,其他区域用于训练,以及 6 折交叉验证两项试验。

自主采集的室内场景点云数据由静态激光扫描仪获取,包含同济大学衷和楼 16 层的点云数据以及中国电科 54 所 C7 实验楼的点云数据。该数据主要分为四类,分别是地面、墙体、天花板以及其他。整个试验的训练数据是 25%的衷和楼点云数据和中国电科 54 所 C7 实验楼点云数据外加所有的 S3DIS 数据,测试数据是剩余的 75%的衷和楼点云数据和中国电科 54 所 C7 实验楼点云数据。

1. S3DIS 数据集试验结果与分析

在 S3DIS 数据集上首先选择区域 5 进行试验分析,分别选择 PointNet[2]、PointNet++[3]、PointCNN[10]、SPGraph[11]、PCCN[12]、GLNet[13]以及 PointWeb[14]等 8 种典型的语义分割算法方法进行对比分析。其中,PointNet、PointNet++、PointCNN 对原始点云分块处理进行语义分割;SPGraph 是直接处理大规模点云的方法之一;GLNet 加入了注意力机制。OA、mAcc 以及 mIoU 的统计结果见表 6.4。从表 6.4 中可以看出,本书提出的方法的总体精度为 86.87%,比 GLNet 略低,但平均类别精度为 70.45%,比 PointNet 方法高出 21.47%。本书方法的 mIoU 为 61.97%,比 PointNet 方法高出 20.88%。总体来看,本书方法在室内点云语义分割方面具有较好的分类效果。

表 6.4 在 S3DIS 区域 5 上测试的 OA、mAcc 和 mIoU（%）

测试区域	方法	OA	mAcc	mIoU
区域 5	PointNet	—	48.98	41.09
	PointNet++	86.43	—	54.98
	PointCNN	85.91	63.86	57.26
	SPGraph	86.48	66.50	58.04
	PCCN	—	67.01	58.27
	GLNet	**88.43**	—	60.06
	PointWeb	86.97	66.64	60.28
	Ours	86.87	**70.45**	**61.97**

试验还分析了每个类别的精度变化情况，统计了每个类别的 IoU，结果见表 6.5。从表 6.5 中可以看出，本书提出的方法在墙体、沙发以及黑板等类别上均取得了最高的 IoU 结果，分别是 79.49%，66.16%，59.99%。本书方法得出的沙发的 IoU 比 PointNet 方法高出 60.31%，这主要得益于本书所提出的基于三维张量的局部几何特征聚合方法以及局部特征聚合模块。这些方法充分聚合了局部上下文信息，减少了在特征提取阶段造成的局部信息损失。同时，利用全局上下文模块，提升了特征的表示能力，进一步提升了点云的语义分割精度。

为了进一步分析模型的性能，在 S3DIS 数据集上还用 6 折交叉验证方法进行了综合试验。6 折交叉验证方法更加真实地反映了模型的泛化能力。6 折交叉验证的精度统计结果见表 6.6。从表 6.6 中可以看出，本书方法的 OA、mAcc 以及 mIoU 均达到了最佳水平。本书方法的 mIoU 为 68.30%，比 GLNet 方法高出 2%，比 PointNet 方法高出 27.21%。SPGraph 虽然可以直接处理大规模点云，但精度有待进一步提升。mAcc 的提高表明本书方法在大多数类别上均能做到有效识别，这主要得益于本书提出的全局上下文聚合模块，通过聚合全局上下文可以减少噪声的干扰，使得特征更加有辨识度。结合注意力机制的上采样以综合高层次和低层次特征的方式对不同层次的特征进行融合，从而进一步丰富点云的特征表示。

表 6.5 在 S3DIS 区域 5 上每个类别的 IoU（%）

类别	PointNet	PointNet++	PointCNN	SPGraph	PCCN	GLNet	PointWeb	Ours
天花板（ceiling）	88.80	91.41	92.31	89.35	92.26	**92.80**	91.95	91.13
地板（floor）	97.33	97.92	98.24	96.87	96.20	98.48	**98.49**	98.89
墙体（wall）	69.80	69.45	79.41	78.12	75.89	72.65	79.39	**79.49**
横梁（beam）	**0.05**	0.00	0.00	0.00	0.27	0.01	0.00	0.00
柱子（column）	3.92	16.27	17.60	**42.81**	5.98	32.42	21.11	26.84

（续表）

类别	PointNet	PointNet++	PointCNN	SPGraph	PCCN	GLNet	PointWeb	Ours
窗户(window)	46.26	66.13	22.77	48.93	**69.49**	68.12	59.72	54.11
门(door)	10.76	14.48	62.09	61.58	**63.45**	28.79	34.81	48.33
桌子(table)	58.93	72.32	74.39	**84.66**	66.87	74.91	76.33	77.51
椅子(chair)	52.61	81.10	80.59	75.41	65.63	85.12	**88.27**	86.88
沙发(sofa)	5.85	35.12	31.67	69.84	47.28	55.89	46.89	**66.16**
书柜(bookcase)	40.28	59.67	66.67	52.60	68.91	64.93	69.30	66.46
黑板(board)	26.38	59.45	62.05	2.10	59.10	47.74	64.91	**59.99**
杂物(clutter)	33.22	51.42	56.74	52.22	46.22	**58.22**	52.46	49.67

表6.6 在S3DIS上进行6折交叉验证的OA、mAcc和mIoU(%)

测试区域	方法	OA	mAcc	mIoU
S3DIS	PointNet	78.60	66.20	47.60
	3P-RNN[9]	86.90	73.60	56.40
	SPGraph	85.50	73.00	62.01
	ConvPoint[15]	87.90	—	64.70
	PointCNN	88.14	75.61	65.39
	GLNet	87.60	—	66.40
	PointWeb	87.31	76.19	66.73
	Ours	**88.55**	**78.97**	**68.30**

为了定性地展示本书方法的有效性，图6.5展示了一些可视化的分类结果。从图6.5中可以看出，本书方法在多个目标上均能取得较好的分类效果。图6.5(a)—(c)中，尽管椅子被桌子遮挡，但本书方法还是可以将其正确分割。图6.5(d)—(e)中杂物很多，对语义分割模型有一定的干扰，但本书方法仍可以较好地进行分类。定性化的结果表明，本书方法在室内具有一定的鲁棒性，能够很好地识别出包含噪声的点云，具有一定的抵抗噪声的能力，模型的整体鲁棒性较好。

在S3DIS上进行6折交叉验证的每个类别的IoU统计结果如表6.7所列。从表6.7中可以看出，本书方法在墙体、门、沙发以及椅子等类别上取得了最佳的分类结果，其他类别也取得了不错的分类结果，总体上看，本书方法能够识别室内场景中的大多数目标。

本书提出的点云语义分割算法分类效果较好的主要原因是聚集了点云丰富的局部特征，同时也充分提取了点云的全局上下文特征，从而增强了点云的特征表示，实现了对不同目标的有效区分。表6.7的结果验证了本书方法在室内场景中具有一定的鲁棒性和泛化能力。

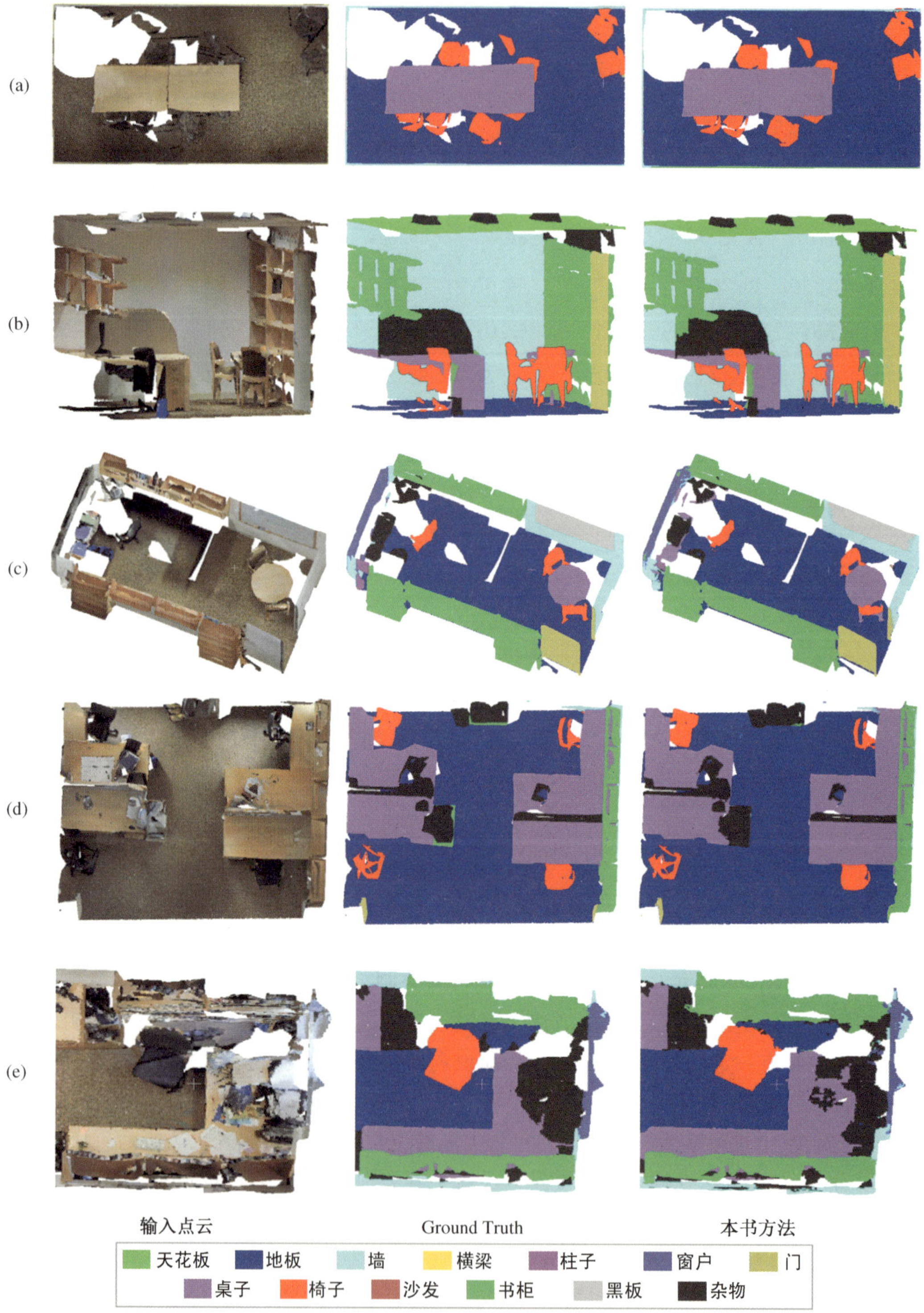

图 6.5　语义分割结果可视化

表6.7　在S3DIS上进行6折交叉验证的每个类别的IoU(%)

类别	PointNet	3PRNN	SPGraph	ConvPoint	PointCNN	GLNet	PointWeb	Ours
天花板(ceiling)	88.80	92.90	89.90	95.10	**94.78**	93.70	93.54	93.54
地板(floor)	88.70	93.80	95.10	**97.70**	97.30	95.60	94.21	96.02
墙体(wall)	69.30	73.10	76.40	80.00	75.82	76.90	80.84	**81.50**
横梁(beam)	42.40	42.50	62.80	44.70	**63.25**	42.60	52.44	42.62
柱子(column)	23.10	25.90	**47.10**	17.70	51.71	46.70	41.33	46.25
窗户(window)	47.50	47.60	55.30	62.90	58.38	63.90	**64.89**	61.04
门(door)	51.60	59.20	68.40	67.80	57.18	69.00	68.13	**74.10**
桌子(table)	42.00	60.40	73.50	**74.50**	71.63	70.10	71.35	67.41
椅子(chair)	54.10	66.70	69.20	70.50	69.12	76.00	67.05	**82.66**
沙发(sofa)	9.60	24.80	63.20	61.00	39.08	52.80	50.34	**63.45**
书柜(bookcase)	38.20	57.00	45.90	47.60	**61.15**	57.20	62.68	59.50
黑板(board)	29.40	36.70	8.70	57.30	52.19	54.80	**62.20**	56.85
杂物(clutter)	35.20	51.60	52.90	63.50	58.59	62.50	58.49	**62.89**

2. 自主采集的室内场景点云数据试验结果与分析

试验采用25%的自主采集的室内场景点云数据和开源的S3DIS数据集来训练模型，剩余的75%的自主采集的点云数据用来测试模型性能。本次试验与Trimble RealWorks软件中的自动语义分割功能进行了对比，首先展示了衷和楼16层的分类结果，如图6.6所示。图6.6(a)、(b)分别表示彩色点云和高程渲染的彩色点云。从图6.6(d)的结果可以看出，本书方法能够较好地区分墙体、天花板等目标，还可以将门和窗从墙体中分离出来。Trimble RealWorks软件在区分墙体时却存在一定的断层，将处在天花板高度以上的墙体归为其他类别，也把一些造型奇特的柱子归为其他类别，如图6.6(c)所示。主要原因是衷和楼16层的墙体组成比较复杂，包括圆形的柱子、方形的柱子以及平面等多种元素。面对类内方差大的点云数据，Trimble RealWorks软件不能很好地区分它们，而本书方法能够较好地区分组成元素复杂的墙体等类别。衷和楼16层点云数据的分类结果表明本书方法的鲁棒性优于Trimble RealWorks软件。

图6.7、图6.8分别展示了中国电科54所C7实验楼1层和2层的分类结果。

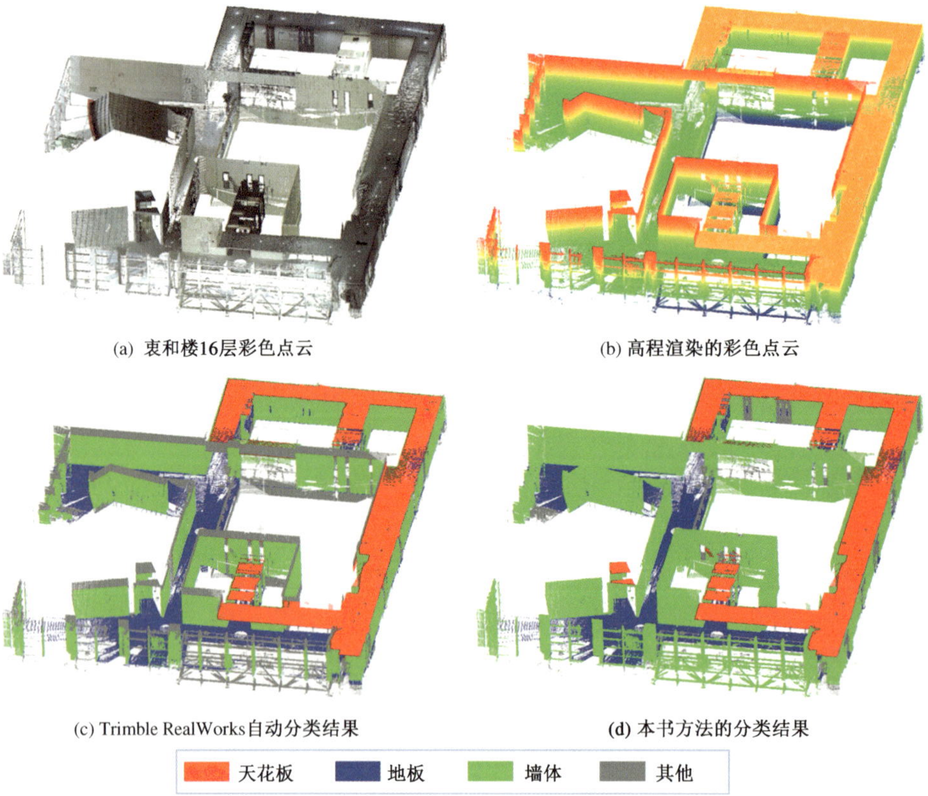

图 6.6　衷和楼 16 层点云语义分割结果

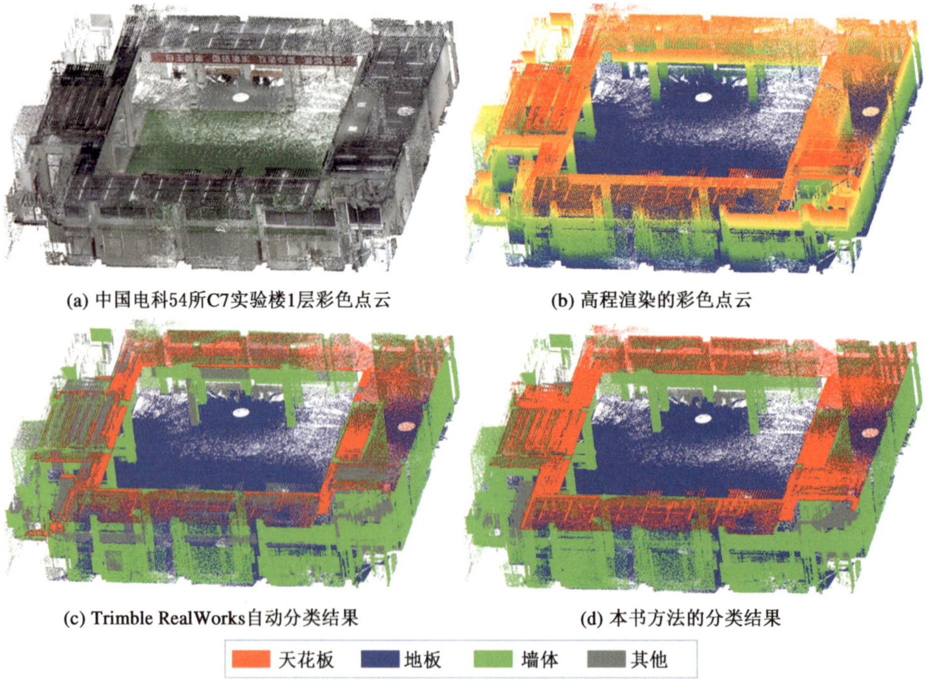

图 6.7　中国电科 54 所 C7 实验楼 1 层点云语义分割结果

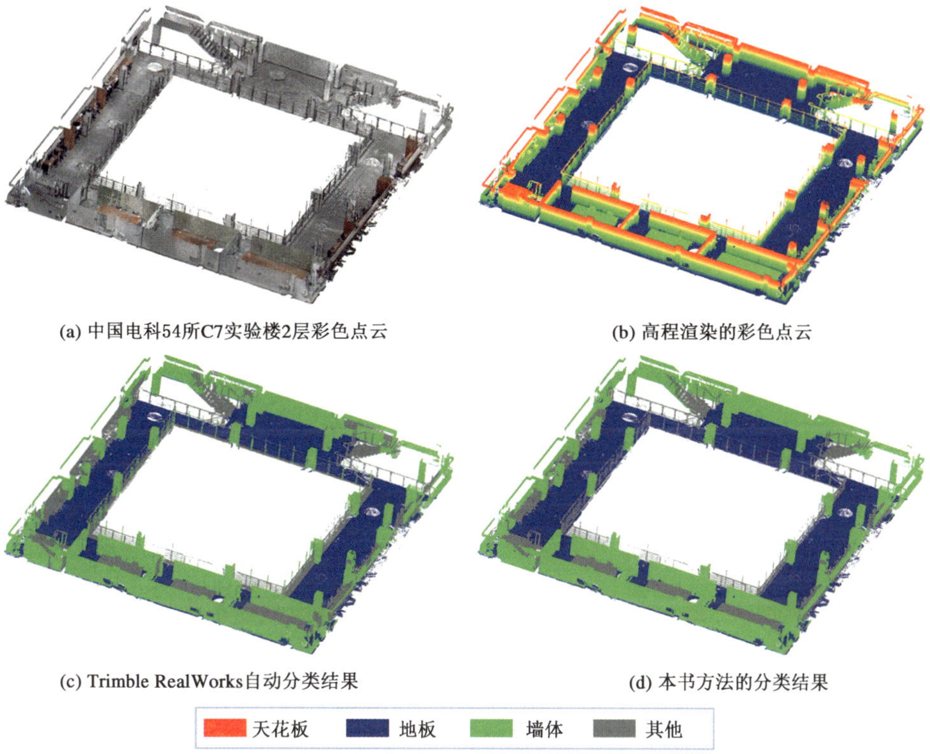

(a) 中国电科54所C7实验楼2层彩色点云　(b) 高程渲染的彩色点云

(c) Trimble RealWorks自动分类结果　(d) 本书方法的分类结果

图 6.8　中国电科 54 所 C7 实验楼 2 层点云语义分割结果

实验楼 1 层由于遮挡等情况，点云密度变化剧烈，但本书方法仍能够很好地区分出杂物和地面。Trimble RealWorks 软件将很多横梁错误分成其他类别。实际上横梁也是墙体的重要组成部分，但是由于其结构相对独立，软件没有将它们分成墙体。本书方法和 Trimble RealWorks 软件对实验楼 2 层的分类结果较好，能够很好地将杂乱的椅子和桌子从地面分离出来，进一步验证了本书方法在室内场景点云语义分割的鲁棒性。

6.2　室内部件点云样本库建设

室内场景复杂多样，人们对室内环境的认知一直在不断的探索中。在人工智能、数字地球发展的推动下，室内测图装备成为人们研究室内环境的重要技术手段，室内环境的高精度地图成为其中的重要载体。在对室内场景语义理解的过程中，识别场景中各个部件的语义信息需要室内场景部件样本库的支撑。因此，获取室内场景部件数据集，构建适用于室内场景语义分类检索的部件点云样本库，并建立室内场景部件语义体系便成为首要的任务。

6.2.1 国内外现有的部件数据

3D侠模型下载网[①]是国内一个下载室内部件三维模型数据的网站。这个网站最初因能为设计师们提供模型、贴图素材等资源下载的服务而受到认可。然而，该网站的设计界面风格较为单一，不够美观。随着其他优秀模型库的出现，3D侠模型下载网也进行了更新。目前的网页界面风格清新美观，室内部件模型按场景、功能、风格分为不同的类别，分类体系简单清晰，共有两级类别，一级类别23种，二级类别217种，附加风格筛选功能，包含14种风格。模型包括单个室内部件模型和室内场景模型，格式统一为max格式，分为收费和免费两种，模型下载量从最初的任意免费下载变为有限下载。

3D溜溜网[②]是国内另一个能为用户提供优质3D模型素材下载的网站，拥有众多的用户和巨大的流量，网站设计界面风格简单。三维模型包括室内场景部件模型和不同室内场景模型，格式统一为max格式，分类体系清晰、直观、精细，共有三级类别，一级类别11种，二级类别60种，三级类别465种，另外也附加了风格筛选功能，共21种风格，便于用户筛选模型。该模型库中的一部分模型是免费的，另一部分需要注册会员或付费下载，用户每天可下载的模型数量有限。

ModelNet数据集[③]是由普林斯顿大学创建的数据集，该数据集为机器人学、计算机图形学、计算机视觉和认知科学领域的研究人员提供了一个简洁、全面且高质量的3D CAD模型数据集。该数据集的研究人员使用从SUN数据库中获得的统计数据编译了世界上最常见的对象类别列表来构建数据集的核心。他们为数据集中的每个对象模型建立了词汇表，通过输入类别术语便可在线查询数据集中的三维模型。此外，该数据集中包含质量控制工具，可以手动决定每个三维模型是否属于指定类别。ModelNet包含方向对齐的10类ModelNet10和40类ModelNet40流行的3D CAD模型对象类别，每一类模型都分为训练集和测试集两部分。这个数据集是公开的，可以免费下载，模型格式统一为off格式。

ShapeNet数据集[④]是由斯坦福大学创建的三维模型数据集，它广而深地覆盖现实世界中可以观察到的多数对象类别，拥有数百万个实例，是一个信息量丰富的大型三维模型库，包含多种语义类别的模型。该数据集使用WordNet分类方法对其进行组织分类，并将模型库中的模型与模型库之外的其他多媒体数据联系起来。该数据集为每个三维模型提供了许多语义类别注释，这些注释通过基于公共网络的界面提供给用户，以便实现对象属性的数据可视化，促进数据驱动的几何分析，为计算机图形学和视觉研究提供大规模的量化基准。ShapeNet中原始的三维模型数据来自在线的公共模型库或现有的研究数据集。随着越来越多的三维模型可供使用，越来越多的人贡献模型注释，以及使用三维传感器获取数据变得越来越流行，ShapeNet会定期更新模型库。

除此之外，还有许多模型网站可供使用，包括国内的学哟网、知末3D模型库、国家动

① https://www.3dxia.com/
② https://www.3d66.com/
③ https://modelnet.cs.princeton.edu/
④ https://www.shapenet.org/

漫素材库,国外的3DDD模型网、TurboSquid网站、JOYCG、3DModelFree等。

为了建立室内场景部件点云库,通过对上述不同模型数据集的调研分析发现,目前数据集的数据量十分可观,模型种类丰富,包含大部分常见的室内场景部件。上述室内场景部件数据集的统计分析如表6.8所示。从开源程度来看,国内的数据集普遍是为设计师提供服务的,所以是收费下载,且下载量有限;国外数据集中,ModelNet与ShapeNet是由高校创建的,主要为科研服务,故数据集是开源的,可免费下载。就分类体系而言,国内数据集的分类体系更为详细,且附加风格筛选功能;国外数据集的分类体系则较为简单,开源的两个数据集只有一级分类体系。在文件格式方面,国内数据集由于服务对象是设计者,所以更注重专业性而非交互性,普遍支持max文件格式;而国外的开源数据集更注重交互性和轻量型。

表6.8 各数据集统计分析

数据集		是否开源	分类体系级别数量		文件格式
			一级类别	二级类别	
国内数据集	3D侠模型	部分开源	23	217	max
	3D溜溜模型	部分开源	11	60(三级类别465)	max
	学哟模型	部分开源	14	92	max, obj, fbx
	知末模型	部分开源	22	234	max
国外数据集	ModelNet40	完全开源	40	0	off
	ShapeNetCore	完全开源	55	0	obj
	3DDD	部分开源	13	121	max, obj
	TurboSquid	部分开源	9	88	max, obj, fbx

从构建室内场景部件数据集入手,综合分析各数据集的优劣,在收集数据时主要考虑数据源的开源性、文件格式的交互性以及数据量三个方面。开源性决定了是否能够完整地获得整个数据集;文件格式的交互性决定了是否能进行数据格式的转换;数据量则决定了所构建数据集的数据量。因此,从这三个方面出发,结合表6.8中各数据集的统计分析,国外的三维模型数据集ModelNet和ShapeNet更符合构建室内场景部件库的需求。

6.2.2 室内场景部件模型格式分析

企业或高校在研究和开发三维模型的过程中,为了满足虚拟现实技术的需要,分别研发了不同的三维模型格式用于存储三维模型文件。例如,Discreet公司在开发3D Studio Max(简称3D Max或3ds Max)三维动画制作渲染软件的同时开发了3D Max软件专用的标准三维模型文件格式max;Autodesk公司开发了3ds和fbx文件格式;Alias|Wavefront公司推出了obj文件格式;普林斯顿大学在创建三维模型检索基准的同时研发

了 off 文件格式；等等。不同的三维模型文件格式包含了不同的数据信息，有着不同的用途，例如，max 格式的模型包含了模型的颜色、线框、灯光、阴影等信息，用于游戏开发、动画制作等精细且专业的建模；而另外几种格式的文件存储的内容相对简单，主要用于数据交换。下面就几种常见的三维模型格式进行详细分析。

1. obj 文件格式

obj 文件的结构简单，支持几乎所有的三维建模软件，主要有以下几个特点：①obj 文件的结构属性是纯粹的字典式结构，正是由于 obj 文件的这种文本文件结构属性，使其不仅可用记事本打开，也可用写字板或其他代码编辑器打开、编辑、修改，极大地提高了用户的操作性。②obj 文件支持不少于三个顶点组成的面、该面的法线以及贴图的坐标。③obj 文件中包含部件的几何坐标、能够描述部件纹理特征的坐标以及点与点之间的排列方式与顺序、面与面之间的组合方式等信息。④obj 文件中模型的组成方法不尽相同。有些是由点、线、面构成的多边形组成，这类模型被称作多边形模型；有些是由参数曲线、曲面组成，这类模型被称作自由曲面模型。而对于 obj 文件来说，它可以定义以上两种方式构成的模型。⑤obj 文件中不包含三维模型的材质、纹理等信息，这些信息被单独存储在后缀为 mtl 的文件中，可与 obj 文件一同加载到三维建模软件中以显示材质、纹理等信息。⑥一般来说，obj 文件每行以关键字开头。通常，obj 文件第一行以“#”开头，表示注释信息，为该部件模型命名。随后几行分别由关键字和参数构成。在 obj 文件中，用户可随意使用空格与空行来提高整个文件的可读性与易懂性。

2. ply 文件格式

ply 格式是一种多边形数据存储格式，被称为多边形档案或斯坦福三角形档案。一个 ply 文件中存储着一个三维模型的多边形数据信息。ply 文件的应用极其广泛，能方便地进行数据转换。其文件结构简单，主要由文件头 header 以及元素数据列表组成。文件头是指从第一行到 end_header 结束的内容。文件头以行为单位，以回车键作为每一行的结束，它定义了文件的规则，即编码方式，还定义了元素的种类、数量、名称以及与其他元素相关联的属性代码，文件头中的注释关键词为 comment。文件头后面紧接着的是顶点列表，其以行为单位，记录着每个具有代表性并能表示三维物体形状的顶点坐标；接着是面片列表，同样以行为单位，记录面片的边数和构成面片的顶点的索引号，与 obj 文件不同，ply 的顶点索引从 0 开始标记。在面片列表后面，用户可根据需要自行定义相关属性。

3. off 文件格式

三维模型的 off 文件是一种文本文件，与 obj 文件和 ply 文件的结构类似但更为简单，它记录了由表面多边形构成的几何体，其中，多边形可以包含任意数量的顶点。off 文件第一行以“OFF”声明文件类型；第二行声明三维模型的顶点数量、面片数量以及边的数量，其中，边的数量可以省略；接下来的数行，每行记录每个顶点的 x、y、z 三维坐标，以空格隔开；后面是面片列表，同样每个面片列表按行给出，每一行第一个数字是该面元素的顶点数量，然后是顶点对应的索引。

4. fbx 文件格式

fbx 格式是一种商业格式，是 FilmBoX 这套软件所使用的格式。作为 Autodesk 家族格式，fbx格式支持动画，与其兼容性最好的软件当属 Autodesk 家族的软件。fbx文件本身是不对外公开的，要实现对 fbx文件的操作就要通过 Autodesk 公司所提供的 FBX DSK 来实现读取、写入、转换以及修改等。fbx文件最大的作用就是在不同三维建模软件如 3D Max、Maya、Softimage 等之间进行材质、模型、摄像机、动作等信息的互导。fbx格式是以 Scene Graph/Tree 的结构来存储模型的所有信息，也可以认为它是以多叉树的形式存储三维模型的所有信息[16]。

6.2.3　室内场景部件样本库的标准化

从 6.2.2 节可知，为了满足不同的需求，三维模型文件被定制成不同的格式，不同的格式对应着不同的应用需求，但不同的数据集有其各自的语义体系，以及不同格式的三维模型，这加大了在建立室内场景部件样本库方面组织与管理的难度。因此，对收集到的部件数据集标准化，构建一个室内场景部件样本库是十分必要的。

室内场景部件样本库的构建过程如图 6.9 所示，主要从模型标准化和语义体系标准化两方面入手，其中，模型标准化包括模型格式标准化及采样点数标准化。模型标准化阶段是将收集到的模型文件格式与采样点数做标准化；语义体系标准化阶段是将标准化后的部件数据使用统一的语义体系管理。

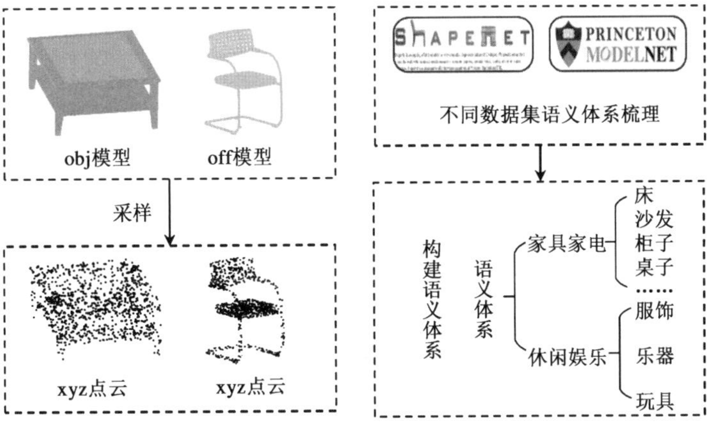

(a)模型标准化　　(b)语义体系标准化

图 6.9　室内场景部件样本库构建

1. 室内场景部件模型标准化

在室内场景数据采集过程中，测图平台所搭载的激光雷达随着平台的运动，可采集到整个场景的真三维点云数据，能够对室内场景进行准确的表达。因此，将所收集到的三维模型数据转换为点云数据尤为必要。

目前从各种室内模型网站和开源数据集获得的大量室内场景部件都是由面片数据构成的三维几何模型，为了使其在室内场景部件语义分类和检索任务中得到更好的应用，将三维模型转换成点云形式的表达，构建出室内场景部件的点云库，以便于室内场景推理、建模等其他应用。

通过对不同三维模型格式的分析可知，三维模型文件中普遍包含点、线、面、材质和纹理等信息，对不同格式的三维网格模型进行合理的采样，便能扩充现有的点云数据集，实现室内场景部件点云格式的标准化。常用的三维模型采样方法有蒙特卡罗采样法(Monte Carlo Sampling)、泊松碟采样法(Poisson-disk Sampling)、递归采样法(Recursion Sampling)、分层三角采样法(Stratified Triangle Sampling)等。

1) 蒙特卡罗采样法

蒙特卡罗采样法是一种经典的采样方法，在积分求值、物理模拟、优化等方面被广泛应用。在三维模型的采样任务中，设采样点个数为 n_p，三角网格数为 n_i，每个三角网面积为 S_i，所有的三角网面积之和为 S_a，那么落入每个三角网的点数是服从均值为 $n_i \times S_i / S_a$ 的泊松分布的一个随机变量，具体算法见表 6.9。

在实际采样过程中，蒙特卡罗采样法需要解决以下两个问题：一是每个三角网要按照泊松分布进行采样；二是根据确切的采样点数，对采样结果进行二次过滤。

表 6.9　蒙特卡罗采样算法流程

算法： 蒙特卡罗采样

```
For each_triangle i
{
    Sample_per_triangle = Poisson (ni * Si/Sa)
    Repeat Sample_per_triangle times
        ComputeUnifromSample(i)
}
SecondPass(ni)
```

2) 泊松碟采样法

泊松碟采样法是一种能够生成一致点集的经典采样方式，该点集服从随机分布。对于给定的采样域(Sampling Domain)和采样半径(Sampling Radius)，该采样算法随机地在采样域生成一个泊松碟，如果生成的泊松碟与任何已有的泊松碟冲突，那么该步生成操作取消，一旦观察到连续多次的冲突，那么意味着泊松碟采样算法结束，具体算法如表 6.10 所示。

记泊松碟采样得到的点集中每个点对应的坐标与采样半径为 (P_i, R_i)，那么经过一个理想的泊松碟采样过程得到的点集 P 满足如下特征：最短距离属性、无偏采样属性和最大采样属性。其中，最短距离属性是指任意两点的欧氏距离大于采样半径，即 $\forall i, j \in P$，$Dist(P_i, P_j) \geqslant \min\{R_i, R_j\}$；无偏采样属性是指采样域中的每个位置都有与采样域大小成正比的概率成为一个采样点；最大采样属性是指所有泊松碟的交集覆盖了整个采样域。

表6.10　泊松碟采样算法流程

算法：泊松碟采样

PossionDiskSampling(int N, float R):
{　//pre-generate samples on the mesh
　SamplePool pool = GenerateSamplePool(N)
　//fill a spatial index for fast access to samples
　SpatialHashTable cells = FillSpatialHashTable(pool)
　//loop
　While(pool. IsNotEmpty()):
　　Sample p = ExtractFromSamplePool(pool)
　　Samples. add(p)
　　//remove samples in the disk radius
　　RemoveSamples(p, R, cells, pool)
　Return samples
}

3）递归采样法

递归采样法是在三角面片网格模型表面采样的一种方法。该方法以八叉树的方式对模型所属的边界盒进行递归细分，从而将边界盒体素化。当体素的中心比给定的投影点更接近模型表面时，考虑将边界盒的中心投影到模型表面。递归采样法的流程如表6.11所示，具体来说主要分三个步骤：第一步是将模型所属的边界盒以八叉树的方式进行递归细分，记录该模型所有接触每个体素边界框内部的三角形，体素中的每个三角形都被细分，跨越边界的三角形可被进一步细分。第二步是对每个体素中的三角面片进行均匀采样，生成点集。由于在两个或多个体素边界附近生成的点之间距离过于接近，因此第三步是逐个剔除点，直到满足最小距离约束。在用八叉树对模型进行细分的过程中，体素单元越小，精度越高，计算成本也越高。

表6.11　递归采样算法流程

算法：递归采样
RegularRecursiveSampling(int N, float R): { 　The bbox is recursively partitioned in a octree style.

For each_new_triangle
　　Sampling_per_triangle = UniformSampling(i)
　//loop
　While(minimumDistance. IsNotsatisfied()):
　　RemoveSamples(samples)
　Return samples
}

4）分层三角采样法

分层三角采样法是将模型采样域细分为不重叠的三角面片，针对每个独立的三角面片进行采样，从而产生均匀间隔点集的采样方法。为了在一个三角面片内生成多个新的三角形，每个三角面片可根据不同的分层策略进行细分，从而影响点的分布。分层策略有相似三角形、对偶相似三角形、长边细分、采样边缘和采样非伪边。①相似三角形的分层策略是将构成模型的每个三角面片细分为相似的三角形，并考虑这些三角形的内部顶点。这种方式的分层采样在边缘和顶点周围留有空间，可以分别进行采样。②对偶相似三角形的分层策略仅是将构成模型的每个三角面片根据采样方法细分为相似三角形，并考虑这些三角形的内部点。③长边细分的分层策略是将构成模型的每个三角面片沿最长边进行递归细分。④采样边缘的分层策略是对构成模型的网格进行均匀采样。⑤采样非伪边的分层策略是对构成模型的网格中非伪边进行均匀采样。

在三维模型采样任务中，记采样点个数为 n_{p}，三角网格数为 n_i，分层策略为 s，具体分层三角采样算法如表 6.12 所示。

表 6.12　分层三角采样算法流程

算法：分层三角采样

```
StratifiedTriangleSampling( int np, int ni, char s):
{
    For each_triangle_i
        Subdivided_triangle=Octree_partition(ni, s)
    For each_new_triangle
        Samplings = UniformSampling(i)
    Return Samples
}
```

采用不同的采样方法对三维模型进行采样，并可视化分析采样结果，如图 6.10 与表 6.13 所示。从图 6.10 中可以看出，不同的采样方法都能表达三维模型，基于可视化结果，表 6.13 分别从能否按照指定点数采样和能否均匀采样两个角度对采样方法进行分析。考虑到模型格式标准化以及点云深度学习过程中点云数量的影响，本书最后采用能够指定采样点数并能较为均匀采样的蒙特卡罗采样法，将不同格式的三维模型转换成点云文件（*.xyz）进行存储管理。

表 6.13　模型采样方法对比

采样方法	指定采样点数	均匀采样
蒙特卡罗采样	能	一般
泊松碟采样	不能	好
递归采样	不能	好
分层三角采样	不能	一般

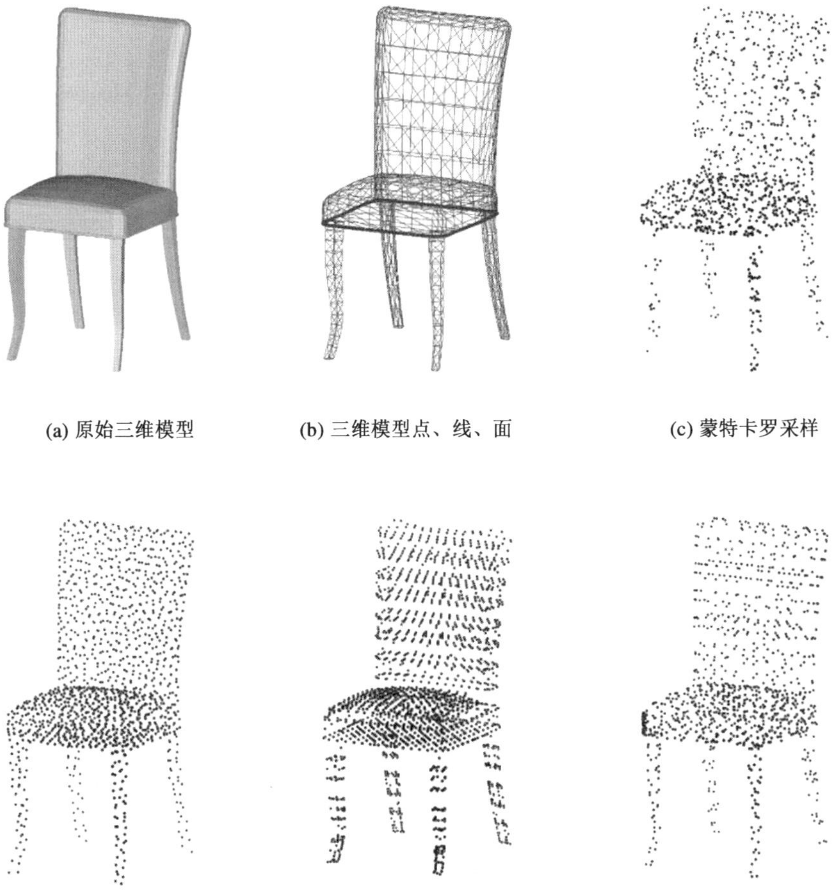

(a) 原始三维模型　(b) 三维模型点、线、面　(c) 蒙特卡罗采样

(d) 泊松碟采样　(e) 递归采样　(f) 分层三角采样

图 6.10　不同采样方法的可视化结果

基于收集到的数据集以及蒙特卡罗采样法，考虑到点云深度学习任务中采样点数的影响，有必要将部件模型采样到不同的点数，一方面，为基于深度学习的部件分类方法的研究做铺垫，另一方面，不同采样点数也可扩充室内场景部件样本库的规模。

采用蒙特卡罗采样法，将收集到的开源数据中的部件模型统一采样到 2 048，1 024，512，256，128，64，32 等 7 种不同量级的点数。部件模型采样效果如图 6.11 所示，采样点数标准化结果如表 6.14 所示，共将 67 271 个部件模型采样到不同量级的点云。

表 6.14　采样点数标准化结果

每个部件的采样点数	收集的开源数据集	
	ModelNet40	ShapeNetCore
2 048	✓	✓
1 024	✓	✓
512	✓	✓

（续表）

每个部件的采样点数	收集的开源数据集	
	ModelNet40	**ShapeNetCore**
256	✓	✓
128	✓	✓
64	✓	✓
32	✓	✓

注：两个数据集中的部件（ModelNet40 与 ShapeNetCore）均被采样到不同的点数。

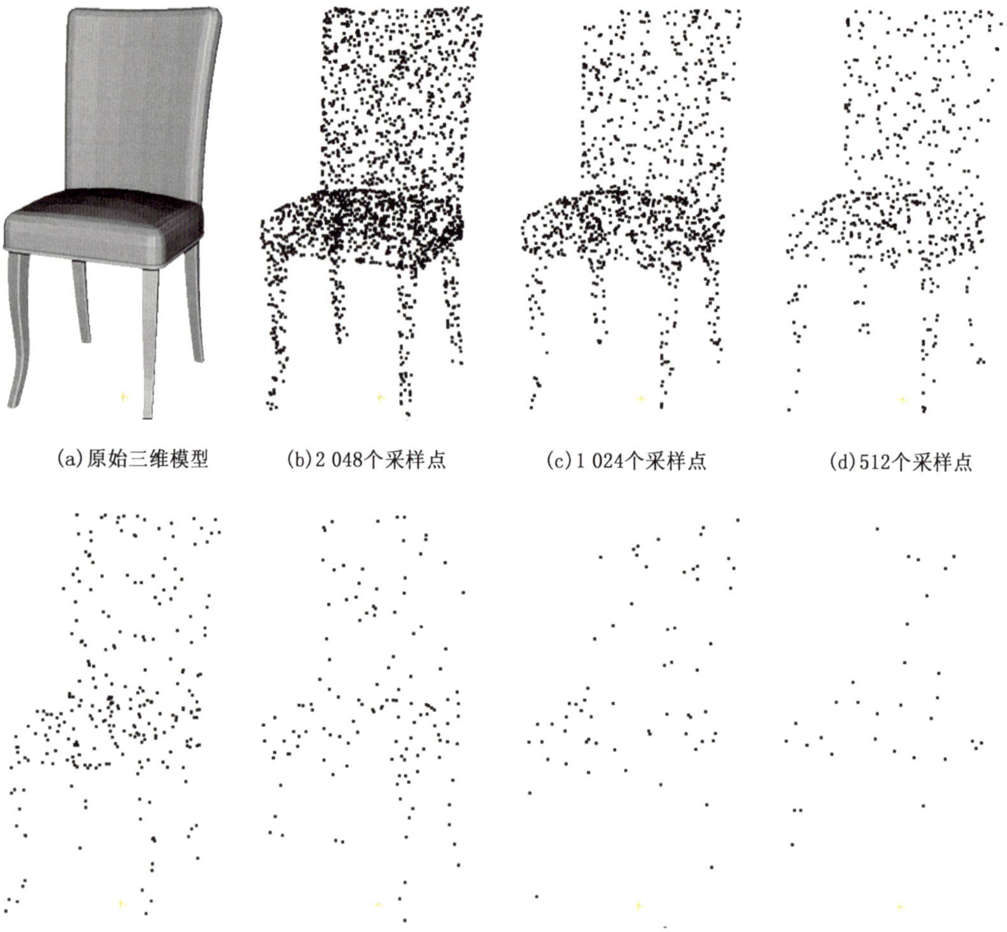

(a)原始三维模型　(b)2 048个采样点　(c)1 024个采样点　(d)512个采样点

(e)256个采样点　(f)128个采样点　(g)64个采样点　(h)32个采样点

图 6.11　不同采样点数示例

2. 室内场景部件点云语义体系标准化

不同的三维模型数据集有其独特的模型组织方式与语义体系，有的数据集会给出不同层级的目录将模型归类整理，有的数据集仅将模型简单归类。

1）国内模型数据集的语义体系

3D 侠模型数据集：该数据集的语义体系清晰，且包含大量的室内场景部件的三维模型，用户下载方便，能够快速地找到自己想要的模型。该数据集将三维模型分为沙发、床、台桌、椅子等 9 个一级类别，一级类别中又包含若干二级类别，共 89 个二级子类。此外，该数据集还可按风格分类，有传统中式、新中式、经典欧式等 21 种风格，用户可根据不同的风格喜好选择喜欢的模型。

3D 溜溜数据集：该数据集的语义体系相较于 3D 侠模型数据集，它分类更细致，该数据集将模型分为沙发、柜类、床具、桌几台、椅凳等 16 个一级类别，每个一级类别下设若干个二级子类，共计 156 个二级子类，随之带来的问题是各类别之间的重复度较高。

2）国外模型数据集的语义体系

ModelNet 数据集：该数据集的类别是由研究人员手动做的分类，选择 10 个较流行的对象手动分类，并手动进行 10 类子集 CAD 模型的方向对齐，数据集质量高。该网站提供了 10 类子集和完整的数据集供用户下载。ModelNet10. zip：该 ZIP 文件包含用于在 3D 深度学习任务中训练深度网络的 10 个类别的 CAD 模型。ModelNet40. zip：该 ZIP 文件包含 40 个类别的 CAD 模型，同样用于在 3D 深度学习任务中训练深度网络。训练数据集和测试数据集拆分包含在文件中。该数据集中的语义体系只有一级类别。

ShapeNet 数据集：该数据包含 ShapeNetCore 和 ShapeNetSem 两个子集。ShapeNetCore 中包含 55 个类别，ShapeNetSem 中包含 270 个类别。ShapeNetCore 中的模型与 ShapeNetSem 相比，类别少、数量多。该数据集的语义体系简单，只有一级类别，采用编码方式对模型进行分类管理。

3）室内场景部件点云样本库的语义体系

国内的三维模型数据集普遍都有非常细致的语义分类体系，按照功能、几何结构分成不同的大类与子类，有的也会根据风格进行归类，帮助用户筛选目标。而国外的三维模型数据集中，一部分也同国内一样，按照功能分成不同的大类及其子类，另一部分，如一些开源的三维模型数据集，虽然方便了下载与使用，但语义分类略显粗糙。

为了构建适用于室内场景语义分类与检索的部件点云库，结合国内外语义分类体系的特点，基于收集到的开源数据集 ModelNet40 与 ShapeNetCore，构建一套室内场景部件点云库的语义体系，并满足以下条件：①类别全面、广泛，尽可能覆盖室内各种场景、各个部件；②同级类目不重复，便于区分；③对各个类别进行编码，使每个室内场景部件都有其独一无二的编码，方便查询。

鉴于室内场景种类多，部件类别多种多样，所收集的开源数据集种类有限，本书通过对比不同数据集的语义体系，提出了室内场景部件语义体系，完成了对所收集数据集的语义体系标准化。如表 6. 15 所示，该语义体系包含 2 个一级类别：家具类（J）和休闲类（W）。其中，休闲类又分为 3 小类：服饰（F）、乐器（Y）、玩具（W）；家具类分为 11 个小类：床（B）、盛具（C）、装饰（D）、柜子（G）、家电（J）、厨卫（K）、灯具（L）、床上用品（O）、沙发（S）、桌子（T）、座椅（Z）。同级类别的代码无重复。可根据分类体系中的代码，快速索引到对应的模型，例如，JB-01-00012，表示的是家具类“J”中床“B”的“01 单人床”中的第 12 个模型。以此类推，可根据表 6.16 的语义分类体系索引到模型库的所有模型。

表 6.15　室内场景部件点云库的分类级别统计

级别	数量
一级类别	2
二级类别	14
三级类别	94

表 6.16　室内场景部件点云语义体系及编码

一级类别	二级类别	三级类别	数量
家具类(J)	床(B)	01 单人床、02 双人床、03 双层床	862
	盛具(C)	01 篮子、02 碗、03 杯子、04 广口瓶、05 细口瓶、06 易拉罐	2 909
	装饰(D)	01 垃圾桶、02 鸟窝、03 花盆、04 邮箱、05 窗帘、06 表	2 434
	柜子(G)	01 书柜、02 衣柜、03 床头柜、04 文件柜、05 电视柜、06 斗柜、07 装饰柜、08 梳妆柜、09 鞋柜	4 325
	家电(J)	01 扬声器、02 笔记本、03 洗衣机、04 打印机、05 微波炉、06 照相机、07 洗碗机、08 耳机、09 遥控器、10 键盘、11 监控、12 摄影机、13 投影仪、14 手持话筒、15 显示器、16 收音机、17 抽烟机、18 电话	6 551
	厨卫(K)	01 刀具、02 火炉、03 水龙头、04 浴缸、05 马桶、06 洗脸池、07 炉灶	3 375
	灯具(L)	01 台灯、02 落地灯、03 吊灯	2 462
	床上用品(O)	01 枕头、02 被子	96
	沙发(S)	01 单人沙发、02 双人沙发、03 多人沙发	3 953
	桌子(T)	01 书桌、02 餐桌、03 茶几、04 小条桌、05 乒乓球桌、06 画台	9 221
	座椅(Z)	01 手扶椅、02 靠背椅、03 公共座椅、04 轮椅、05 圈椅、06 躺椅、07 摇椅、08 折叠椅、09 交椅、10 板凳	9 882
休闲类(X)	服饰(F)	01 帽子、02 头盔、03 箱包、04 衣服	301
	乐器(Y)	01 钢琴、02 吉他、03 小提琴、04 大提琴、05 喇叭	1 622
	玩具(W)	01 步枪、02 船、03 飞机、04 公交车、05 滑板、06 火车、07 火箭、08 建筑物、09 摩托车、10 汽车、11 手枪、12 自行车	19 278
总计			67 271

6.3 室内场景部件点云的语义分类

部件点云的语义分类是指为每一个部件的点云赋予一个类别的语义标签。目前，大多数的点云部件语义分类算法都是基于深度学习而开展的，它们使用大量样本对神经网络进行训练，让计算机在大量训练样本中学习到不同类别的特征，从而实现部件点云的语义分类。

6.3.1 现有部件点云的语义分类框架

早期的分类方法主要采用由人工提取特征建立的手工形状描述符作为特征，构建分类器完成特定任务中的分类。例如，基于网格模型在多边形网格上生成相应的描述符，在部件的体素网格中生成相应的描述符，并将三维模型部件投影到二维平面上，对得到的一系列二维图像进行特征分析。这种人工设计特征描述符的分类方式，存在几点不足：特征提取过程复杂；人为设计特征导致主观性太强；只能针对特定分类任务设计特征描述符，实用性不高；等等。随着学者的大量研究以及计算机硬件的发展，深度学习概念的出现使得分类问题变得简单，它将输入的样本数据通过神经网络逐层的变换，将样本特征转化成更高层次的特征，计算机自主学习不同层次的特征，实现样本的分类。与传统的分类方法相比，深度学习提取的特征更为抽象，分类更为智能。目前对点云的深度学习在测绘、计算机、机器人、无人驾驶等领域已成为研究热点，下面主要对几种点云深度学习分类框架进行简要介绍。

1. PointNet

PointNet[2]是首个将点云直接作为深度学习输入数据的框架，其目前已被广泛应用于三维目标检测和语义分割。它直接将点云数据作为输入，每个点都由欧几里得空间的 (x, y, z) 坐标表示。PointNet 考虑到输入点云排列的不变性，提出解决非结构化点云数据的方法，总体框架如图 6.12 所示，它包含两个核心模块：转换网络(T-Net)和对称函数。转换网络主要使用空间变换网络来解决旋转问题，通过学习点云本身的姿态信息，预测最有利于分类的旋转矩阵，处理对象旋转不变性的问题。PointNet 首先将点云数据作为输入，通过空间变换网络预测出一个 3×3 的仿射变换矩阵，实现点云的对齐。直观地讲，即将输入点云旋转到一个统一的有利于分类分割的角度。其次，通过多层感知机(Multi-Layer Perception，MLP)学习到每个点的 64 维特征，并再次使用空间变换网络预测出一个 64×64 的变换矩阵，用于对齐提取的 64 维特征，即在特征层面对点云进行变换。最后，通过多层感知机进行以特征点为单位的特征提取，使得每个点有 1 024 维的高维特征，继而在特征空间使用最大池化(Max Pool)作为对称函数，集合每个点的高维特征，提取到每个部件点云的全局特征，使得该框架能够处理无序点云并具有旋转不变性。本质上，该神经网络学习的是一组函数，从点的子集中选择感兴趣且信息丰富的关键点，在每一层特征向量中编码这些信息，最终可以提取出固定维数的特征，从而将点云特征向量化，实现点云分类。

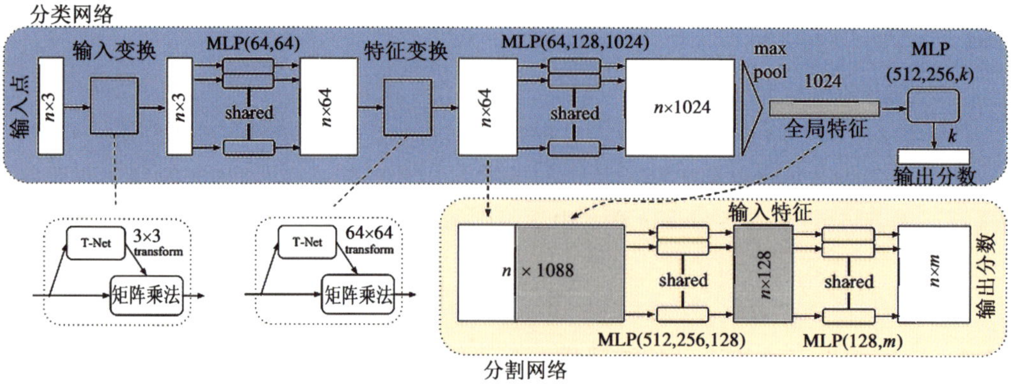

图 6.12　PointNet 网络结构[2]

2. PointNet＋＋

由于多层感知机只学习每个点的局部特征，而忽略了点与点之间的连接，PointNet 无法表示相邻点的局部特征，从而限制了其在复杂场景中的性能，不能充分处理局部特征提取。为此，Qi 等[3]对 PointNet 作了进一步的改进，通过构造类金字塔特征聚合方案，提出了 PointNet＋＋框架，用于点云的分类和语义分割，解决了两个问题：①如何将点云在局部区域进行划分；②如何实现点云局部特征的提取。PointNet＋＋的灵感来源于 2D CNNs，将点云输入多分辨率层次结构，以越来越大的比例捕获特征。它通过距离度量将输入点集划分为重叠的局部区域，然后从逐渐增大的邻域中提取特征。小的邻域用于捕获细粒局部特征（如表面纹理），大的邻域用于捕获全局几何形状特征。原来的 PointNet 网络变成了 PointNet＋＋的子网络，用于特征提取。在生成重叠区域时，需要定义一个邻域球，在输入的点云中选取一系列点来定义局部区域的质心，根据分层比例参数定义半径，并使用最远点采样法以确保整个点云被均匀覆盖。如图 6.13 所示，PointNet＋＋由三

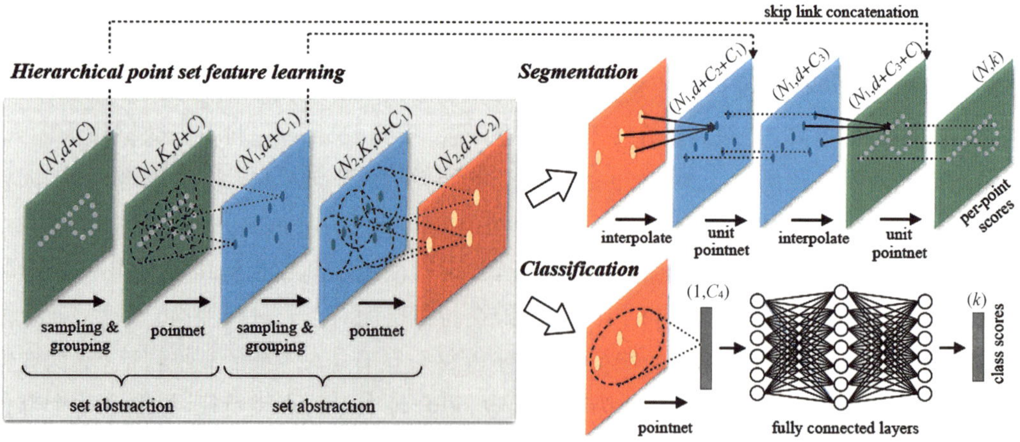

图 6.13　PointNet＋＋网络结构[3]

个部分组成：采样层(Sampling Layer)、分组层(Grouping Layer)和PointNet层(PointNet Layer)。将点云看作 $N\times(d+C)$ 的矩阵，作为整个网络的输入，表示将 d 维坐标和 C 维点特征的 N 个点构成的点云数据作为输入。在分类任务中，继续使用PointNet中的多层感知机、最大池化和两层全连接层便可实现室内场景部件点云的分类任务。相比于PointNet，PointNet++在ModelNet40数据集上的分类精度提高了2.7%。

3. PointCNN

自PointNet出现以来，大量处理无序点云的网络框架相继出现，有些网络将二维卷积层应用在三维点云处理中，通过在网络中加入卷积层来实现部件点云的分类，其中一个典型的网络框架就是PointCNN[10]，该方法已应用于三维物体分类和语义分割。PointCNN使用分层卷积和X-Conv算子来捕捉局部信息，X-Conv的优点是它考虑点集的大小，而不考虑点的输入顺序，与空间变换网络类似，从上一层的数据中取 K 个点来预测一个大小为 $K\times K$ 的变换矩阵 $\boldsymbol{X}$，使用该变换矩阵对前一层的特征进行变换并进行加权和重新排列，然后对变换后的特征进行卷积操作。试验结果表明，PointCNN的学习能力很强，但泛化能力不是最先进的，尽管如此，它还是优于其他直接在点云上进行卷积的神经网络框架，也可与处理点云的非卷积神经网络框架相媲美。

6.3.2 室内场景部件点云的小样本语义分类方法

6.3.1节回顾了几种经典的部件点云分类神经网络框架，它们的共同点是使用大量的标记样本对神经网络进行训练，并保存最佳的训练参数用于测试数据量较少的测试集。这些网络需要有足够的训练样本才能达到较高的分类精度，且针对不同的场景，需要不同种类的大量训练样本来支撑。然而，由于现实室内场景种类多，部件类型多样，不是所有的室内场景都有其相应的大量标记过的训练样本，公开数据集中的部件种类也不能覆盖所有室内场景的所有部件，且针对不同场景的分类任务标记大量的训练样本，是一件工作量大、耗时耗力的事情。因此，本节提出一种利用少量标记的部件点云实现未知点云的分类方法，即室内场景部件点云的小样本语义分类方法，算法流程如图6.14所示。与现有的深度学习分类网络利用大量标记样本训练相比，小样本分类仅使用较少的标记样本，便能实现部件点云的语义分类。

受二维图像小样本分类方法和PointNet网络的启发，本节提出使用预训练网络基于小样本的语义分类方法。该方法将PointNet作为特征提取框架，利用与待分类点云类别相似的开源数据集对特征提取框架进行预训练，保存预训练网络用于部件点云特征提取。从图6.14的技术路线可以看出，小样本分类方法整体分为混合样本、特征提取、特征降维和语义分类四部分。针对不同室内场景的待分类样本，标记每个类别中的少量样本，将少量标记的样本与待分类样本一同输入预训练网络进行特征提取，然后依据"同类特征相似，异类特征相斥"的原则，结合机器学习的降维算法将高维特征嵌入低维空间中，最后通过对低维特征进行邻域分析，利用少量标记的语义信息实现未知部件点云的语义分类。

1. 部件点云的特征提取

假设存在 N_1 个少量标记的部件点云，记为 $L=\{L_a\,|\,a=1,2,\cdots,N_1\}$，有 N_2 个待分

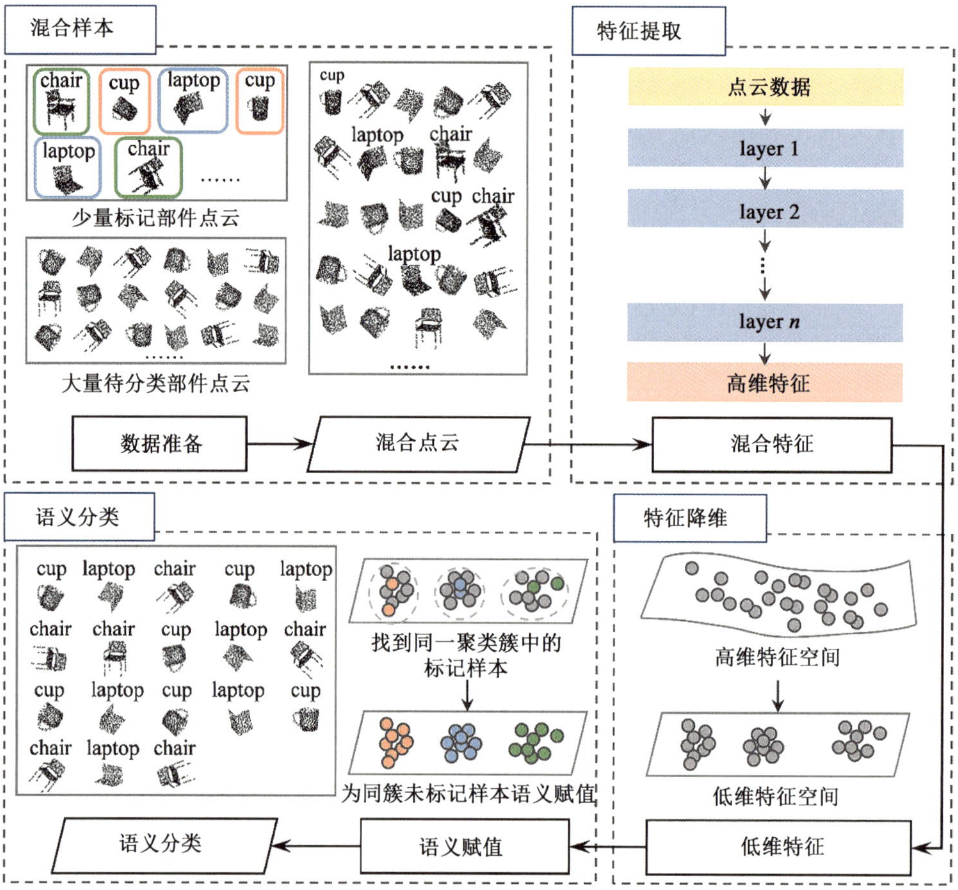

图 6.14　小样本部件点云语义分类技术路线

类的部件点云，记为 $U=\{U_b \mid b=1, 2, \cdots, N_2\}$，则混合的点云集合记为 $S=L\cup U=\{S_c \mid c=1, 2, \cdots, N_1+N_2\}$，每个部件点云由 n 个三维坐标点构成，由 6.3.1 节可知，n 取值为 2 048，1 024，512，256，128，64，32。如果将点云用作直接提取特征网络的输入，则一个部件点云会对应 $n!$ 种输入排列。本节用于特征提取的神经网络框架主要由一个简单的对称函数和一个特征空间中的预测变换矩阵的微型网络组成。该神经网络框架可以直接从无序点云中提取全局特征，它使用全局最大池化作为主要对称函数。因此，该框架对于输入排列具有不变性，并且不受无序点云的影响。此外，它包含特征空间中预测变换矩阵的空间变换器网络(Spacial Transform Network，STN)，能够从输入的点集中学习到与特征维度一致的变换矩阵，将学习到的变换矩阵与原始输入点集相乘，便能实现不同特征空间的对齐。对称函数近似定义一个在点云集合 S 上的一般函数：

$$f(\{x_1, x_2, \cdots, x_n\})\approx\gamma(h(x_1), h(x_2), \cdots, h(x_n)) \tag{6.13}$$

式中，$x_i(i\in[1, n])$ 为点云集合 S 中的一个点云；f 为连续集函数，将一组点映射为一个向量；γ 和 h 为连续函数，代表多层感知机网络。连续集函数 f 对输入点的排列不变，并且可以近似任意连续集函数，输入点中少量的噪声点对函数值没有影响。

图 6.15 是部件点云全局特征提取的网络框架，输入是包含 n 个三维点($n\times3$)的部件点云，原始数据通过一个空间变换矩阵预测网络 STN，估计出一个 3×3 的变换矩阵，并作用在原始数据上，实现数据的对齐。对齐后的数据以点为单位，通过一个共享参数的多层感知机 MLP(64,64)进行特征提取。每个点提取 64 维特征，再通过另一个特征空间变换矩阵预测网络预测出 64×64 的变换矩阵，作用到特征上，实现特征的对齐。然后继续利用三层感知机 MLP(64, 128, 1 024)进行以特征点为单位的特征提取，直到把特征的维度变为 1 024，最后通过最大池化层提取出点云的全局特征向量，使每个部件点云都可由一个 1 024 维的特征表征。

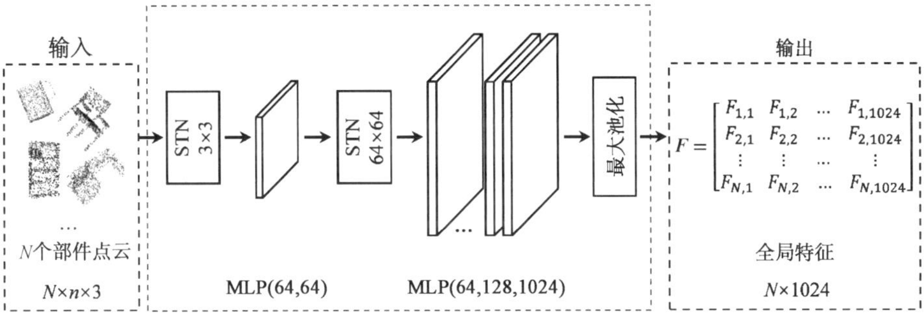

图 6.15　部件点云全局特征提取网络框架

2. 部件点云的特征降维

尽管上述特征提取网络提取了部件点云的全局特征，但高维全局特征具有相关性和冗余性。为了进一步降低特征维度并提高特征学习的准确性和鲁棒性，本节使用一种基于流形学习的特征降维算法来进行特征分析。

假设得到的高维全局特征位于统计流形上，使用概率分布来描述全局特征，则可获得高维或低维空间中任意两个全局特征之间的条件概率分布函数。高维全局特征可以定义为具有 N 个全局特征的 $F=\{F_1, F_2, \cdots, F_N\}\in\mathbb{R}^D$，其中 D 是高维全局特征的维度，每个全局特征的维数为 1 024。设低维空间中存在一个与 F 有映射关系的 $G=\{G_1, G_2, \cdots, G_N\}\in\mathbb{R}^d$，其中 d 是低维空间的维数。

任何两个全局特征之间的相似性可以用相同空间中的条件概率来表征。在高维空间中，F_i 和 F_j($i, j\in[1, N]$)之间的相似度可以用条件概率 $p_{j|i}$ 表示，并且服从高斯分布。$p_{j|i}$ 越大，代表全局特征 F_i 和 F_j 之间的相似度越高。高维空间中的全局特征 F_i 和 F_j 分别对应低维空间中的 G_i 和 G_j。同样，可以将 G_i 和 G_j 之间的相似性描述为条件概率 $q_{j|i}$。$p_{j|i}$ 和 $q_{j|i}$ 的表达式如下：

$$p_{j|i}=\frac{\exp\left(-\frac{\|F_i-F_j\|^2}{2\sigma_i^2}\right)}{\sum\limits_{k\neq i}\exp\left(-\frac{\|F_i-F_k\|^2}{2\sigma_i^2}\right)} \tag{6.14}$$

$$q_{j|i}=\frac{\exp(-\|G_i-G_j\|^2)}{\sum_{k\neq i}\exp(-\|G_i-G_k\|^2)} \tag{6.15}$$

式中，σ_i 为高斯分布的方差。

为进一步探索高维空间分布和低维空间分布的相关性，分别在相同的空间中使用联合概率分布 p_{ij} 和q_{ij} 表示：

$$p_{ij}=\frac{p_{i|j}+p_{j|i}}{2N} \tag{6.16}$$

$$q_{ij}=\frac{(1+\|G_i-G_j\|^2)^{-1}}{\sum_{k\neq l}(1+\|G_k-G_l\|^2)^{-1}} \tag{6.17}$$

使用损失函数 C 表示高维空间和低维空间联合概率分布之间的相似性。在高维空间中任取两个高维全局特征，其联合概率为 p_{ij}，对应低维空间中的两个低维特征的联合概率为 q_{ij}，二者之间的损失函数 C 可表示为

$$C=KL(P\parallel Q)=\sum_i\sum_j p_{ij}\lg\frac{p_{ij}}{q_{ij}} \tag{6.18}$$

式中，KL (Kullback-Leibler)散度是一个相对熵，用于测量同一事件空间中两个概率的相似性；P 和 Q 分别为高维空间和低维空间中全局特征的概率分布。

损失函数 C 用于最小化 p_{ij} 和 q_{ij} 之间的 KL 距离，以确保 P 和 Q 两个概率分布具有最高相似度。将损失函数 C 对 G_i 计算偏导数，即梯度，然后通过梯度下降法迭代更新，直到函数值收敛。换句话说，损失函数收敛，表明两个概率分布的相似度最大化。

此外，在低维空间中，使用 t 分布表示特征之间相似性的原因有两点：①流形数据的分布不对称且有长长的尾部；②这些数据并不完全服从标准高斯分布。随着自由度的增加，t 分布的尾部变得更高。当从高维空间映射到低维空间时，应用 t 分布，不同类别的全局特征之间就会有很大的距离，从而区分出各个类别，避免了将一组高维数据降到二维或三维空间时，由于数据都集中在一起而难以区分不同数据的拥挤问题。因此，梯度可用简单形式表示：

$$\frac{\delta C}{\delta G_i}=4\sum_j(p_{ij}-q_{ij})(G_i-G_j)(1+\|G_i-G_j\|^2)^{-1} \tag{6.19}$$

该降维方法根据困惑度来计算高斯分布的方差 σ，困惑度(以 $perp$ 表示) 指一个点附近的有效近邻点数，N 个数据点的条件概率分布可用 $sigma=\{\sigma_1, \sigma_2, \cdots, \sigma_N\}$ 表示。使用二分搜索算法搜索最佳的 σ，困惑度可表示为

$$perp(P_i)=2^{H(P_i)}=2^{-\sum_j p_{j|i}\log_2 p_{j|i}} \tag{6.20}$$

式中，$H(P_i)$ 为 P_i 的香农熵，它作为混乱程度的量化指标，用来表征样本数据的不确定性。熵越大，表示困惑度越大。

部件点云特征降维算法的伪代码如表 6.17 所示。

表 6.17　部件点云特征降维算法流程

算法：部件点云特征降维算法
Inputs：A set of global features of point clouds $F=\{F_1, F_2, \cdots, F_N\} \in \mathbb{R}^D$；perplexity $perp$；the dimension to be reduced d；number of iterations T, learning rate η；momentum $\alpha(t)$.

Compute pairwise affinities $p_{j\|i}$ with the fixed perplexity $perp$ using (2).
Set $p_{ij}=(p_{j\|i}+p_{i\|j})/(2N)$.
Initialize low-dimensional data $G^{(0)}=\{G_1, G_2, \cdots, G_N\}$ with $N(0, 10^{-4}\mathrm{I})$
For $t=1$ **to** T **do**
Compute low-dimensional affinities q_{ij} with (5)
Compute gradient $\frac{\delta C}{\delta G_i}$ using (7)
Iterative optimization, update low-dimensional data with
$G^{(t)}=G^{(t-1)}+\eta\frac{\delta C}{\delta Y}+\alpha(t)(G^{(t-1)}-G^{(t-2)})$
End for

Outputs：A set of low-dimensional features $G=\{G_1, G_2, \cdots, G_N\} \in \mathbb{R}^d$.

3. 部件点云的语义赋值

通过特征降维后，将聚类算法与邻域搜索算法结合，为未标记的部件点云赋予类别标签。在语义赋值阶段，首先采用聚类算法计算得到不同的簇，然后使用邻域搜索方法完成语义赋值，而非直接使用邻域搜索方法进行语义赋值，其原因可由图 6.16 解释。以二维降维结果为例，若不使用聚类算法，簇 5 中许多未标记的点云将被分类为聚类 1 中少量标记样本的类别。由于无法预测特征空间中少量标记的点云特征与未标记的点云特征之间的关系，因此有必要在邻域搜索之前使用聚类算法。

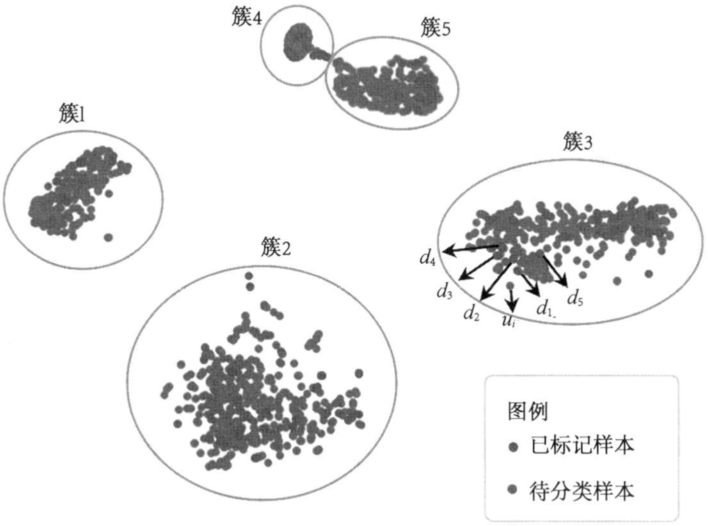

图 6.16　低维空间样本聚类示例

本节使用聚类算法与邻域搜索相结合的策略来完成部件点云的语义赋值，并改进了基于密度的带噪声应用程序空间聚类的聚类算法(DBSCAN)[16]。它从样本密度的角度检查样本之间的连通性，并根据可到达的样本不断扩展聚类以获得最终的聚类结果。该聚类算法假设可以通过样本分布的紧密性确定聚类结构，并且在带有噪声的样本中发现各种形状和大小的聚类。事实证明，该算法在球形数据聚类和非球形数据聚类中均取得了不错的结果[16]。但是聚类标签不是未标记点云所需的语义标签，因此还需结合邻域搜索算法来改进聚类算法以完成未知类别样本的语义赋值。

本节所提出的语义赋值方法假设降维后的特征为 $G=\{G_1, G_2, \cdots, G_N\}\in\mathbb{R}^d$，并将其作为算法的输入数据，内含两个阈值 ε 和 $MinPts$，用于描述邻域样本分布的紧密程度。其中 ε 是邻域的距离阈值，$MinPts$ 是以某一样本为中心的邻域 ε 中样本数量的阈值。

该语义赋值算法流程如下：①选择任意样本点 G_i，并确定与 G_i 的距离小于或等于 ε 的所有近邻点数。如果近邻点数小于 $MinPts$，则将 G_i 标记为噪声；如果近邻点数大于或等于 $MinPts$，则将 G_i 标记为核心样本，并分配新的簇标签 C_k。② 遍历 G_i 的所有近邻点，如果它们未被标记，则将刚新建的 G_i 簇标签分配给它们；如果它们是核心样本，则依次遍历其邻居，依此类推。簇逐渐增长，直到 ε 内没有更多的核心样本为止。③ 选择一个未访问的样本，依次重复相同的过程，直到 G 中的所有样本都被访问完毕。④ 遍历每个簇 C_k，在 C_k 中选择未标记的对象 $u=\{u_1, u_2, \cdots, u_{m1}\}\subseteq U$ 和标记的对象 $l=\{l_1, l_2, \cdots, l_{m2}\}\subseteq L$。⑤ 遍历 u，对于每个 $u_i\in u$，在 l 中选出与 u_i 距离最近的 5 个对象，这 5 个标记过的对象的类别标签记为 $D=\{d_1, d_2, \cdots, d_5\}$。如图 6.16 所示，以簇 3 为例，$u$ 记录了簇 3 中所有灰点，l 记录了簇 3 中所有红点。u 中的 u_i 将选择最接近的 5 个标记过的对象，标签分别为 $d_1, d_2, \cdots, d_5$。⑥ 未标记样本 u_i 的语义标签即 D 中出现次数最多的标签。

部件点云语义赋值的伪代码如表 6.18 所示。

6.3.3 室内场景部件点云的小样本语义分类试验

为了对所提出的室内场景部件点云小样本语义分类方法的性能进行评价，本节使用 6.2 节中标准化后的部件数据集，设计并实现了不同室内场景部件点云语义分类的试验，同时对方法中涉及的不同参数进行讨论，以更全面客观地评价本节提出的室内场景部点云小样本语义分类方法。

1. 试验设计

1) 数据来源

试验点云来自 6.2 节所构建的室内场景部件样本库中采样点数为 1 024 的部件点云。针对不同的室内场景选取不同的部件进行不同的分类试验，选取的 4 种试验场景为办公场景、客厅场景、卧室场景和综合复杂的室内场景。其中前三个场景是日常生活中经常活动的室内场景，包含了典型的室内场景部件类型，部分种类的部件具有独特的场景属性，第四个是综合复杂的室内场景的分类试验，以验证分类方法在复杂室内场景中

表 6.18　部件点云语义赋值算法流程

算法： 部件点云语义赋值算法
Inputs: A set of samples $G=\{G_1, G_2, \cdots, G_N\}\in\mathbb{R}^d$; neighborhood parameter ε and $MinPts$.
Initialize G as unvisited, $C=\Phi$, $k=0$, $SL=\phi$
For G_i in G **do**
Mark G_i as visited, determine the neighbors $N_\varepsilon(G_i)$ of G_i
If $\lvert N_\varepsilon(G_i)\rvert < MinPts$ **then**
Mark G_i as noise
Else
Create new cluster C_k, add G_i to C_k
For g in $N_\varepsilon(G_i)$ **do**
If g is not visited **then**
Mark g as visited
If $\lvert N_\varepsilon(g)\rvert \geqslant MinPts$ **then**
$N_\varepsilon(G_i)=N_\varepsilon(G_i)\cup N_\varepsilon(g)$
End if
End if
If g not yet a member of any cluster
Add g to C_k
End if
$k=k+1$
End for
End if
End for
For C_i in C **do**
Determine a set of the labeled samples u, and a set of the unlabeled samples l
For u_i in u **do**
Find five labeled samples nearest to u_i in l, take their labels as $D=\{d_1, d_2, \cdots, d_5\}$
Determine the label d that appears the most in D, add d to SL
End for
End for
Outputs: Semantic labels SK

的适用性。各个场景试验所涉及的部件类别统计如表 6.19 所示。各个类别的示例点云如图 6.17 所示。

表 6.19　各个试验场景部件类别

场景	类别													
	书柜	椅子	杯子	书桌	键盘	笔记本	花盆	显示器	枕头	沙发	茶几	垃圾桶	床	床头柜
实验场景 1	✓	✓	✓	✓	✓	✓								
实验场景 2							✓	✓	✓	✓	✓	✓		
实验场景 3		✓							✓		✓	✓	✓	✓
实验场景 4	✓	✓	✓	✓	✓	✓	✓	✓	✓	✓	✓	✓	✓	✓

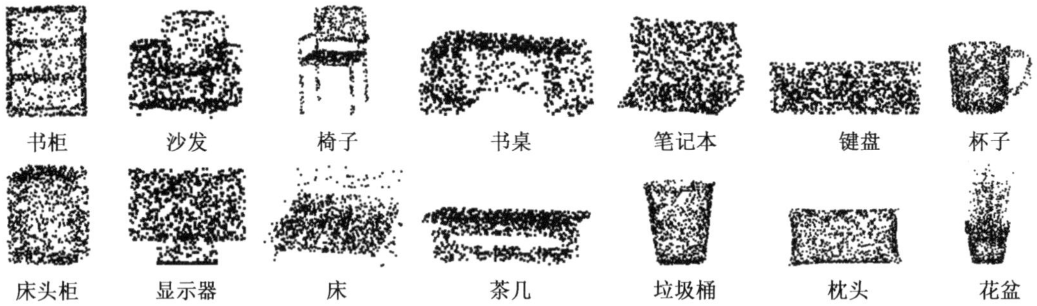

图 6.17　用于试验的 14 类部件点云示例

本节用于试验的 14 类部件，每个类别的数据由三部分组成：标记集、测试集和训练集。每个类别的数据量如表 6.20 所示，每个类别的编号与 6.2 节中语义体系标准化时创建的编号一致。本书方法使用标记集和测试集，对比方法使用训练集和测试集，完成对比试验。从表 6.19 中可以看出，本书方法使用的标记集的数量远少于对比方法使用的训练集的数量。

表 6.20　试验数据构成

类别	编号	标记集/个	测试集/个	训练集/个	类别	编号	标记集/个	测试集/个	训练集/个
书柜	JG01	30	400	727	显示器	JJ15	20	290	1 273
椅子	JZ01	30	300	1 444	枕头	JO01	10	40	176
杯子	JC03	10	100	200	沙发	JS01	20	180	1 317
书桌	JT01	10	86	200	茶几	JT03	10	110	372
键盘	JJ10	10	50	170	垃圾桶	JD01	10	90	250
笔记本	JJ02	10	200	419	床	JB02	10	56	542
花盆	JD03	10	190	571	床头柜	JG03	15	86	185

2）评价指标

衡量分类器性能的一个重要指标是混淆矩阵[17]，它是一个 $K \times K$ 的矩阵，表示分类器在测试集中作出正确预测和错误预测的数量（K 为类别的数量）。利用混淆矩阵可以计算出各个类别的精确率（Precision）、召回率（Recall）和 F1 Score[6, 17, 18]。其中，精确率是就预测结果而言，指测试集中预测为某一类别的样本中确实为该类别的比例。召回率是就原本的样本而言，指测试集中某一类别的样本被预测为该类别样本所占的比例。F1 Score 是精确率和召回率的调和平均数。另一个可以直观评价分类效果的指标是分类的准确率（Accuracy）。准确率是指预测正确的样本总数占测试集样本总数的比例，它可以很容易地通过混淆矩阵计算出来，即混淆矩阵的对角元素总和除以测试集的样本总数。分类器的精度、召回率、F1 Score 和准确率的表达式如下：

$$Precision = \frac{TP}{TP + FP} \tag{6.21}$$

$$Recall = \frac{TP}{TP + FN} \tag{6.22}$$

$$F1\ Score = 2 \times \frac{precision \times recall}{precision + recall} \tag{6.23}$$

$$Accuracy = \frac{TP + TN}{TP + TN + FN + FP} \tag{6.24}$$

式中，TP (True Positive)为真正例，即将正的预测为正的数量；FP (False Positive)为假正例，即将负的预测为正的数量；TN (True Negative)为真负例，即将负的预测为负的数量；FN (False Negative)为假负例，即将正的预测为负的数量。

一个好的分类效果意味着部件点云的预测语义标签与其真实的标签一致。一般来说，准确率越高，分类效果越好。

3）试验设计

为了客观评价本书方法的优缺点，选取 PointNet、PointNet++以及 PointCNN 三种神经网络进行对比试验。试验过程中选取表 6.20 中的训练字段对三种对比方法进行训练，本书方法在预训练阶段使用室内场景部件样本库中与待分类对象类别不重复的 40 类对象对特征提取网络进行预训练，然后共同在测试集上进行分类，并使用精确率、召回率、F1 Score 和准确率对分类结果进行评价。

所有的试验都是在戴尔工作站上基于 Tensorflow 深度学习框架展开的，工作站的配置为 Intel Xeon E5-2630 v3 CPU，NVIDIA GTX-1080Ti GPU（11GB 内存）以及 32 GB RAM，操作系统为 Ubuntu 16.04。训练网络使用的批处理大小(batch_size)为 32，数据集训练次数(epoch)为 250，学习率(learning rate)为 0.001，指数衰减率(exponential decay)为 0.7，使用点云的三维坐标信息作为网络输入。

2. 试验结果与分析

本节针对不同的室内场景进行部件分类试验，通过与几种基于深度学习的三维点云分类方法的综合比较，验证了本书方法的有效性，此外还对本书方法中所涉及的参数进行了讨论，客观评价本书方法的性能。

1）室内办公场景部件点云语义分类试验

书柜、椅子、杯子、书桌、键盘和笔记本电脑是办公场景中的常见部件。因此，本试验主要验证所提方法在办公场景下对典型部件语义分类的适用性。图 6.18 显示了在办公场景的测试数据集上所有方法预测的混淆矩阵。每个 6×6 的矩阵展示了每种方法预测的结果，每行表示同一类别点云被预测成不同类别的个数，每列表示预测为同一类别的点云中实际真实类别对应的个数。混淆矩阵中的对角线元素表示对每个类别预测正确的样本个数，非对角线元素表示预测的误差。结果表明，在办公场景下，本书方法利用少量样本能有效地捕捉点云的显著特征，且误差相对较小，可以获得比对比方法更好的结果。

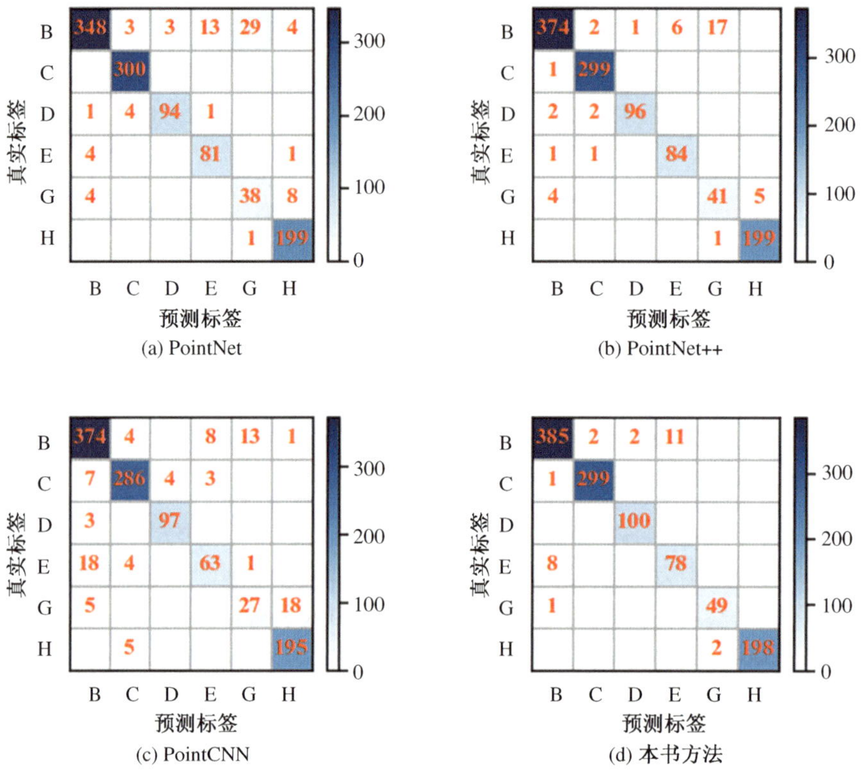

B—书柜　C—椅子　D—杯子　E—书桌　G—键盘　H—笔记本

图 6.18　办公场景中不同方法分类的混淆矩阵

图 6.19 显示了办公场景中所有方法的定量评价结果，包括精确率、召回率、F1 Score 和准确率。从图 6.19(a)、(b)、(c)中可以看出，对于书柜、椅子、杯子和笔记本电脑这五类，四种预测方法的结果是相似的，且本书方法的分类结果(精确率、召回率和 F1 Score)与对比方法相当，甚至优于对比方法。特别是在键盘类别的分类上，本书方法的分类结果明显优于其他三种对比方法。结合图 6.18 中的混淆矩阵可知，对比方法或多或少地将键盘与书柜、书桌和笔记本电脑混淆。如图 6.19(d)所示，本书方法与三种对比方法相比，准确率分别提高了 4.83%、1.93%和 6.41%。该试验验证了本书方法在办公场景中的适用性与有效性。

2) 室内客厅场景部件点云语义分类试验

花盆、显示器、抱枕、沙发、茶几和垃圾桶是客厅场景中的典型部件。本试验主要验证本书方法对客厅场景部件进行语义分类的适用性。在客厅场景的测试集上，所有方法预测的混淆矩阵如图 6.20 所示。这四个 6×6 的混淆矩阵显示了点云预测的结果，与对比方

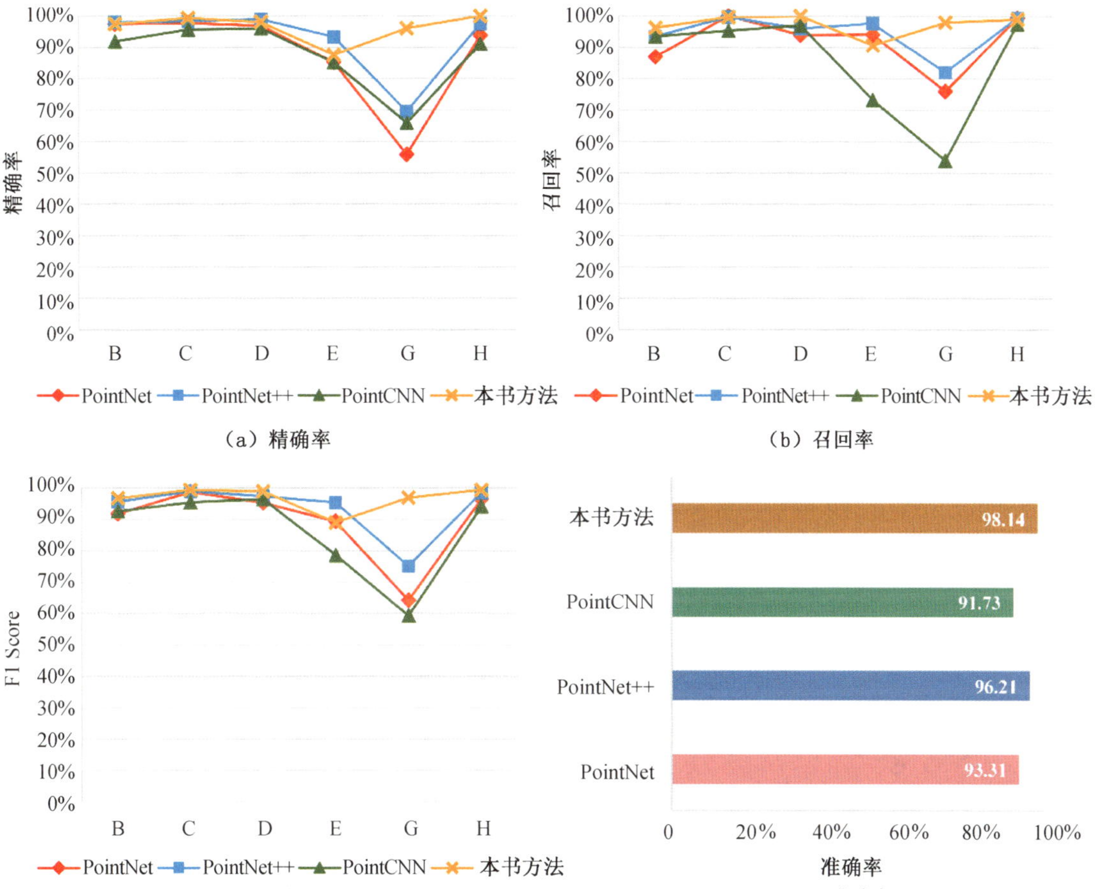

(a) 精确率　(b) 召回率　(c) F1 Score　(d) 准确率

B—书柜　C—椅子　D—杯子　E—书桌　G—键盘　H—笔记本

图 6.19　办公场景中不同方法的试验结果

法相比，本书方法的分类结果明显误差更少。这表明本书方法可以有效地捕捉点云的特征。对比方法能正确分类出垃圾桶是特别困难的，它们将大部分的垃圾桶错分为花盆，导致其在垃圾桶类别上的分类结果不佳。

图 6.21 记录了四种方法对客厅场景分类的结果。本书方法在大多数类别上的三个指标(精确率、召回率和 F1 Score)与对比方法保持相当的水平，甚至优于对比方法，特别是对于垃圾桶类别。由图 6.21(a)、(b)、(c)可知，对比方法将部分垃圾桶误分为花盆，以至于对比方法在垃圾桶类别上的精确率、召回率和 F1 Score 都略低于本书方法。但本书方法也将少部分的花盆误分为枕头和茶几，以至于枕头和茶几的精确率略低于对比方法。各方法在客厅场景中的整体分类效果如图 6.21(d)所示，本书方法的准确率达到 97.56%。对比方法中准确率最高的是 PointCNN，准确率为 95.00%，比本书方法低 2.56%。本书方法的准确率比 PointNet 高出 6.89%，比 PointNet++高出 2.89%。该试验证明了本书方法在客厅场景中的适用性与有效性。

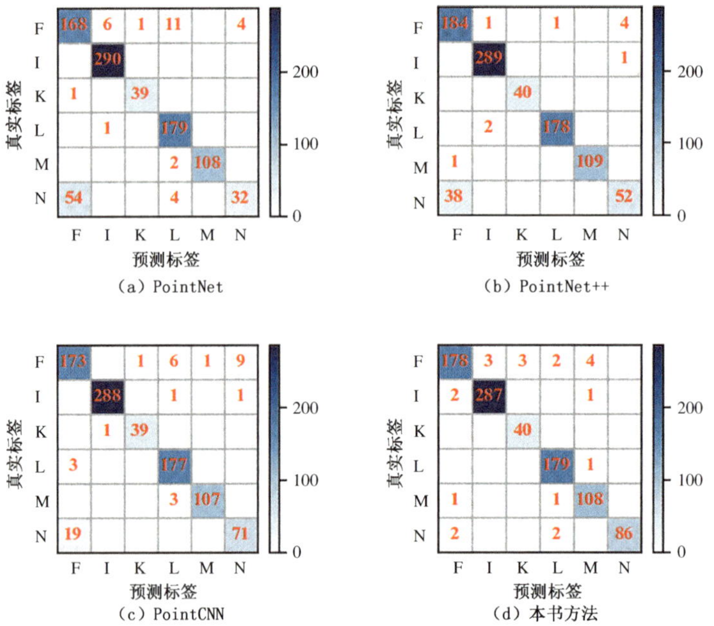

(a) PointNet　(b) PointNet++　(c) PointCNN　(d) 本书方法

F—花盆　I—显示器　K—枕头　L—沙发　M—茶几　N—垃圾桶

图 6.20　客厅场景中不同方法分类的混淆矩阵

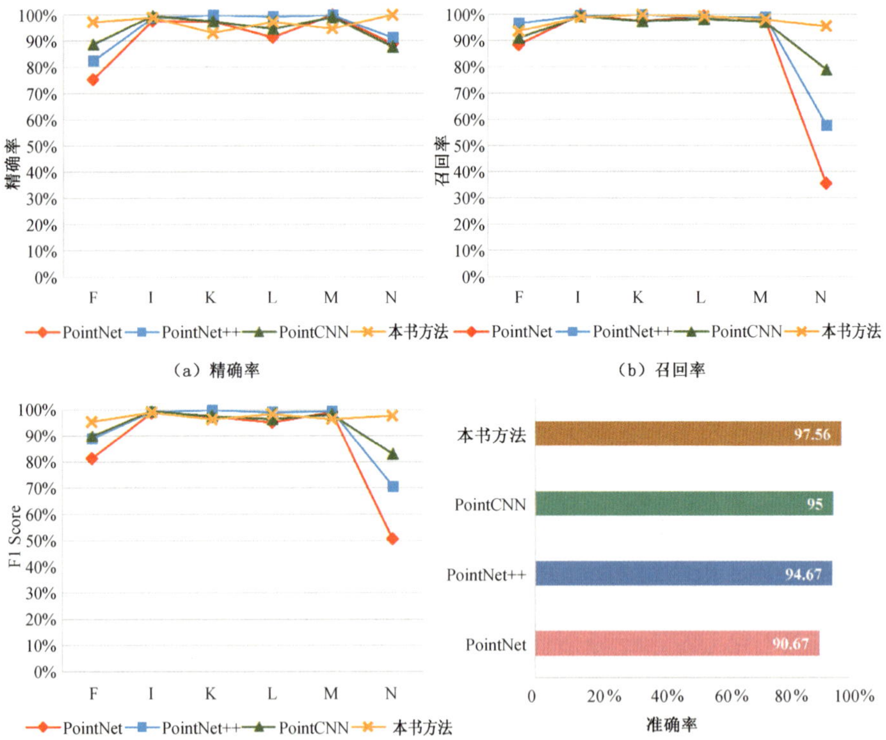

(a) 精确率　(b) 召回率　(c) F1 Score　(d) 准确率

F—花盆　I—显示器　K—枕头　L—沙发　M—茶几　N—垃圾桶

图 6.21　客厅场景中不同方法的试验结果

3）室内卧室场景部件点云语义分类试验

卧室场景部件有床、椅子、床头柜、枕头、茶几和垃圾桶。本试验主要验证本书方法对卧室场景部件语义分类的适用性。图 6.22 所示为四种方法在卧室场景的测试集上分类的混淆矩阵。在四种方法中，分类误差最小的方法是 PointNet++，本书方法略逊色于 PointNet 和 PointNet++，优于 PointCNN。本书方法在几何结构相似的部分部件的分类上有混淆，比如部分长方体形的垃圾桶会被误分为床头柜，部分床头柜会被误分为茶几。同样，对比方法也会出现类似情况，比如将少部分的茶几错误地识别为床。

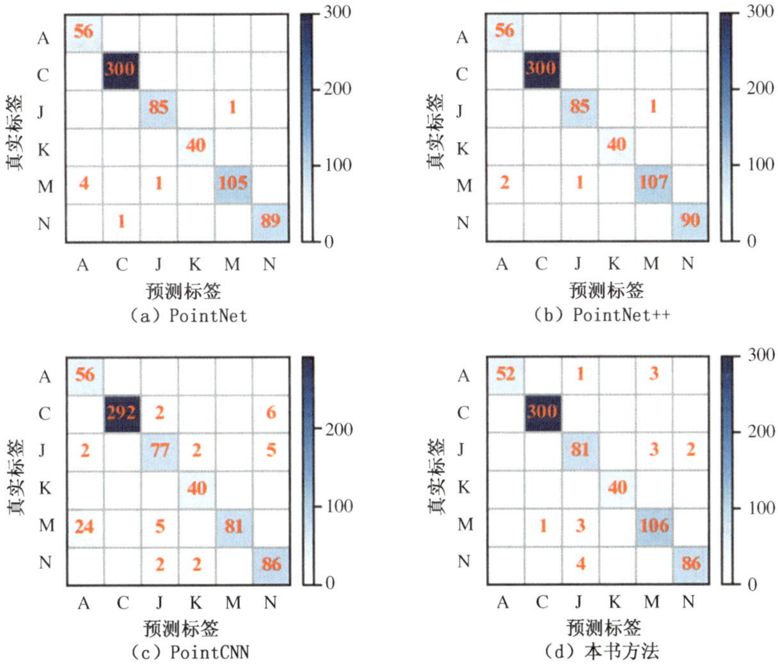

(a) PointNet　(b) PointNet++　(c) PointCNN　(d) 本书方法

A—床　C—椅子　J—床头柜　K—枕头　M—茶几　N—垃圾桶

图 6.22　卧室场景中不同方法分类的混淆矩阵

图 6.23 所示为四种方法在卧室场景中的分类结果，本书方法在床、椅子、枕头和垃圾桶四个类别中的分类结果与对比方法不相上下。结合图 6.22 可知，本书方法将少量的床头柜与茶几、垃圾桶混淆，导致床头柜和茶几分类结果的精确率、召回率和 F1 Score 略低于对比方法。虽然本书方法的分类结果略低于 PointNet 与 PointNet++，但明显优于 PointCNN。就卧室场景测试集的整体分类准确率而言[图 6.23(d)]，本书方法比 PointNet 低 1.46%，比 PointNet++低 1.90%，比 PointCNN 高 4.84%。试验结果表明，本书方法在卧室场景下具有良好的适用性。

4）室内综合复杂场景部件点云语义分类试验

为了进一步探索本书方法，本节对综合复杂的室内场景进行了试验。使用本书方法与三种对比方法对所选出的室内场景 14 种类别的部件进行分类，并记录相应的混淆矩阵，如图 6.24 所示。从图中可以看出，本书方法在床、杯子、书桌、床头柜和沙发五个类别

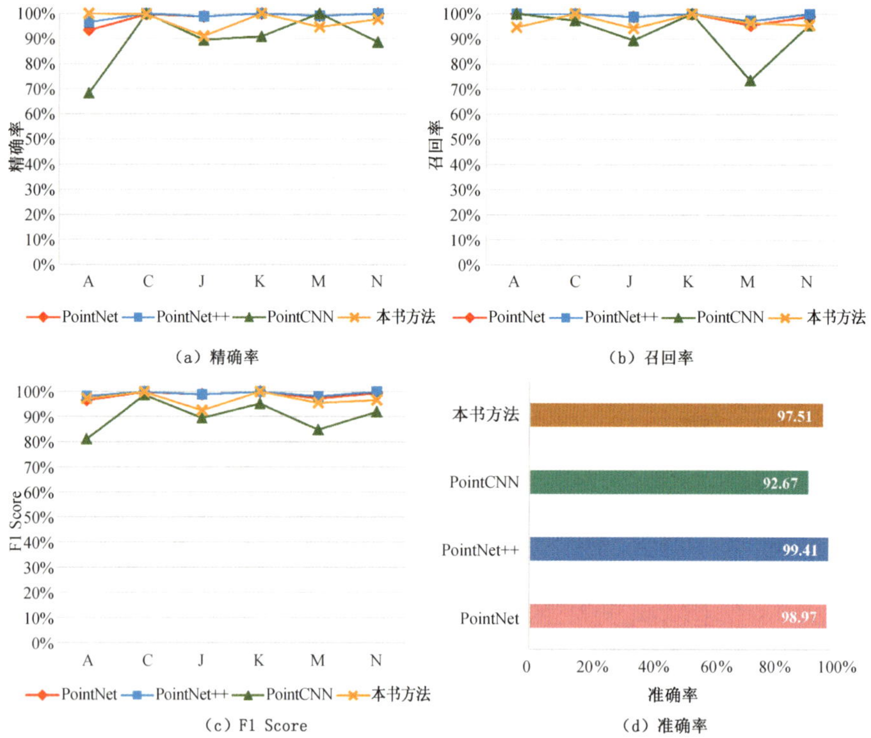

(a) 精确率　(b) 召回率　(c) F1 Score　(d) 准确率

A—床　C—椅子　J—床头柜　K—枕头　M—茶几　N—垃圾桶

图 6.23　卧室场景中不同方法的试验结果

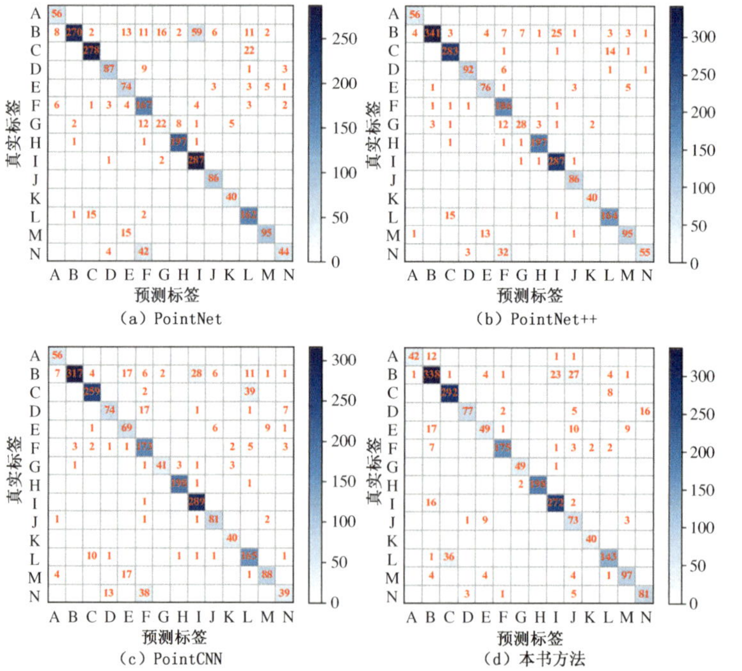

(a) PointNet　(b) PointNet++　(c) PointCNN　(d) 本书方法

A—床　B—书柜　C—椅子　D—杯子　E—书桌　F—花盆　G—键盘　H—笔记本
I—显示器　J—床头柜　K—枕头　L—沙发　M—茶几　N—垃圾桶

图 6.24　室内综合复杂场景中不同方法分类的混淆矩阵

上的分类结果略逊色于对比方法，少部分的床被误分为书柜，少量的杯子被误分为垃圾桶，少量的书桌与书柜、床头柜和茶几混淆，一些沙发与椅子混淆。但是在键盘类别与垃圾桶类别的分类中，本书方法的分类结果优于对比方法，从试验结果中可以看出异类部件之间几何结构的相似性对不同分类方法都略有影响。该试验表明了本书方法在室内综合复杂场景中的适用性。

四种方法在室内综合复杂场景部件点云测试集的分类性能如图 6.25 所示。本书方法对大部分类别（如书柜、椅子、杯子、沙发等）的分类结果与对比方法的结果不相上下，部分类别（如键盘、垃圾桶等）的分类结果优于对比方法的分类结果。结合图 6.25 可以看出，本书方法将少部分的床误分为书柜，使得床的召回率和 F1 Score 值略低，将一些书桌与书柜、床头柜和茶几混淆，使得书桌的召回率略低。所以从整体来看，本书方法的分类精度可以与现有的神经网络方法相媲美，甚至优于它们。对比方法在室内大场景测试集上分类的最高准确率为 PointNet＋＋的 90.97%。本书方法的分类准确率比它低 2.54%，比 PointNet 高 2.80%，比 PointCNN 高 1.70%。这些结果表明，即使在综合复杂的室内场景下，本书方法仍然可行。

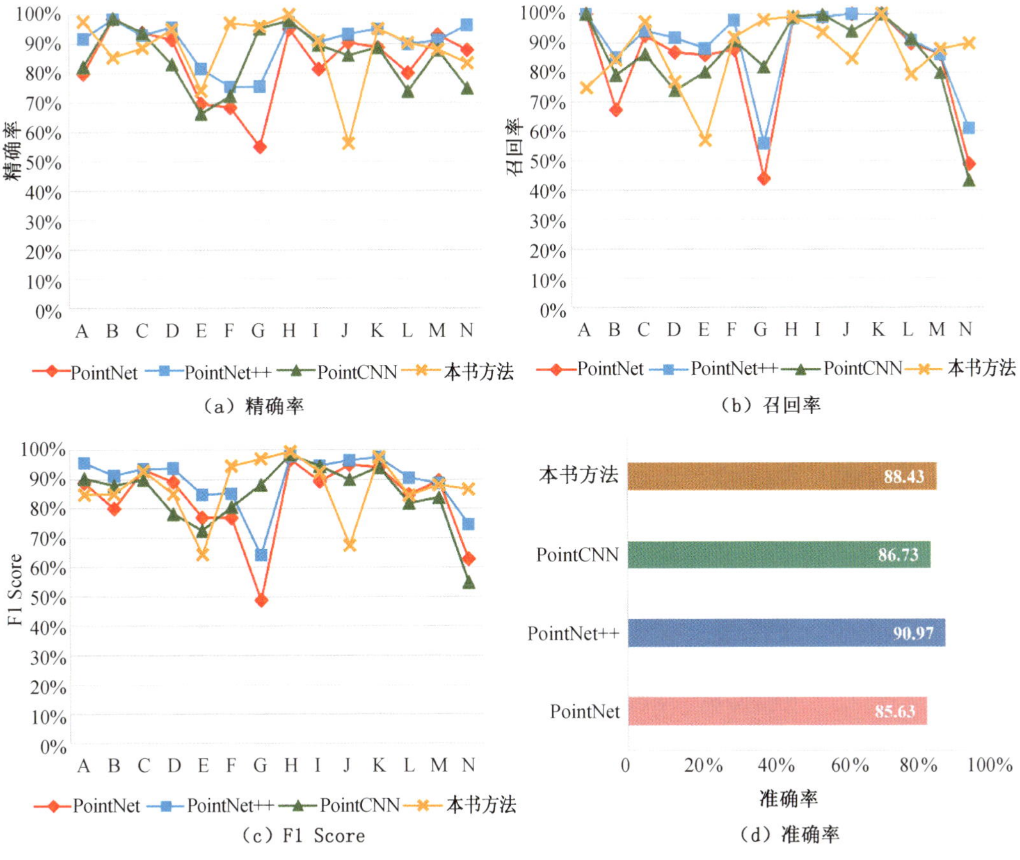

A—床　B—书柜　C—椅子　D—杯子　E—书桌　F—花盆　G—键盘　H—笔记本
I—显示器　J—床头柜　K—枕头　L—沙发　M—茶几　N—垃圾桶

图 6.25　室内综合复杂场景中不同方法的试验结果

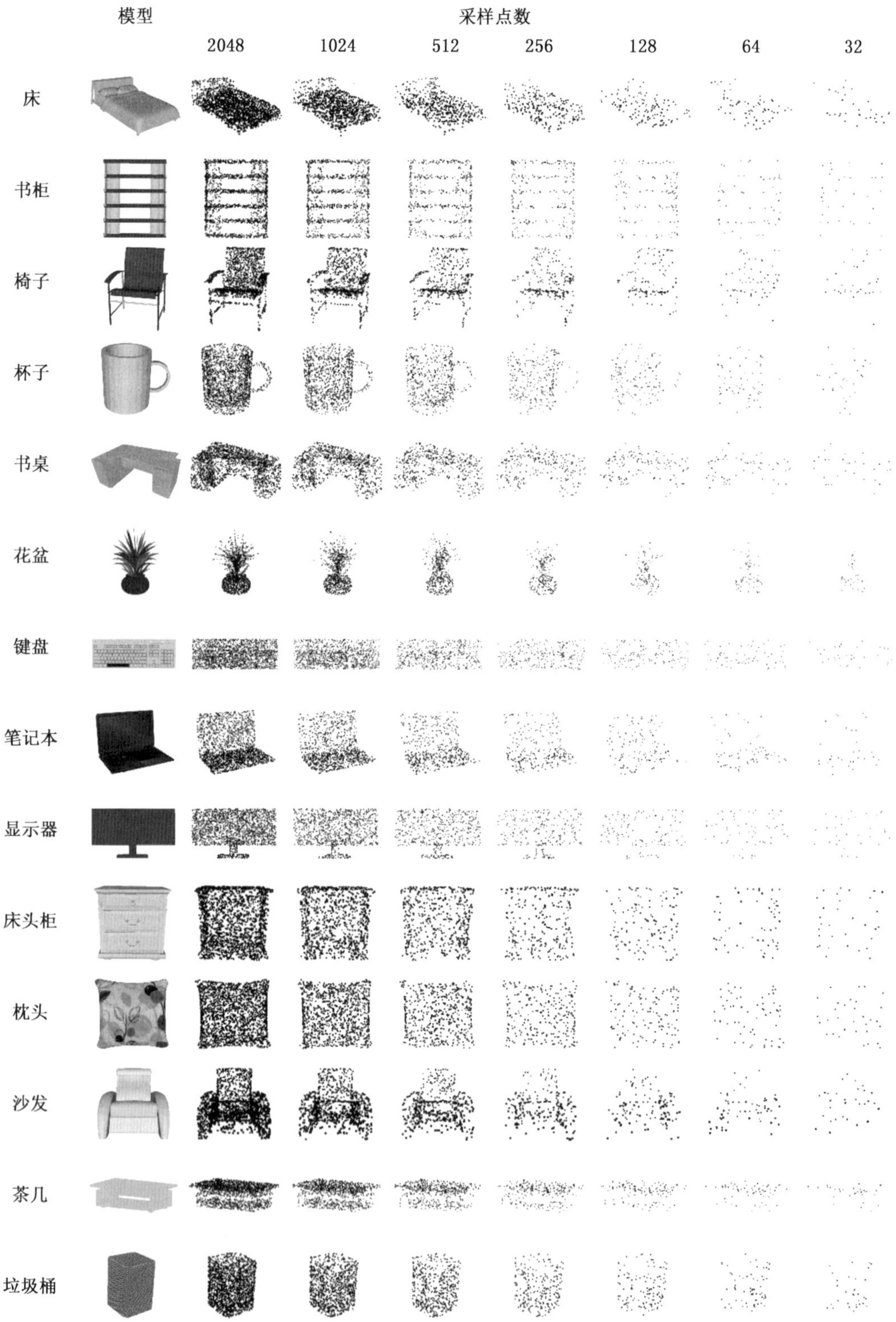

图 6.26 室内场景部件的不同采样点数示例

5）试验参数分析

为了更为客观地评价本书所提的分类方法，这里将对方法的鲁棒性以及方法中参数的选择进行讨论，主要包括以下几个方面。

（1）部件点云的点数

在现实数据采集过程中，由于遮挡等情况造成点云缺失是不可避免的一种情况，这就意味着分类方法要对不同采样点数即不同密度的点云具有一定的鲁棒性。因此，研究本书的分类方法在不同点云密度情况下分类效果的鲁棒性和泛化能力就显得尤为重要。基于 6.2 节中所构建的室内场景部件样本库中不同采样点数的部件，研究部件采样点数对分类结果的影响。

选出本书构建的数据集中室内场景试验所用的部件，部件种类及采样点数如图 6.26 所示。使用本书方法与现有的三种神经网络方法对不同室内场景中不同采样点数的部件进行分类，各场景的每种采样点数的试验进行 5 次，并取分类的准确率平均值作为该场景下指定采样点数的分类准确率，分类结果如图 6.27 所示。

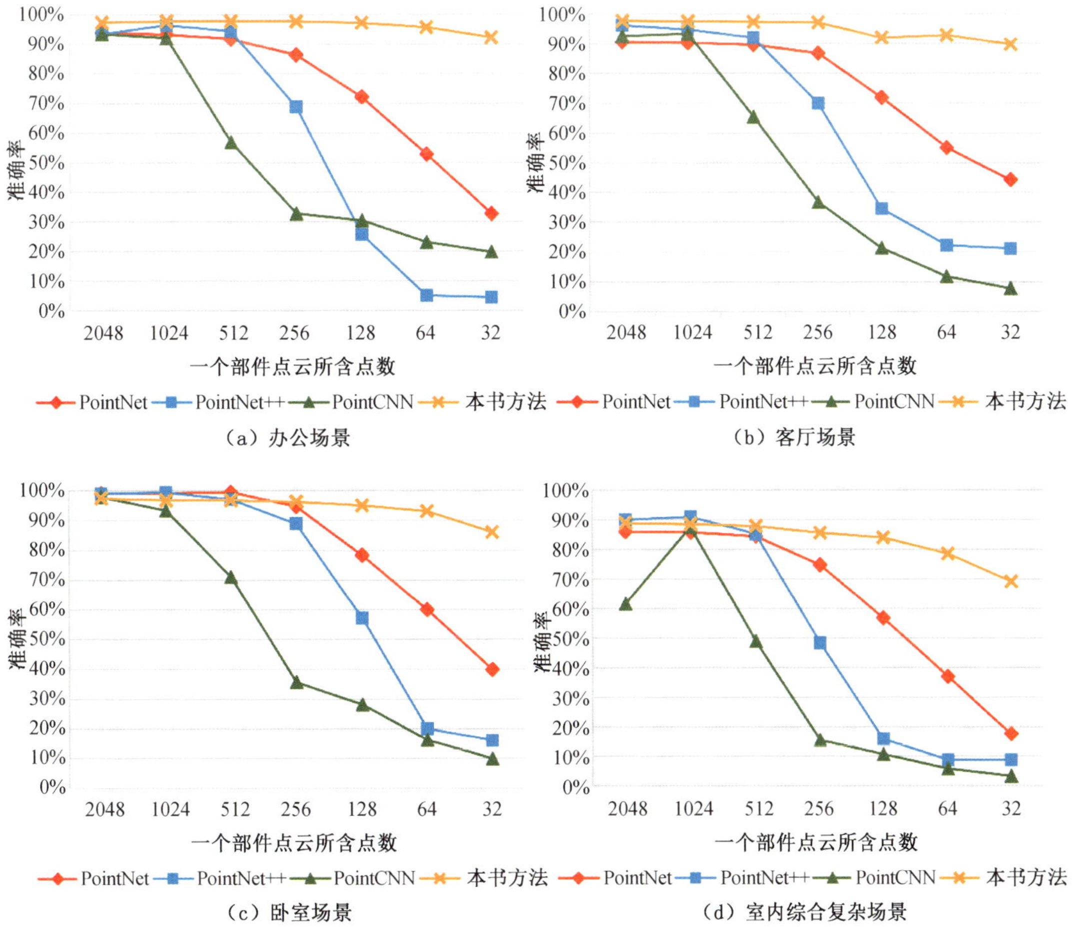

（a）办公场景　（b）客厅场景　（c）卧室场景　（d）室内综合复杂场景

图 6.27　不同场景下四种方法对不同密度点云部件的分类结果

从图 6.27 中可以看出，不同点数的部件点云对 PointCNN、PointNet++和 PointNet 的性能具有显著的影响。结合不同的室内场景的分类结果来看，对比方法中，PointNet 对不同密度点云的鲁棒性优于 PointNet++和 PointCNN，随着点数的减少，PointNet 的分类准确率相比于其他两种方法下降得较为缓慢，当点数从 1 024 减少为 512 时，PointCNN 的分类准确率开始显著下降，当点数从 512 减少为 256 时，PointNet++的分类准确率开始显著下降。从图中可以明显看出，本书方法对不同密度点云的鲁棒性明显优于对比方法，即使点数降到 32，办公场景和客厅场景的分类准确率仍保持在 90%左右，卧室场景的分类准确率在 80%左右，室内综合复杂场景的分类准确率在 70%左右。本书方法对不同密度的点云具有鲁棒性主要有两个原因：一是本书方法特征提取框架的参数比对比方法更能有效地描述点云的特征；二是本书方法利用降维和语义赋值，有效地根据特征的一致性来区分相似特征和不相似特征，从而相对准确地区分不同类别的部件点云，有效地减少了不同密度点云的影响。试验结果表明，本书方法对不同密度的点云具有较好的鲁棒性。

(2) 最近邻点数

在语义赋值部分，为了研究本书方法的分类准确率与最近邻点数之间的关系，此处将进行进一步研究。在室内综合复杂场景的分类中，选取不同最近邻点数(1,3,5,7,9)来验证其对分类准确率的影响，基于不同的最近邻点数进行 5 次试验，取 5 次分类准确率的平均值作为该最近邻点数下的分类准确率。

表 6.21 列出了不同最近邻点数对应的分类准确率，可以看出，当最近邻点数的取值在 1～9 之间时，分类准确率在 3%左右的范围内波动。当最近邻点数为 5 时，分类准确率最高，为 88.00%。同时，在不同的试验中，最近邻点数具有不同的最优值。当待分类的几种类别部件的几何结构存在显著差异时，最近邻点数对分类结果的影响较小。

表 6.21 最近邻点数与分类准确率的关系

最近邻点数	1	3	5	7	9
准确率	84.47%	87.91%	88.00%	87.03%	87.28%

(3) 最佳维度

本书方法在对提取到的特征进行分类时，第一步是降维，究竟降到哪个维度的特征中间是最合适的，这也是本节需要探讨的一部分。为了寻找最佳维度，选取几种部件进行不同维度的研究。由于椅子与书桌的几何结构略相似，二者与杯子的几何结构极不相似，所以将椅子(300 个)、杯子(100 个)和书桌(86 个)作为试验样本数据。

通过分析不同维度的特征空间中同类别的类内相似度来表达类内特征一致性。同类内相似度越大，表明在该特征空间中，类内样本之间越紧凑。在相似度评价方面，选择余弦相似度作为类内一致性评价指标，它是通过计算两个向量的夹角余弦值来评估二者相似性，取值范围为[−1, 1]。它与距离无关，仅仅与向量的方向相关，因此任何维度的向量空间都适用，且常用于高维空间，由于本书方法所提取到的特征是 1 024 的高维特征，故选择余弦相似度作为评价指标。

图 6.28 是不同特征空间中各类别类内余弦相似度统计。从图中可以看出，三种类别在 2～4 维空间中都有较高的类内一致性。为了更直观地展示不同维度空间的降维效果，选取便于可视化的二维空间和三维空间对降维后的特征进行可视化。图 6.29(a)是二维空间的特征可视化结果，图 6.29(b)是三维空间特征可视化结果。由于在二维空间中，不同类之间已经有明显的可区分性，同类之间的一致性良好，因此，为了便于计算，本书选择二维特征空间作为降维的最佳维度。

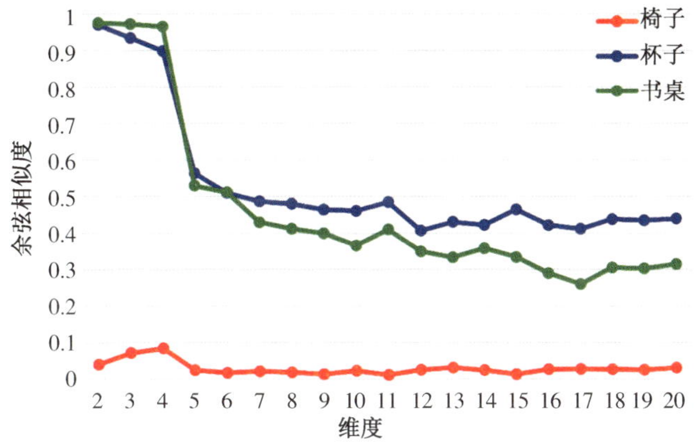

图 6.28　不同维度特征空间下同类特征的类内余弦相似度

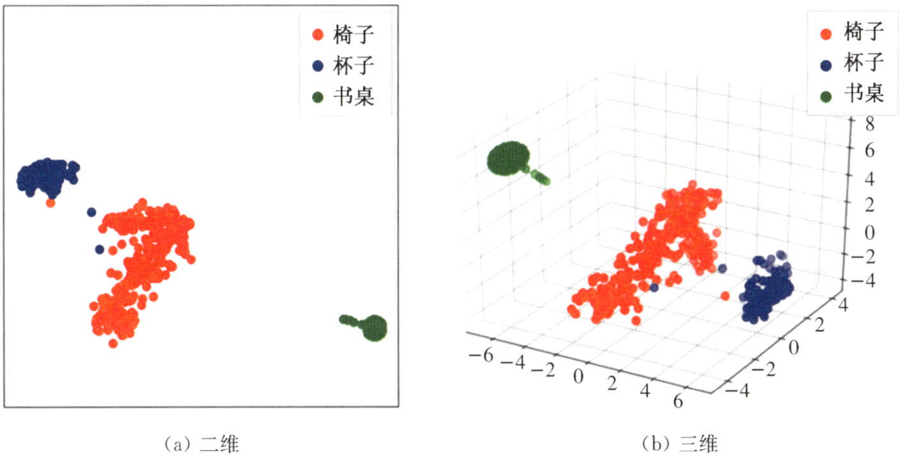

图 6.29　空间特征可视化

6.4　部件点云检索

部件点云检索旨在从样本库中检索出与待检索部件最相似的部件。部件检索一方面对分类结果进行语义修正，另一方面辅助室内场景重建，可利用检索出的最相似部件实现原部件的替换。本节首先对现有的部件点云检索方法进行分析讨论，并介绍几种常用的相似度评价指标，然后介绍室内场景部件点云的检索方法，最后通过检索试验对检索方法进行验证。

6.4.1 现有的部件点云检索方法

室内场景部件点云检索从提取表征部件点云的特征信息入手，将提取到的待检索部件点云的特征与室内场景部件库中的点云特征做相似性分析，以得到与待检索对象最相似的部件点云。根据现有的特征提取方式的不同，现有的检索方法可分为三种：基于体素化的检索方法、基于多视角图的检索方法和基于点云的检索方法。

1. 基于体素化的检索方法

由于点云的无序化、非结构化的特点，直接对点云做卷积操作是十分困难的，不同排列顺序的同一点云数据会得到不同的特征。因此，国内外很多学者尝试将无序的点云数据转换为有序的结构化的体素，方便神经网络的学习。体素化即对部件点云进行简化，得到均匀的立方体。基于体素化的检索方法的输入对象为部件点云，将点云体素化并对体素化后的对象进行卷积操作来获得特征，通过特征相似性分析实现检索。最先应用体素实现特征提取的是 Wu 等[19]，他们构建了名为 3DShapeNets 的三维置信网络，从体素化的对象中学习不同类别的点云和不同姿态点云的特征分布，从而实现点云的分类检索。同样，Maturana 等[20]提出了类似的方法，即 VoxNet，使用二进制的体素网格表示并进行卷积操作。Qi 等[21]引入辅助的训练任务，使用部分体素网格数据的卷积特征预测物体类别，从而减少网络过拟合问题。由于体素卷积神经网络存在分辨率影响较大的问题，Riegler 等[22]提出了用于稀疏三维数据深度学习、表示的 OctNet 网络，它使用混合网格表示三维数据，使用八叉树(Octree)结构自适应离散稀疏体素，通过将八叉树的结构深度限制在一定层数的范围内来优化网络的性能，增加了网络处理的层数，提高了体素数据处理的分辨率。

以上将点云体素化后再进行特征处理的方法，需要将点云转换成一个个小的立方体(即体素块)，如果分成的体素块较大，则计算耗时短，但不足以精确表达原始点云；如果分成的体素块较小，则能较为精细地表达原始点云，但特征提取处理过程中计算复杂度高、耗时长。因此，基于点云体素化的检索方式，不适用于高精度的点云检索需求，难以平衡精度与计算复杂度的问题，在实际应用中受限。

2. 基于多视角图的检索方法

基于多视角图的检索方法是通过将对象的点云从不同的视角投影到二维平面，利用现在发展比较成熟、经典的二维图像深度学习神经网络对多张不同视角的二维图像进行训练学习，可以较好地从各个视角的图像中学习到三维物体的特征，实现分类检索。由于图像与图像也可直接进行比较，故它与基于体素化的深度学习不同：在基于体素化的深度学习神经网络的研究中，人们关注的是如何提取出更具代表性的特征，而基于多视角图的深度学习关注更多的是如何将不同视角的特征信息融合。Guo 等[23]使用二维图像的标签来指导三维物体的识别。该方法首先收集语义和标记网络彩色图像，然后将输入的三维模型投影到多视图中并进行多视图对齐，通过颜色加权将语义标签转移到模型投影上。结合预处理信息对标签进行反向投影，得到最终的结果。Su 等[24]提出了一种将三维物体投影到多个视图的检索方法，该方法以并联和串联方式构成的卷积神经网络提取多视角特征。首先使用共享参数的卷积神经网络从不同视角的二维图像中提取特征，然后利用另一个卷积神经网络来学习将不同视角的多个特征进行融合，实现分类检索。在另一项研究中，Kasaei[25]提出了基于深度迁移的 OrthographicNet，用于开放区域的三维物体识别。该方法为给定的对象生成旋转和尺度不变的全局特征，从而能够从不同的角度识别相似或相同的物体，它首先为给定的物体构造一个独特的参考系，然后基于此参考系得到该物体的三个主要投影，包括正视图、俯视图和右视图。将每个投影视图输入卷积神经网络中以获得每一个视图的特征，使用最大池化函数得到该指定对象的全局特征。

基于多视角图的方法相比于基于体素化的方法，可以降低整个网络的计算复杂度，提高对象的识别率，然而，它存在的普遍问题是，受视角数量的限制，在投影三维物体过程中会损失一定的信息，对特定形状的三维物体识别精度较差。

3. 基于点云的检索方法

基于点云的检索方法与其他两种方法完全不同，它没有对点云做任何形式的转换，而是直接用作网络的输入。基于点云的检索方法不像基于体素化的检索方法将点云转换成体素网格，采样复杂度与计算复杂度相对较低。与基于多视角图的检索方法相比，基于点云的检索方法不受视角数量的限制，且能感知到模型的细节特征信息，所以基于点云的检索方法成为一种理想的且受更多关注的方法。华顺刚等[26]基于 PointNet 网络实现了部件点云的检索任务，他们将点云直接输入网络，利用多层感知机计算每个点的特征，然后使用最大池化函数聚合该点云对象的所有特征，学习到不受旋转和点云无序性影响的全局特征，最后使用相似性度量指标检索出最相似的部件。同样，他们还利用改进后的 PoinNet＋＋与 PointCNN 提取部件的特征，完成了部件的检索。此外，也有研究者利用图结构对点云进行表示，建立了图卷积神经网络来分析点云。Qi 等[27]提出了 3DGNN，利用 K 近邻的方式基于点云数据建立图结构，图中的节点通过二维图像提取的特征点来表示。但这种结构泛化能力差，不同的点云数据会有不同的最近邻方式，得到的图结构也不同，不能直接利用图拉普拉斯的谱分析。Yi 等[28]提出了 SyncSpecCNN，它在频域中使用函数映射的方式，将不同的近邻图结构在标准空间中对齐来解决问题，因此其泛化能力强。类似改进的图神经网络还有很多，如 DynGCNN、RGCNN 等。

直接对点云处理的方式，将点云数据直接作为网络输入，避免了体素化过程中或多视角图方法投影过程中数据损失的问题，是目前研究的热点与难点，如何更全面高效地分析处理点云数据，对点云特征概括分析，仍是应当深入研究的问题。

6.4.2　相似性度量与性能评价

对于室内场景部件检索的特征提取与分析的问题，核心是如何客观地对检索结果进行定量评价。为了能够更好地对检索结果进行分析评价，本节将讨论目前已有的一些通用的算法性能评价标准。

1. 相似性度量

在室内场景部件点云的检索任务中，需要一个性能指标来客观反映两个对象之间的相似程度。相似度是衡量两个对象之间形状结构相似程度的一个值，一般用百分数来表示。利用待检索对象的抽象特征与室内场景部件点云库中的特征逐个做相似度计算，相似度的大小即两个部件之间相似度程度的大小。根据相似性度量结果便能按相似度从大到小生成部件库中与待检索部件相似的部件检索列表。检索任务中常用的相似性度量指标有欧几里得距离、曼哈顿距离、切比雪夫距离、闵可夫斯基距离、余弦相似度和皮尔逊相关系数。

设待检索对象的特征向量大小为 $1\times n$，记为 $\boldsymbol{X}=[x_1, x_2, \cdots, x_n]$，室内场景部件点云库的特征矩阵大小为 $m\times n$，其中每一个特征记为 $\boldsymbol{Y}_i=[y_1, y_2, \cdots, y_n]$。其中，$n$ 表示特征的维数，m 表示部件点云库中的部件个数，且 $i\in(1, m)$。

1）欧几里得距离

欧几里得距离（Euclidean Distance），即欧几里得度量或欧氏距离，是一种便于理解的距离计算方法，其应用较为广泛。这种计算方法是在欧几里得空间中测量两个特征向量之间的距离，欧几里得空间被转换为度量空间，也被称为勾股度量。使用欧几里得距离计算两个特征 $\boldsymbol{X}$ 和 $\boldsymbol{Y}_i$ 之间的相似度的公式如下：

$$D(\boldsymbol{X}, \boldsymbol{Y}_i)=\sqrt{\sum_{k=1}^{n}(x_k-y_k)^2} \tag{6.25}$$

2）曼哈顿距离

曼哈顿距离（Manhattan Distance），即城市街区距离（City Block Distance），在 n 维的笛卡尔坐标系的实向量空间里，两个特征向量 $\boldsymbol{X}$ 和 $\boldsymbol{Y}_i$ 之间的曼哈顿距离是两向量之间到每一个坐标轴的投影之和。图 6.30 所示为二维空间中欧几里得距离与曼哈顿距离之间的关系。绿色线表示的是曼哈顿距离，红色线代表欧几里得距离（或直线距离），由于黄色线和蓝色线对两坐标轴投影的线段之和与绿色线相等，因此二者分别代表的是等价的曼哈顿距离。使用曼哈顿距离计算两个特征 $\boldsymbol{X}$ 和 $\boldsymbol{Y}_i$ 之间的相似度的公式如下：

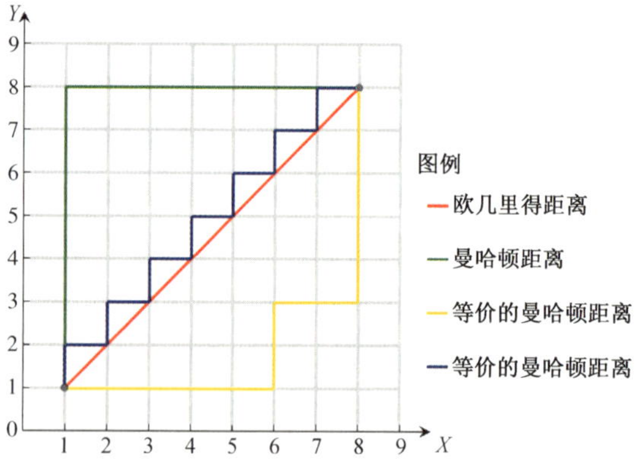

图 6.30 欧几里得距离与曼哈顿距离图解

$$D(\boldsymbol{X}, \boldsymbol{Y}_i)=\sum_{k=1}^{n}|x_k-y_k| \tag{6.26}$$

3）切比雪夫距离

切比雪夫距离(Chebyshev Distance)，即最大度量距离，是由帕夫努季·切比雪夫命名的一种定义在向量空间中的距离。两个特征向量之间的切比雪夫距离代表了这两个特征在任何坐标系中的差异。使用切比雪夫距离计算两个特征 $\boldsymbol{X}$ 和 $\boldsymbol{Y}_i$ 之间的相似度的公式如下：

$$\begin{aligned} D(\boldsymbol{X}, \boldsymbol{Y}_i) &= \lim_{\lambda \to \infty}\left(\sum_{k=1}^{n} |x_k - y_k|^{\lambda}\right)^{\frac{1}{\lambda}} \\ &= \max(|x_1 - y_1|, |x_2 - y_2|, \cdots, |x_n - y_n|) \end{aligned} \tag{6.27}$$

4）闵可夫斯基距离

闵可夫斯基距离(Minkowski Distance)，又称闵氏距离，它是定义在向量空间中的一种空间距离度量。闵可夫斯基距离是一种常见的基于距离的相似性度量方法，它将欧氏距离与曼哈顿距离进行结合并拓展。使用闵可夫斯基距离计算两个特征 $\boldsymbol{X}$ 和 $\boldsymbol{Y}_i$ 之间的相似度的公式如下：

$$D(\boldsymbol{X}, \boldsymbol{Y}_i) = \left(\sum_{k=1}^{n} |x_k - y_k|^{\lambda}\right)^{\frac{1}{\lambda}} \tag{6.28}$$

当闵可夫斯基距离的阶数为 1 时，即 $\lambda = 1$，闵可夫斯基距离即曼哈顿距离；当 $\lambda = 2$ 时，闵可夫斯基距离即欧氏距离；当 $\lambda \to \infty$ 时，闵可夫斯基距离即切比雪夫距离。

5）余弦相似度

在向量空间中，也常用两个特征向量之间夹角的余弦值来衡量特征之间的差异性。在检索任务中，针对待检索目标特征与部件点云库中的特征，同样可以使用余弦相似度作为相似性度量指标。从几何角度来讲，在三角形中，余弦定理能够描述三边和夹角之间的关系。在 $\triangle ABC$ 中，三个角 $\angle A$、$\angle B$、$\angle C$ 分别对应三条边 a、b、c，那么 $\angle A$ 的余弦值(取值范围是[−1, 1])可用以下公式表示：

$$\cos A = \frac{a^2 + b^2 - c^2}{2bc} \tag{6.29}$$

将余弦定理应用在特征向量上，用余弦相似度计算出两向量之间的夹角即可确定两个特征向量方向是否一致。若两个特征向量之间的夹角接近于 0，即余弦相似度接近于 1，则可判定两个特征向量方向一致且特征相似。反之，则表明特征不相似。使用余弦相似度计算两个特征 $\boldsymbol{X}$ 和 $\boldsymbol{Y}_i$ 之间的相似度的公式如下：

$$\cos\theta = \frac{\sum_{k=1}^{n} x_k y_k}{\sqrt{\sum_{k=1}^{n} x_k^2}\sqrt{\sum_{k=1}^{n} y_k^2}} \tag{6.30}$$

6）皮尔逊相关系数

皮尔逊相关系数(Pearson Correlation Coefficient)由英国统计学家卡尔·皮尔逊提

出，用于度量两个特征向量之间的线性相关程度，又被称为皮尔逊积矩相关系数。两个特征向量之间的皮尔逊相关系数由两特征向量之间的协方差和标准差来表示，取值范围是[−1, 1]，相关系数的绝对值越大，则表明两特征向量之间的相关程度（相似度）越高。两个特征 $\boldsymbol{X}$ 和 $\boldsymbol{Y}_i$ 之间的皮尔逊相关系数 $\rho_{\boldsymbol{XY}_i}$ 的计算公式如下：

$$\rho_{\boldsymbol{XY}_i}=\frac{Cov(\boldsymbol{X},\boldsymbol{Y}_i)}{\sqrt{D(\boldsymbol{X})}\sqrt{D(\boldsymbol{Y}_i)}}=\frac{E\{[\boldsymbol{X}-E(\boldsymbol{X})][\boldsymbol{Y}_i-\boldsymbol{E}(Y_i)]\}}{\sqrt{D(\boldsymbol{X})}\sqrt{D(\boldsymbol{Y}_i)}} \tag{6.31}$$

式中，$E(\boldsymbol{X})$、$E(\boldsymbol{Y}_i)$ 为期望，$D(\boldsymbol{X})$、$D(\boldsymbol{Y}_i)$ 为方差。

2. 检索性能评价

为了对检索方法进行客观定量的评价，在检索过程中，通常采用以下几种常用的性能指标检验和评价最终检索结果列表的可靠性与准确性。常用的性能评价指标包括以下两种。

1）查准率和查全率

对于某一类别 C 和每个待检索对象的前 m 个检索结果，查准率 P 是度量检索出的相关对象数量占检索出的对象总量 m 的百分比，是衡量室内场景部件点云检索方法检索出部件点云的精准度。查全率 R 是度量检索出的相关对象数量占该类别 C 中对象总量的百分比。查准率与查全率可以通过改变检索列表的长度进行调整，具体计算公式如下：

$$P=\frac{\text{正确检索出的对象数量}}{\text{检索出的对象总数 } m} \tag{6.32}$$

$$R=\frac{\text{正确检索出的对象数量}}{\text{该类别 } C \text{ 中的对象总数}} \tag{6.33}$$

2）平均精度

平均精度（mean Average Precision，mAP）是每个待检索对象的检索列表中检索到的相关对象查准率的平均值，在检索任务中常被用作衡量检索方法整体性能的指标，具体计算公式如下：

$$mAP=\frac{\text{待检索对象的检索列表中检索到的相关对象查准率之和}}{\text{待检索对象的检索数量之和}} \tag{6.34}$$

6.4.3 基于深度学习与特征降维的部件点云检索方法

基于深度学习与特征降维的部件点云检索方法的总体技术路线如图 6.31 所示，该方法将待检索的部件点云直接作为深度学习网络的输入对象，通过深度学习不同的空间变换与多层感知机对部件点云进行特征提取，然后通过特征降维确定出该待检索对象可能的候选类别，缩小部件点云库中的检索范围，最后将待检索部件点云的全局特征与部件库中候选类别的各个部件的全局特征进行相似度分析，返回最佳的检索结果。其中，部件点云的特征提取及特征降维内容见 6.3.2 节。该检索方法与其他基于深度学习的检索方法不同的是，本方法先通过特征降维确定候选类别，再进行相似度分析，缩小了待检索对象在部件点云库中的检索范围。

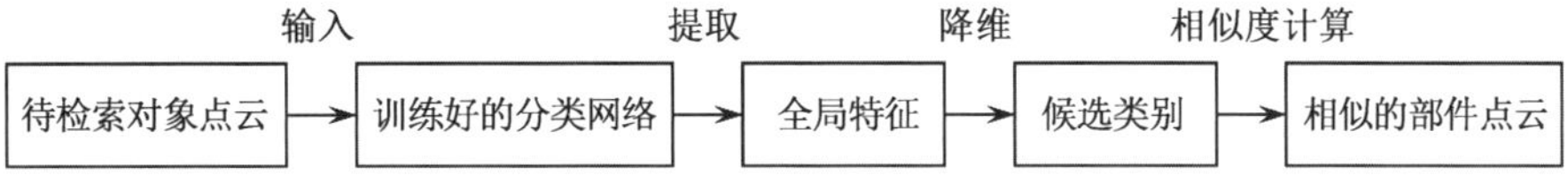

图 6.31　基于深度学习与特征降维的部件点云检索方法技术路线

1. 部件点云的候选类别确定

在部件点云的候选类别确定阶段，主要是将待检索部件点云的高维特征与室内场景部件点云库中的高维特征一同进行降维操作，在低维特征空间中利用最近邻算法，计算待检索部件点云周围 10 个点云库中的部件，从而确定该待检索对象所属的候选类别。具体算法描述如下：

设待检索的部件点云 P 通过特征提取得到 $1\times 1\,024$ 的高维特征向量，记为 $\boldsymbol{N}=[n_1, n_2, \cdots, n_{1\,024}]$，室内场景部件点云库中各部件点云的高维特征可用 $a\times 1\,024$ 的矩阵 $\boldsymbol{M}$ 表示，其中 a 指室内场景部件点云库中部件的数量。通过特征降维后，待检索的部件点云的低维特征可表示为 $\boldsymbol{N}'$，室内场景部件点云库中部件点云的低维特征可表示为 $\boldsymbol{M}'$，通过最近邻算法，计算 $\boldsymbol{N}'$ 与 $\boldsymbol{M}'$ 中每个部件的距离，并按距离由近及远进行排序，选出距离最近的 10 个部件，确定待检索点云可能所属的类别，即确定待检索部件点云的候选类别。具体算法如表 6.22 所示。

表 6.22　确定候选类别的算法流程

算法：确定候选类别算法
Input：The point cloud P of component to be retrieved.
Initialize Q as point clouds library of indoor components. Extract the high-dimensional features $\boldsymbol{N}$ and $\boldsymbol{M}$ from P and Q. Mark $\boldsymbol{N}'$ and $\boldsymbol{M}'$ as low-dimensional features of $\boldsymbol{N}$ and $\boldsymbol{M}$ after dimension reduction. Find 10 components of Q that are nearest to P using $\boldsymbol{N}'$ and $\boldsymbol{M}'$. Record the labels of these 10 components, and mark S as a set of labels for candidate categories.
Output：S

2. 基于特征相似度的部件点云检索

确定了待检索部件点云 P 的候选类别语义 S 后，检索范围便可从原始包含全部类别的部件点云库缩小为只包含候选类别语义的部件点云，记为 Q'。在计算特征相似度进行相似部件点云检索时，将待检索部件点云 P 的高维特征与候选类别 Q' 中部件点云的高维特征逐一进行相似度计算，返回最相似的 10 个部件构成检索列表。在检索过程中，如果直接使用二维特征，将会造成特征细节信息丢失，严重影响检索精度，因此，在根据部件点云特征进行相似度分析时，使用高维特征进行相似度计算。具体算法如表 6.23 所示。

表 6.23　部件点云检索算法流程

算法： 部件点云检索算法
Input：Set S of labels for candidate categories，point clouds library Q of indoor components，high-dimensional features $\boldsymbol{N}$ and $\boldsymbol{M}$ from P and Q.

Initialize $Q'=\varnothing$，$D=\varnothing$.
For q in Q：
    if label of q in S：
        add q to Q'.
        calculate the distance d using high-dimensional features，and add d to D.
sort D from small to large
Identify the top 10 point clouds with shortest distances as R.

Output：The set R of ten point clouds most similar to P.

6.4.4　室内场景部件点云的检索试验与分析

为了验证基于深度学习与特征降维的检索方法的性能，本节开展了两组试验，第一组试验验证不同相似度评价指标的效果，第二组试验则通过输入不同的待检索部件，验证检索方法的准确性。

1. 相似度评价指标的确定

基于本书的特征提取方法，使用不同的相似度评价指标进行检索试验，选择检索效果最好的评价指标作为本书检索方法的相似度评价指标。选择书柜、椅子、书桌和沙发四个部件点云作为待检索部件，如图 6.32 所示；相似度评价指标选择 6.4.2 节中的欧氏距离、曼哈顿距离、闵可夫斯基距离、切比雪夫距离、余弦相似度和皮尔逊相关系数。试验过程

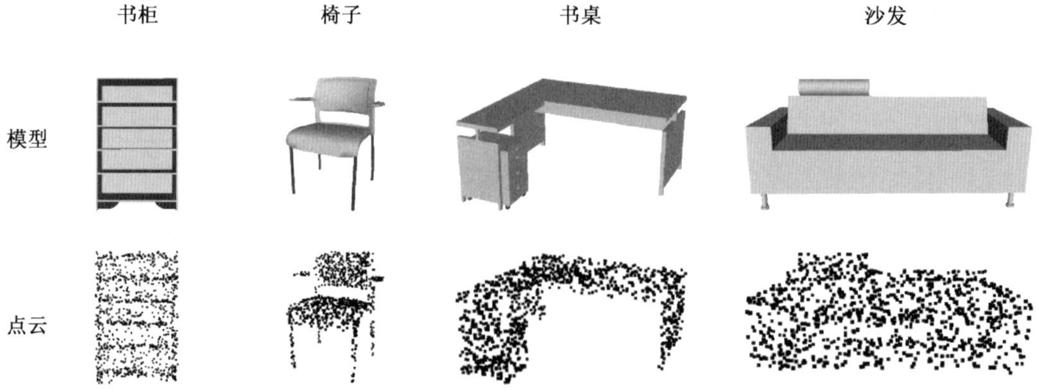

图 6.32　相似度评价指标确定试验的四个部件展示

中,提取待检索部件与室内场景部件点云库中各对象的高维特征,使用不同的相似度评价指标检索出与待检索部件最相似的10个部件返回,统计这10个部件与待检索部件属于同一类别的个数。

从表6.24中可以看出,基于距离的几个相似度评价指标都不能较为理想地实现部件检索,主要原因是本书方法在特征提取时将每个部件点云用1×1 024的高维全局特征表示,过高的维度带来的"维度灾难"导致无法用距离衡量两个高维特征之间的相似度。相对而言,余弦相似度和皮尔逊相关系数在计算相似度时,不受特征的维数影响,能够较好地实现检索,且相比之下,余弦相似度的检索效果更好。故本书的检索方法采用余弦相似度作为评价指标。

表6.24　不同相似度评价指标的检索结果

相似度评价指标	待检索部件			
	书柜	椅子	书桌	沙发
欧氏距离	0	0	0	0
曼哈顿距离	0	0	0	0
闵可夫斯基距离	0	0	0	0
切比雪夫距离	0	0	0	0
余弦相似度	10	10	10	10
皮尔逊相关系数	10	10	9	10

2. 检索试验结果与分析

为了客观地展示本书检索方法的结果,选择14个不同的室内场景部件作为待检索部件进行试验,检索列表(表6.25)统计了室内部件点云库中与待检索部件最相似的10个部件。其中,为了评价检索方法的正确性,将6.2节中标准化后的室内场景部件点云库作为检索的样本库,选择该样本库中的14个模型作为待检索模型来设计检索试验。从表6.25中可以看出,每个待检索部件都能找到与其最相似的10个部件,由于待检索部件也是源于室内场景部件点云库,故检索列表中第一个最相似的部件就是该部件本身。从这14个检索部件的检索列表中可以看出,花盆和床头柜的检索结果稍微逊色,花盆的检索结果中混入了一些植物,床头柜的检索结果中混入了一些玻璃柜,原因是花盆这一类别中包含的部件类型多种多样,有的花盆是空的,有的花盆则带有植物,同时在植物这一类别中,有的是单株植物,有的是带盆的植物;同样,床头柜类别中形状各式各样,大部分都是长方体形带抽屉的柜子,与玻璃柜的外观极其相似,所以会混淆。

检索结果不仅证明了本书检索方法的有效性,而且表明开源三维部件数据集不能直接用于室内场景部件分类与检索,这也说明了对开源数据集重新进行语义体系划分的重要性。

表 6.25　不同部件的检索列表

待检索部件	检索结果
 床	 100%　99.69%　99.69%　99.68%　99.68%　99.68%　99.67%　99.67%　99.67%　99.67%
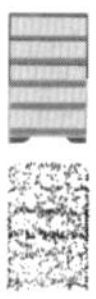 书柜	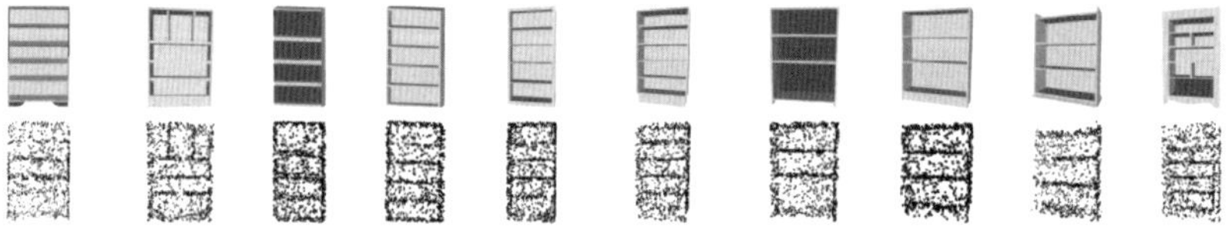 100%　99.71%　99.71%　99.70%　99.69%　99.68%　99.67%　99.65%　99.64%　99.64%
 椅子	 100%　99.75%　99.68%　99.66%　99.59%　99.57%　99.56%　99.54%　99.54%　99.53%
 杯子	 100%　99.93%　99.80%　99.76%　99.63%　99.61%　99.59%　99.49%　99.46%　99.29%
 书桌	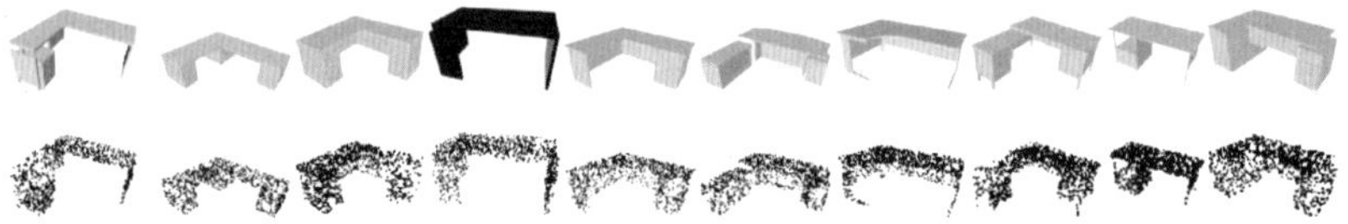 100%　98.92%　98.71%　98.68%　98.66%　98.54%　98.53%　98.52%　98.39%　98.35%
 花盆	 100%　99.44%　99.37%　99.35%　99.33%　99.32%　99.32%　99.31%　99.27%
 键盘	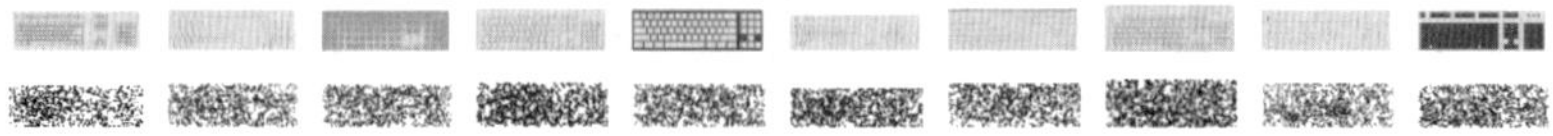 100%　99.90%　99.89%　99.89%　99.85%　99.85%　99.84%　99.84%　99.84%　99.84%

（续表）

待检索部件	检索结果										
 笔记本	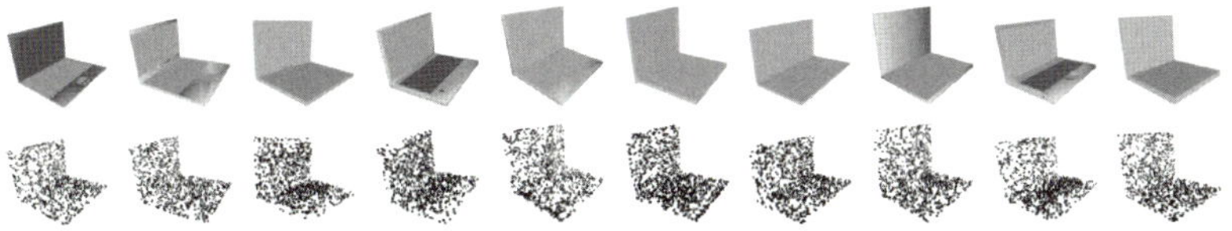	100%	99.90%	99.87%	99.79%	99.77%	99.77%	99.74%	99.72%	99.71%	99.71%
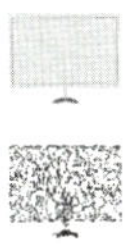 显示器	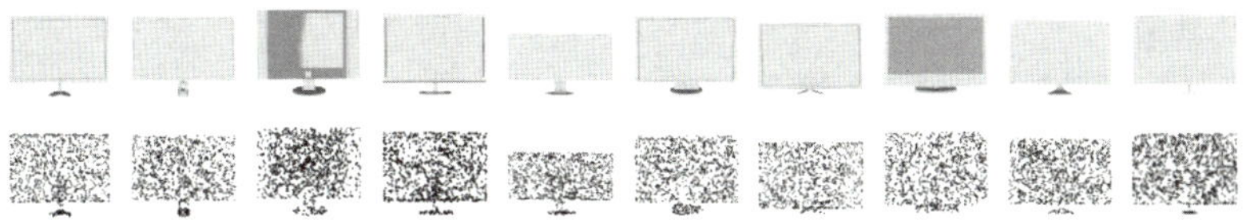	100%	99.89%	99.80%	99.76%	99.76%	99.74%	99.73%	99.73%	99.73%	99.73%
 床头柜	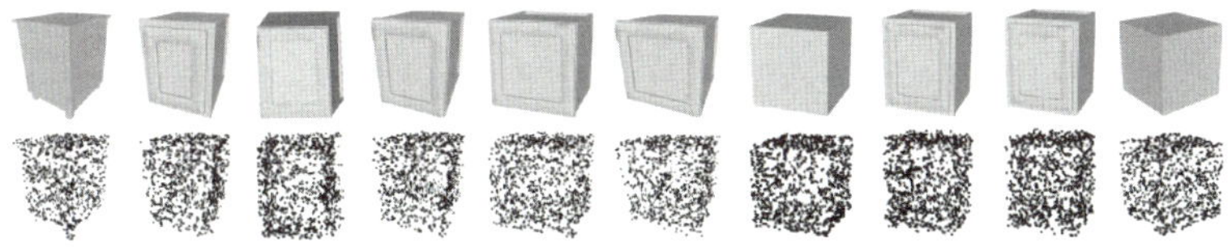	100%	99.77%	99.76%	99.76%	99.69%	99.69%	99.68%	99.62%	99.62%	99.61%
 枕头	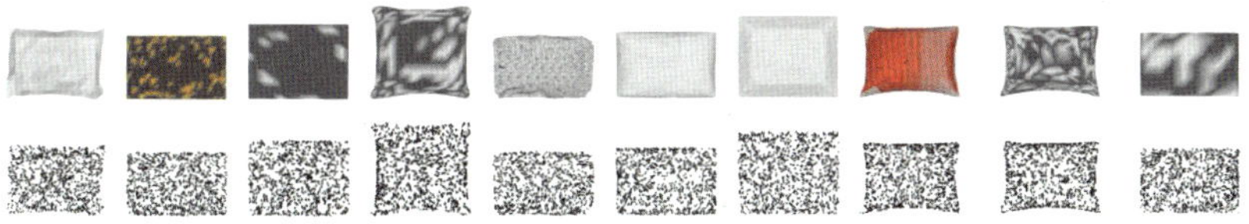	100%	99.74%	99.74%	99.67%	99.67%	99.65%	99.62%	99.61%	99.61%	99.60%
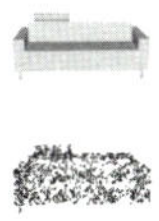 沙发	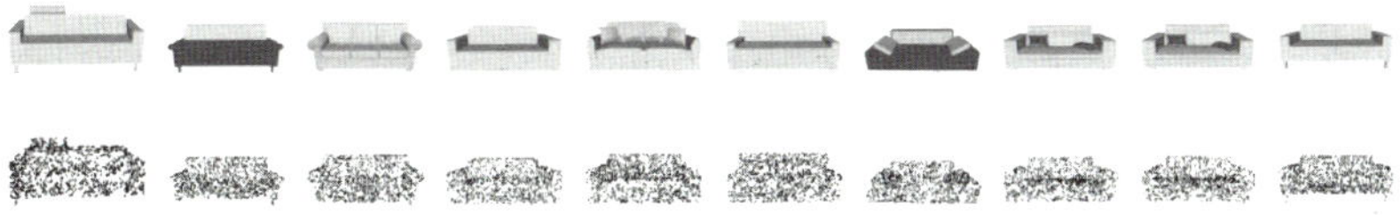	100%	99.82%	99.82%	99.79%	99.77%	99.77%	99.76%	99.76%	99.76%	99.75%
 茶几	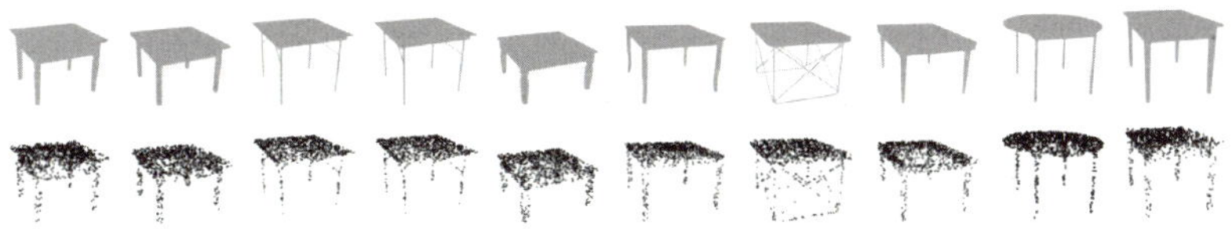	100%	99.83%	99.59%	99.59%	99.53%	99.52%	99.50%	99.47%	99.46%	99.45%
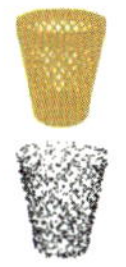 垃圾桶		100%	99.95%	99.94%	99.93%	99.90%	99.90%	99.89%	99.89%	99.89%	99.87%

为了验证本书检索方法的效率，选取两种对比方法来对检索效率进行分析，对比方法一是特征提取加余弦相似度分析，对比方法二是特征提取加皮尔逊相关系数分析。不同检索方法的检索精度与效率见表6.26。从表中可以看出，本书方法有着与对比方法一相同的平均精度，但是由于特征降维缩小了待检索部件的检索范围，故检索时间减少了约97%，检索效率更高。

表6.26 不同检索方法的检索精度与效率对比

检索方法	本书方法	对比方法一	对比方法二
平均精度	87.14%	87.14%	86.43%
平均耗时/s	0.025 6	0.874 0	2.624 0

参考文献

[1] Yousefhussien M, Kelbe D J, Ientilucci E J, et al. A multi-scale fully convolutional network for semantic labeling of 3D point clouds[J]. ISPRS Journal of Photogrammetry and Remote Sensing, 2018, 143: 191-204.

[2] Charles R Q, Hao S, Mo K, et al. PointNet: Deep Learning on Point Sets for 3D classification and segmentation[C]//2017 IEEE Conference on Computer Vision and Pattern Recognition (CVPR) Proceedings, 2017: 77-85.

[3] Qi C R, Yi L, Su H, et al. PointNet++: Deep hierarchical feature learning on point sets in a metric space[J]. Advances in Neural Information Processing Systems, 2017: 5100-5109.

[4] Wang Y, Sun Y, Liu Z, et al. Dynamic graph Cnn for learning on point clouds[J]. ACM Transactions on Graphics, 2019, 38(5): 1-12.

[5] Jiang M, Wu Y, Lu C. PointSIFT: A SIFT-like network module for 3D point cloud semantic segmentation[J/OL]. (2018-07-02). https://arxiv.org/pdf/1807.00652.pdf.

[6] Liu C, Zeng D, Wu H, et al. Urban land cover classification of high-resolution aerial imagery using a relation-enhanced multiscale convolutional network[J]. Remote Sensing, 2020, 12(2): 1-20.

[7] Wu W X, Qi Z A, Li F X. PointConv: Deep convolutional networks on 3D point clouds[C]//2019 IEEE/CVP Conference on Computer Vision and Pattern Recognition,2019: 9613-9622.

[8] Jie H, Li S, Gang S. Squeeze-and-excitation networks[C]//Proceedings of the 2018 IEEE/CVF Conference on Computer Vision and Pattern Recognition, Los Alamitos, CA, USA, 2018: 7132-7141.

[9] Guo Y, Wang H, Hu Q, et al. Deep learning for 3D point clouds: A survey[J]. IEEE Transactions on Pattern Analysis and Machine Intelligence, 2020: 1-27.

[10] Li Y, Bu R, Sun M, et al. PointCNN: Convolution on X-transformed points[J]. Advances in Neural Information Processing Systems, 2018: 820-830.

[11] Landrieu L, Simonovsky M. Large-scale point cloud semantic segmentation with superpoint graphs

[C]//Proceedings of the IEEE Computer Society Conference on Computer Vision and Pattern Recognition，2018：4558-4567.

[12] Wang S，Suo S，Ma W，et al. Deep parametric continuous convolutional neural networks[C]//Proceedings of the 2018 IEEE/CVF Conference on Computer Vision and Pattern Recognition，2018：2589-2597.

[13] Wang X，He J，Ma L. Exploiting local and global structure for point cloud semantic segmentation with contextual point representations[C] //Proceedings of the 33rd Annual Conference on Neural Information Processing Systems (NeurIPS)，Vancouver，Canada，2019：4548-4558.

[14] Zhao H，Jiang L，Fu C，et al. PointWeb：Enhancing local neighborhood features for point cloud processing[C]//Proceedings of the 2019 IEEE/CVF Conference on Computer Vision and Pattern Recognition，2019：5560-5568.

[15] Boulch A. ConvPoint：Continuous convolutions for point cloud processing[J]. Computers & Graphics，2020，88：24-34.

[16] Ester M，Kriegel H P，Sander J，et al. A density-based algorithm for discovering clusters in large spatial databases with noise[J]. National Conferences on Aritificial Intelligence 1998—1999，1999：836-841.

[17] Luo H，Wang C，Wen Y Q，et al. 3-D object classification in Heterogeneous point clouds via bag-of-words and joint distribution adaption[J]. IEEE Geoscience and Remote Sensing Letters，2019，16(12)：1909-1913.

[18] Luciano L，Ben H A. Deep similarity network fusion for 3D shape classification[J]. The Visual Computer，2019，35(6-8)：1171-1180.

[19] Wu N Z，Song S，Khosla A，et al. 3D ShapeNets：A deep representation for volumetric shapes [C]//2015 IEEE Conference on Computer Vision and Pattern Recognition，2015：1912-1920.

[20] Maturana D，Scherer S. VoxNet：A 3D convolutional neural network for real-time object recognition [C]//2015 IEEE/RSJ International Conference on Intelligent Robots and Systems，2015：922-928.

[21] Qi C R，Su H，Nielner M，et al. Volumetric and multi-view CNNs for object classification on 3D data[C]//Proceedings of the IEEE Conference on Computer Vision and Pattern Recognition，Piscataway，2016：5648-5656.

[22] Riegler G，Ulusoy A O，Geiger A. OctNet：Learning deep 3D representations at high resolutions [C]//2017 IEEE Conference on Computer Vision and Pattern Recognition，2017：6620-6629.

[23] Guo K，Chen X，Zhou B，et al. Image-guided 3D model labeling via multiview alignment[J]. Graphical Models，2018：30-37.

[24] Su H，Maji S，Kalogerakis E，et al. Multi-view convolutional neural networks for 3D shape recognition[C]//2015 IEEE International Conference on Computer Vision，2015：945-953.

[25] Kasaei S H O. OrthographicNet：A deep transfer learning approach for 3D object recognition in open-ended domains[J]. IEEE/ASME Transactions on Mechatronics，2020：1-12.

[26] 华顺刚，李春泽. 基于深度学习方法的三维模型相似度计算[J]. 机电工程技术，2020，49(9)：43-45，201.

[27] Qi X, Liao R, Jia J, et al. 3D graph neural networks for RGBD semantic segmentation[J]. IEEE International Conference on Computer Vision, 2017: 5209-5218.

[28] Yi L, Su H, Guo X, et al. SyncSpecCNN: Synchronized spectral CNN for 3D shape segmentation[C]// 2017 IEEE Conference on Computer Vision and Pattern Recognition, 2017: 6584-6592.

CHAPTER

7

第7章 室内点云的应用

前面几章已经介绍了点云数据的获取、点云语义分割与分类等相关内容。本章则是以前面的数据以及数据处理方法为基础，主要介绍如何从三维点云中提取室内二维地图以及实现场景重建。在室内二维地图提取部分，主要介绍线框提取算法和语义优化算法；在场景重建部分，主要介绍部件点云的模型检索，实现场景重建和增强。

7.1 室内点云倾斜纠正

7.1.1 点云倾斜纠正的必要性

由于室内点云数据的采集系统具有快速大场景采集、边移动边测量的特性，故室内数据采集时不会像传统测绘一样，每次都架站、对中整平进行固定的测量。例如，室内采集设备背包测量系统，就是随测量者的移动而不断采集数据，在这个过程中测量系统不可能一直保持水平状态，这可能导致一次测量匹配拼接得到的整个室内数据都具有统一的倾斜。

由室内点云数据的特点可知，室内环境点云随室内标高的变化而具有很强的规律性，例如，每一层楼标高由低到高分别是地板、墙体、天花板等，然后随标高增加，楼层不断增加。而整体倾斜的室内数据是非正常视角的数据，这使得室内数据的规律性大大减弱，这在很大程度上增加了室内制图的难度。例如，针对理想的室内点云数据可以直接通过 Z 值对天花板、地板、墙体进行分类操作，但是对于倾斜的室内数据则无效。因此，需要对倾斜的点云数据进行倾斜纠正，也就是使纠正后的室内点云坐标系统中 Z 轴平行于与地面垂直的墙角棱线，以达到纠正的目的。

7.1.2 点云倾斜纠正方法

对室内点云数据进行倾斜纠正的根本问题是确定需纠正的点云数据垂直于地面的方向，并将原始点云数据的 Z 轴旋转到与该方向平行且相同的方向，点云数据倾斜纠正的流程如图 7.1 所示。

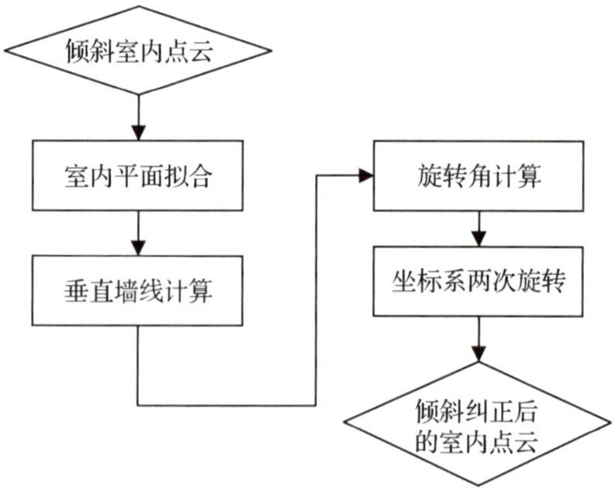

图 7.1　点云倾斜纠正流程图

首先需要确定点云数据垂直于地面的方向，对于室内点云来说，垂直于地面的方向有很明显的特征线，室内房间的垂直于地面的墙角棱线即为该方向。但由于点云数据的连续性与密集性特性，并不能直接从点云数据中将墙角棱线剥离出来，而点云中的平面数据可以直接从一批点云中截取出来。因此，这里采用多次求解两垂直于地面的墙面交线取平均值的方法来间接求垂直于地面的墙线方向。

确定垂直于地面的方向之后，对点云数据进行坐标旋转，使旋转后点云数据的 Z 轴与该方向平行且同向。通过两次欧拉角的旋转可以实现 Z 轴的定向旋转，分别计算两次旋转的欧拉角并计算旋转矩阵，对室内点云坐标实施旋转，可得到倾斜纠正后的室内点云数据。

1. 垂直于地面的墙线方向确定

由于无法直接从点云中截取出与地面垂直的墙棱线，因此采用求解两垂直于地面的墙面交线的方法来间接求垂直于地面的墙线方向。首先从点云中截取两相邻的垂直于地面的墙面作为一组，对墙面进行平面拟合，然后求两平面的交线，再取多组相邻墙面分别求解交线，将多组交线参数的平均值作为这批室内点云垂直于地面的方向。

对点云数据进行拟合就是将特定的曲面模型与扫描点集中的点云相匹配，求取最佳的模型参数，以达到点云子集与模型参数高度吻合的目的。

平面点云拟合的方法有很多，常用的平面拟合算法有最小二乘法、特征值法等。在室内点云的获取过程中，由于非目标物的遮挡、仪器误差、错误匹配等情况，不可避免地会产生各种误差及异常值。最小二乘法、特征值法虽然考虑了数据的误差因素，但依然会将具有粗差及异常值的数据带入计算中，当数据中存在大量的异常数据时通常难以拟合出令人满意的结果。

RANSAC 算法（随机抽样一致性算法）是一种稳健估计方法。在计算机视觉以及其他很多研究领域，模型参数的稳健估计是一个核心问题，RANSAC 算法对错误率超过一半的数据仍然能够得到理想的处理结果[1]。RANSAC 算法的基本思想是：在进行参数估计时，不是不加区分地对待所有可能的输入数据，而是首先针对具体问题设计一个判断准则，利用此判断准则迭代地剔除那些与所估计的参数不一致的输入数据，然后通过正确的输入数据来估计参数。因此，本节采用 RANSAC 算法对室内墙面点云数据进行平面拟合，可以得到比较理想的拟合结果（图 7-2）。

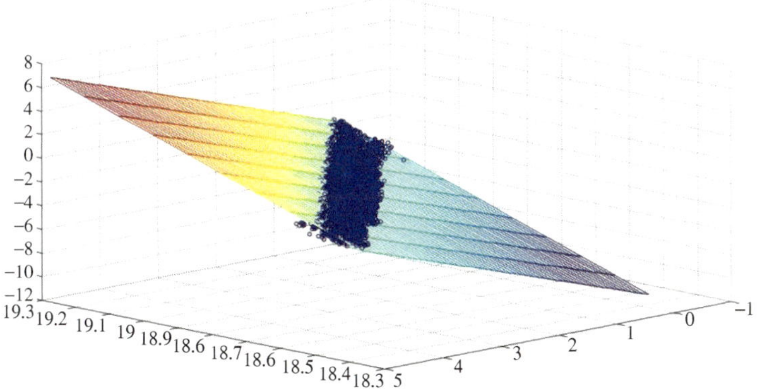

图 7.2　室内点云平面拟合示例

设拟合得到的两相邻墙面的平面方程分别为式(7.1)和式(7.2)：

$$a_1x + b_1y + c_1z + d_1 = 0 \tag{7.1}$$

$$a_2x + b_2y + c_2z + d_2 = 0 \tag{7.2}$$

则两平面的交线 L 的方向为

$$[a_1,\ b_1, c_1] \times [a_2,\ b_2, c_2] \tag{7.3}$$

式中，a_1、b_1、c_1、d_1 为平面 1 的平面参数；a_2、b_2、c_2、d_2 为平面 2 的平面参数；符号“×”代表向量叉乘。

通过以上计算可以得出一组相邻墙面的交线，取多组相邻墙面分别求交线方向，并求其平均值，可以得到这批室内点云数据垂直于地面的方向。

2. 旋转角与旋转矩阵的计算

获得垂直于地面的墙线方向后，可通过两次坐标系旋转使 L 与 Z 轴平行，第一次绕 Z 轴旋转角度 θ_Z，第二次在第一次旋转的基础上再绕 X 轴旋转角度 θ_X。

第一次绕 Z 轴旋转(即 Z 轴不变)，将 Y 轴旋转到 L'' 处，使第一次旋转后的 Z_1OY_1 平面与 L 平面平行(L' 与 L'' 在面上)，第一次旋转如图 7.3 所示。

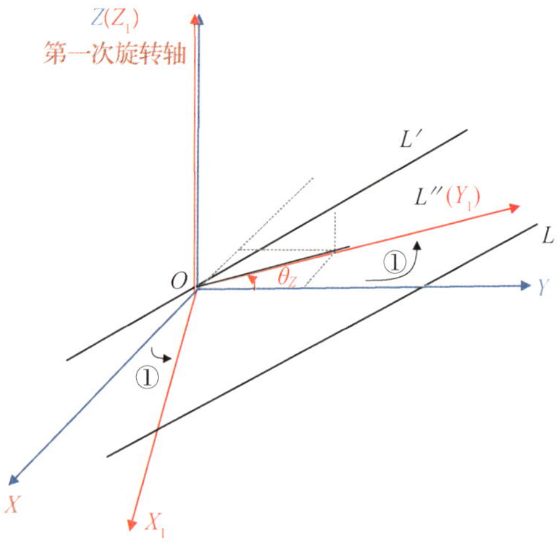

图 7.3　第一次旋转示意图

图 7.3 中，XYZ 为初始坐标系(蓝色)；$X_1Y_1Z_1$ 为第一次旋转后的坐标系(红色)；θ_Z 为绕 Z 轴的旋转角；L 为两垂直于地面的墙面交线；L' 为过原点与 L 平行的直线；L'' 为 L' 在 XOY 平面上的投影。

使坐标系绕 Z 轴旋转 θ_Z，新的坐标系 $X_1Y_1Z_1$ 的坐标为

$$\begin{cases} X_1 = X\cos\theta_Z - Y\sin\theta_Z \\ Y_1 = X\sin\theta_Z + Y\cos\theta_Z \\ Z_1 = Z \end{cases} \tag{7.4}$$

用矩阵表示为

$$\begin{aligned} [X_1 \quad Y_1 \quad Z_1] &= [X \quad Y \quad Z] \begin{bmatrix} \cos\theta_Z & \sin\theta_Z & 0 \\ -\sin\theta_Z & \cos\theta_Z & 0 \\ 0 & 0 & 1 \end{bmatrix} \\ &= [X \quad Y \quad Z]\boldsymbol{R}_{\theta_Z} \end{aligned} \tag{7.5}$$

式中，θ_Z 为 Y 轴与 L'' 的夹角。设 L 方向向量为$[A,\ B,\ C]$，则 θ_Z 为向量$[0,\ 1,\ 0]$与向量$[A,\ B,\ 0]$的夹角，即

$$\theta_Z = \langle [0,\ 1,\ 0],\ [A,\ B,\ 0] \rangle \tag{7.6}$$

式中，$\langle \boldsymbol{a},\ \boldsymbol{b} \rangle$表示 $\boldsymbol{a}$、$\boldsymbol{b}$ 两向量的夹角。

由于第一次旋转后 Z_1OY_1 平面与直线 L 平行，则第二次可绕 X 轴旋转，在 Z_1OY_1 平面上将 Z_1 轴直接旋转到与 L 平行的 Z_2 处，此时实现墙线 L 与 Z_2 轴平行，完成坐标系倾斜纠正，旋转角度如图 7.4 所示。

图 7.4 中，$X_1Y_1Z_1$ 为第一次旋转后的坐标系(红)；$X_2Y_2Z_2$ 为第二次旋转后的坐标系(绿)；θ_X 为绕 X_1 轴旋转的旋转角；L 为两垂直于地面的墙面交线；L'' 为 L' 在 XOY 平面上的投影。

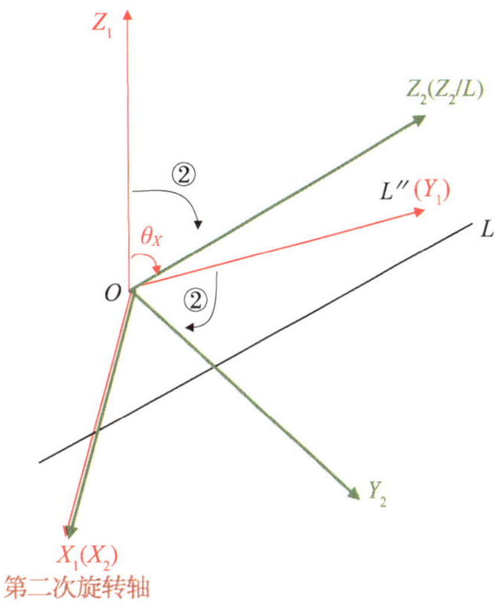

图 7.4　第二次旋转示意图

再使坐标系 $X_1Y_1Z_1$ 绕 X_1 轴旋转 θ_X，新的坐标系 $X_2Y_2Z_2$ 的坐标为

$$\begin{cases} X_2 = X_1 \\ Y_2 = Y_1\cos\theta_X - Z_1\sin\theta_X \\ Z_2 = Y_1\sin\theta_X + Z_1\cos\theta_X \end{cases} \tag{7.7}$$

用矩阵表示为

$$\begin{aligned} [X_2 \quad Y_2 \quad Z_2] &= [X_1 \quad Y_1 \quad Z_1]\begin{bmatrix} 1 & 0 & 0 \\ 0 & \cos\theta_X & \sin\theta_X \\ 0 & -\sin\theta_X & \cos\theta_X \end{bmatrix} \\ &= [X_1 \quad Y_1 \quad Z_1]\boldsymbol{R}_{\theta_X} \end{aligned} \tag{7.8}$$

式中，旋转角 θ_X 为 Z 轴与 L 的夹角，则 θ_X 为向量[0, 0, 1]与向量[A, B, 0]的夹角，即

$$\theta_X = \langle [0,0,1],[A,B,C] \rangle \tag{7.9}$$

另外，旋转时还要考虑旋转的正反方向，这里规定旋转角的正向为：从旋转轴反方向观察，逆时针方向的旋转是正向，顺时针方向的旋转是反向。

因此，由两个面的法向量外积求得两个面的交线 L 是有方向的。这里最终将 Z 轴旋转至 L' 正向(取正向为 $c>0$)。在确定 L 的方向时，若 $c>0$，则取 L 正向为 $(A, B, C)=(a, b, c)$；若 $c<0$，则取 L 正向为 $(A, B, C)=(-a, -b, -c)$。

下面对 θ_X 和 θ_Z 正余弦的正负进行讨论：

(1) 考虑到旋转正方向，对于绕 X 轴的旋转角，正弦为 $\cos\theta_X$，余弦为 $-\sqrt{1-(\cos\theta_X)^2}$。

(2) 对于绕 Z 轴的旋转角，分为四种情况。

L 正向在第一象限时：正弦为 $\cos\theta_Z$，余弦为 $-\sqrt{1-(\cos\theta_Z)^2}$。

L 正向在第二象限时：正弦为 $\cos\theta_Z$，余弦为 $\sqrt{1-(\cos\theta_Z)^2}$。

L 正向在第三象限时：正弦为 $\cos\theta_Z$，余弦为 $\sqrt{1-(\cos\theta_Z)^2}$。

L 正向在第四象限时：正弦为 $\cos\theta_Z$，余弦为 $-\sqrt{1-(\cos\theta_Z)^2}$。

总结以上可得：

当 $AB>0$ 时，取正弦为 $\cos\theta_Z$，余弦为 $-\sqrt{1-(\cos\theta_Z)^2}$；

当 $AB<0$ 时，取正弦为 $\cos\theta_Z$，余弦为 $\sqrt{1-(\cos\theta_Z)^2}$。

综合两次坐标旋转，可得到坐标倾斜纠正之后的新坐标 $X'Y'Z'$ 与 XYZ 之间的转换关系为

$$[X'' \quad Y'' \quad Z''] = [X \quad Y \quad Z]\boldsymbol{R}_{\theta_Z}\boldsymbol{R}_{\theta_X} \tag{7.10}$$

7.1.3 点云倾斜纠正方法验证

为验证点云倾斜纠正方法的正确性以及精度，采用以下两种方法进行验证。

1. 理论模型验证法

理论模型验证法采用一个标准正方体来模拟一个房间，如图 7.5 所示，两个墙面分别为面 $ABCD$ 和面 $ABEF$，两面的交线为线 AB。正方体的每个边长为 1，则各点坐标为 $A(1, 1, 0)$，$B(1, 1, 1)$，$C(1, 0, 0)$，$D(1, 0, 1)$，$E(0, 1, 0)$，$F(0, 1, 1)$。对正方体施加一个已知角度的旋转，先使其绕 X 轴旋转 20°，再绕 Z 轴旋转 50°，得到一组新的坐标数据，$A'(1.36, -0.16, -0.34)$，$B'(1.62, 0.06, 0.60)$，$C'(0.64, -0.77, 0.00)$，$D'(0.90, -0.55, 0.94)$，$E'(0.72, 0.60, -0.34)$，$F'(0.98, 0.82, 0.60)$。

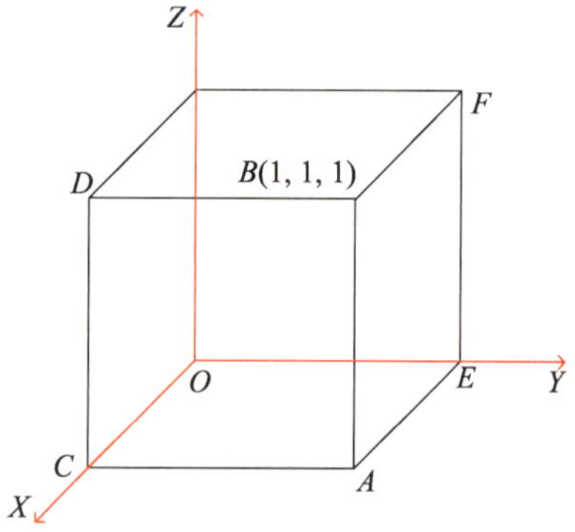

图 7.5 标准正方体房间示意图

旋转后的两面交线 $A'B'$ 方向变为$(-0.26, -0.22, -0.94)$，计算将 $A'B'$ 旋转到 Z 方向的角度，由式(7.6)和式(7.9)可计算出绕 Z 轴旋转回去的角度 $\theta_Z=-50°$，绕 X 轴旋转回去的角度 $\theta_X=-20°$，按此方法计算旋转矩阵，对点 A'、B'、C'、D'、E'、F' 先绕 Z 轴旋转 −50°，再绕 X 轴旋转 −20°，得到旋转回的数据 $A(1, 1, 0)$，$B(1, 1, 1)$，$C(1, 0, 0)$，$D(1, 0, 1)$，$E(0, 1, 0)$，$F(0, 1, 1)$，这与原始数据相同，因此可验证本方法理论上正确。

2. 实际点云数据验证法

实际点云数据验证法利用可精确整平的 FARO 激光扫描仪进行室内点云数据采集。以采集到的数据作为不需纠正的原始数据，对该数据施以预先设定的一个固定角度的坐标旋转使其倾斜，再通过上文的倾斜纠正方法对倾斜的数据进行倾斜纠正，对比该方法计算得到的坐标旋转角度与设定角度，即可验证该方法的正确性以及精确性。

图 7.6 所示为 FARO 仪器采集到的室内点云数据(图中点云颜色随高程变化而不同)，对这批数据先后绕 X 轴和 Z 轴均旋转 30°使其倾斜，然后通过倾斜纠正方法进行倾斜纠正，倾斜纠正后的室内点云数据如图 7.7 所示，得到的坐标旋转角度与预先设定的角度(30°)的正余弦误差如表 7.1 所示，角度正余弦误差均小于 0.01，角度误差小于 1°，说明该

倾斜纠正方法可以较为精确地实现坐标倾斜纠正。

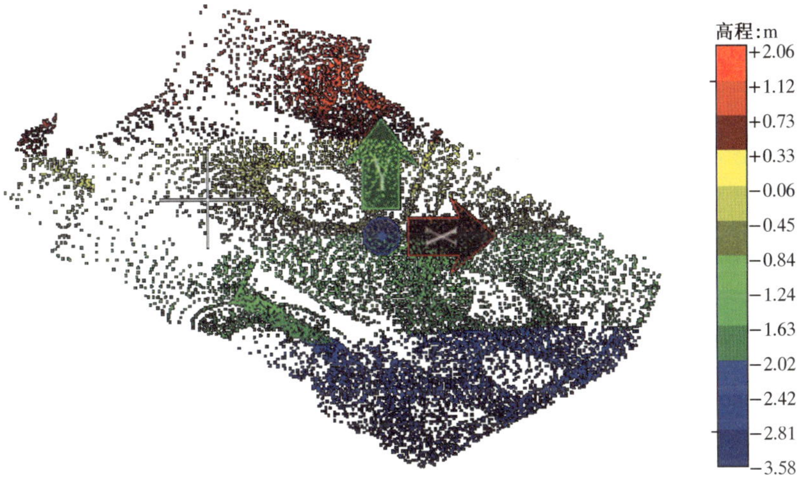

图 7.6　倾斜纠正前的室内点云数据

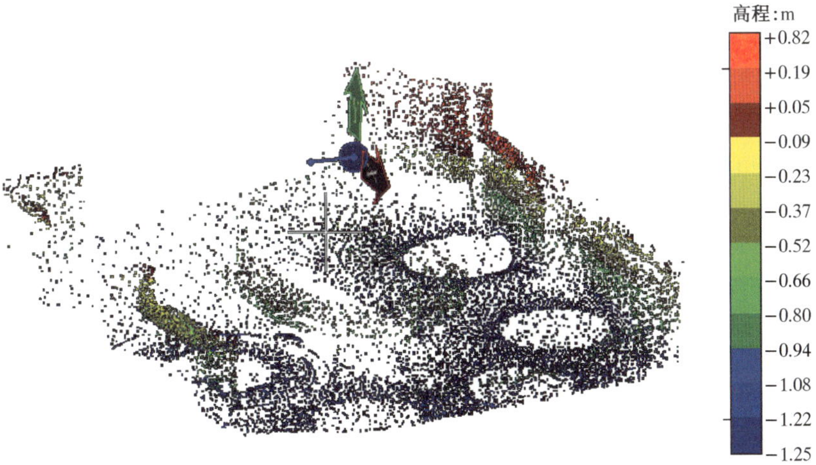

图 7.7　倾斜纠正后的室内点云数据

表 7.1　倾斜纠正角度误差

角度正余弦	真实值	计算值	差值
$\cos\theta_X$	0.866	0.865	0.001
$\sin\theta_X$	0.500	0.502	0.002
$\cos\theta_Z$	0.866	0.861	0.005
$\sin\theta_Z$	0.500	0.509	0.009

由图 7.6 和图 7.7 展示的按高程变化赋予不同颜色的室内点云可以看出，纠正前的点云按颜色分布的结果与正常视觉效果不符，本应在相同高程下的地板高程差达到了 4 m，而

反观倾斜纠正后的室内点云数据，不同高程的颜色变化自然，可以看出室内高程由低到高的变化过程。由表 7.2 可知，倾斜纠正后的高程为 2 m 左右，符合正常房间的高差。

表 7.2　倾斜纠正前后的高程范围表　（单位：m）

室内点云	最小高程	最大高程	高程范围
倾斜纠正前	−3.58	+2.06	5.64
倾斜纠正后	−1.25	+0.82	2.07

7.2 室内二维地图提取与优化

室内地图作为空间信息的表达载体，在室内定位导航、位置服务和应急响应等领域发挥着重要作用。然而，随着城市的快速发展，大量的建筑被新建或改造，导致室内地图的制作速度无法跟上建筑的更新速度。如何快速生成几何精确的室内地图是一个亟待解决的问题，引起了业界的广泛关注。近年来，随着移动激光扫描技术的发展，激光点云以其精度高、易接近等优点在室内制图中得到广泛应用。

在先前的研究中，尽管许多学者已经广泛研究了点云数据的图元探测方法[2]，但室内地图的获取仍然面临两个主要挑战：首先是非曼哈顿世界的挑战，在复杂的室内环境中普遍存在非正交和弯曲的墙体；其次是地图的优化问题，由于障碍物的遮挡、扫描区域的错误采集、点云密度变化等情况，算法提取得到的初始几何结构是不规则的，难以直接应用。因此，本书提出一种新的二维几何结构提取和优化方法，该方法不仅可以规则化正交墙体，还可以优化建筑中的弧形结构，使其不被严格的曼哈顿世界假设限制。

本书所提出的方法主要包括三个部分(图 7.8)：数据预处理、基于改进的步进圆环聚类算法(Modified Ring-Stepping Clustering，M-RSC)的几何结构提取以及基于语义约束的模型优化。室内点云数据具有多楼层、多障碍物的特点，因此首先需要对原始点云进行预处理，包括点云切片和点云滤波。由于本节的重点在于提取几何准确的室内二维结构，所以假设已经获得室内点云的预处理结果，即已完成点云切片和滤波处理，此处不再赘述。

7.2.1 基于 M-RSC 算法的室内结构提取

本书提出了一种改进的步进圆环聚类方法(M-RSC 算法)来提取室内结构线[3]。该方法的原理是通过一个行进圆环逐步寻找线段的各个节点。该算法以点云切片为输入，并使用 R 和 N_{stop} 两个参数来迭代执行和停止该算法。参数 R 的取值一般略大于墙壁的平均厚度即可。图 7.9 是 M-RSC 算法的原理示意图。首先，从点云切片中随机选择一个种子点 (P_{seed})，以它为圆心、R 为半径画圆，遍历圆内所有点，找到周围点数最多的点定义为 P_{init} (即折线的起点)，该过程如图 7.9(a)和(b)所示；其次，以 P_{init} 为圆心，绘制半径为 $2R$ 的圆环，计算圆环内每个点周围的点数，将周围点数最多的点作为该折线的下一个节点

(P_{next})；最后，将上述两个节点连接为一个线段，如图 7.9(c) 和(d) 所示，然后继续执行该算法直到可搜索的点周围的点数小于 N_{stop} 为止。

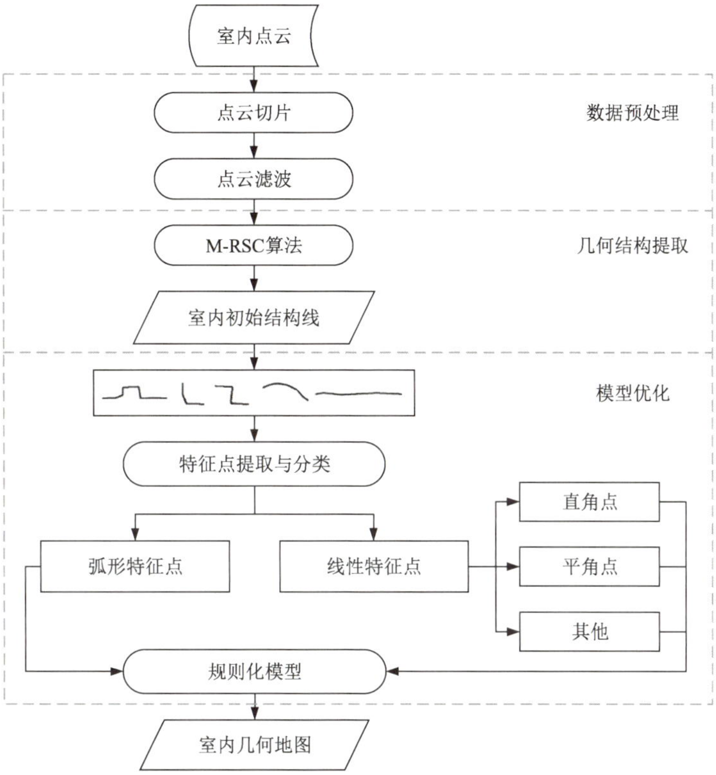

图 7.8　技术路线图

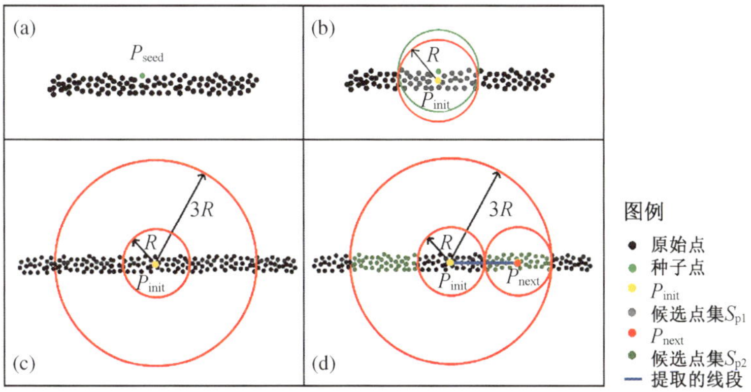

图 7.9　M-RSC 算法原理示意图

7.2.2　基于语义约束的平差优化模型

1. 存在的问题

由于 M-RSC 算法初步提取得到的室内结构存在一些不规则的现象，所以本节总结了这些问题(表 7.3)并提出相应的解决方法。上述这些现象可以分为非正交、非共线、非共圆三类。表 7.3 中也给出了初始结构线与原始点云之间的比较。

表 7.3 室内初始结构线中存在的不规则现象

类型		初始结构线	原始点云
不规则现象	非正交		

	非共线		
	非共圆		

为解决上述问题，本书提出提取特征点来实现初始几何结构的优化。首先将这些特征点分为弧形特征点和线性特征点两种。计算折线中每个顶点到两个特征点组成的线段之间的距离，如果最大距离大于某个阈值，则将这些顶点和两个特征点保存为弧形特征点；否则，这两个特征点将被认为是线性特征点。然后再针对后者进行下一步的细分，分为以下三类(图 7.10)：

$$P_j=\begin{cases}\text{直角点：}|A_j-90^\circ|<\theta_1(A_j\neq 90^\circ)\\ \text{平角点：}|A_j-180^\circ|<\theta_2(A_j\neq 180^\circ)\\ \text{其他点：其他}\end{cases} \tag{7.11}$$

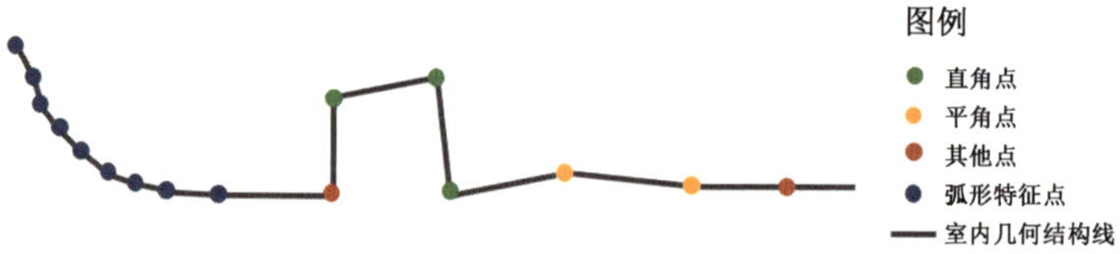

图 7.10 特征点分类示意图

式中，θ_1、θ_2 为角度阈值，$A_j=\arccos\alpha_j$。直角点是 A_j 与 90° 之间的差值小于 θ_1 的点。具体来说，该点的两条相邻边应满足垂直条件，但目前条件尚未满足。那么，这个点就被认为是直角点。与直角点类似，平角点是 A_j 与 180° 的差值小于 θ_2 的点，该点的相邻边应满足共线条件。其余未满足共线或者正交条件的特征点则为其他点。

2. 平差优化模型

一般来讲，正交墙体和规则的房间布局是建筑物中常见的永久性结构。但是，室内环境复杂多变，在非曼哈顿世界中，以上条件不再适用于弯曲的室内结构，因此，这里需要引入新的语义约束。针对不同的结构优化任务，本节提出由两个子部分组成的规则化模型，分别适用于曲线和折线的优化过程。根据前述分类结果，将特征点视为一组观测值 $\{(x_1, y_1), (x_2, y_2), \cdots, (x_n, y_n)\}$，并根据不同的语义约束条件，将其引入不同的模型中。最终计算得到各个观测值的坐标改正值，完成几何优化过程。

1) 基于弧形特征点的规则化

如图7.11所示，已知折线 l_1 上的弧形特征点为(x_1, y_1)，(x_2, y_2)，…，(x_n, y_n)，通过构建圆的误差方程，实现从 l_1 到 l_2 的结构优化。设圆的参数方程式如下：

$$\begin{cases} X_i = X_k + R\cos\varphi_i \\ Y_i = Y_k + R\sin\varphi_i \end{cases} \tag{7.12}$$

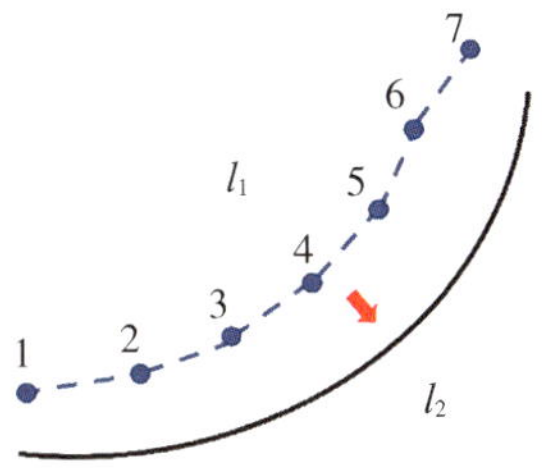

图7.11 弧形结构优化示意图

式中，(X_k, Y_k)表示圆的中心坐标，圆的半径为 R，(X_i, Y_i)表示圆上的一个点，φ_i 为相应的中心角。

假设每个参数都有一个小的改正数：$X_i = x_i + v_{x_i}$，$Y_i = y_i + v_{y_i}$，$X_k = x_k + v_{x_k}$，$Y_k = y_k + v_{y_k}$，$R = r_0 + v_r$，$\varphi_i = \varphi_{i_0} + v_{\varphi_i}$。其中，$(x_i, y_i)$表示特征点的坐标；$(v_{x_i}, v_{y_i}, v_{x_k}, v_{y_k}, v_r, v_{\varphi_i})$是改正数；$(X_i, Y_i)$、$(X_k, Y_k)$、$R$ 和 φ_i 是真实值的最大似然值；(X_k, Y_k)和 r_0 分别是圆的初始圆心坐标和半径，可通过拟合曲线上的任意三个点获得；φ_{i_0} 是(X_i, Y_i)与(X_k, Y_k)之间的圆心角。

将改正方程写成矩阵形式：

$$\boldsymbol{V} = \boldsymbol{BX} - \boldsymbol{L} \tag{7.13}$$

式中，$\boldsymbol{V} = [v_{x_1}, v_{y_1}, \cdots, v_{x_n}, v_{y_n}]^{\mathrm{T}}$，$\boldsymbol{L} = [x_1 - x_k - r_0\cos\varphi_{1_0}, \cdots, x_n - x_k - r_0\cos\varphi_{n_0}]^{\mathrm{T}}$，$\boldsymbol{X} = [v_{x_k}, v_{y_k}, v_r, v_{\varphi_1}, \cdots, v_{\varphi_n}]^{\mathrm{T}}$。

最后，$\boldsymbol{X}$(参数的校正值)的计算式如下：

$$\boldsymbol{X} = (\boldsymbol{B}^{\mathrm{T}}\boldsymbol{PB})^{-1}\boldsymbol{B}^{\mathrm{T}}\boldsymbol{PL} \tag{7.14}$$

2) 基于线性特征点的规则化

(1) 垂直约束

如图7.12所示，$A(x_1, y_1)$、$B(x_2, y_2)$、$C(x_3, y_3)$是相邻的三个线性特征点，其中 B 为直角点，即满足正交条件的特征点。假设每个坐标都有一个小的改正数，即 $X_i = x_i + v_{x_i}$，$Y_i = y_i + v_{y_i}$，其中，(x_i, y_i)代表特征点的坐标，(v_{x_i}, v_{y_i})表示改正数，(X_i, Y_i)是真实值的最大似然值。

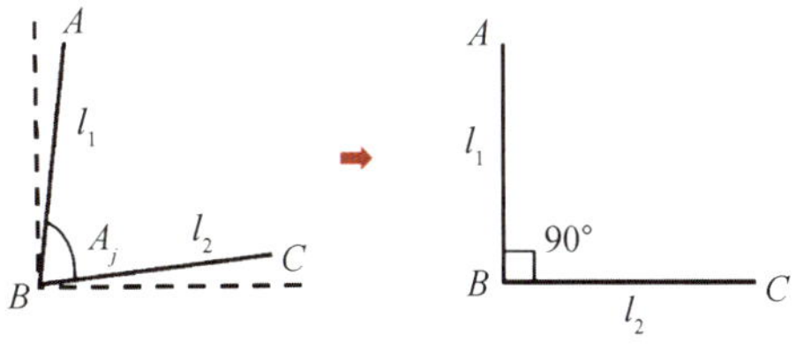

图7.12 正交结构优化示意图

当 l_1 与 l_2 垂直时，满足以下条件：

$$\frac{Y_2 - Y_1}{X_2 - X_1} \cdot \frac{Y_3 - Y_2}{X_3 - X_2} = -1 \tag{7.15}$$

线性化后有：

$$\boldsymbol{A}_1\boldsymbol{V}_1 - \boldsymbol{W}_1 = \boldsymbol{0} \tag{7.16}$$

式中，$\boldsymbol{A}_1 = [-(x_3 - x_2), -(y_3 - y_2), x_3 - 2x_2 + x_1, y_3 - 2y_2 + y_1, x_2 - x_1, y_2 -$

y_1]；$\boldsymbol{V}_1=[v_{x_1}, v_{y_1}, v_{x_2}, v_{y_2}, v_{x_3}, v_{y_3}]^{\mathrm{T}}$；$\boldsymbol{W}_1=-(y_2-y_1)(y_3-y_2)-(x_2-x_1)(x_3-x_1)$；$v_{x_i}$、$v_{y_i}$ 分别为 x_i、y_i 的改正数。

(2) 共线约束

如图 7.13 所示，$A(x_1, y_1)$、$B(x_2, y_2)$、$C(x_3, y_3)$ 是相邻的三个线性特征点，其中 B 为平角点，即满足共线条件的特征点。假设每个坐标都有一个小的改正数，即 $X_i=x_i+v_{x_i}$，$Y_i=y_i+v_{y_i}$。

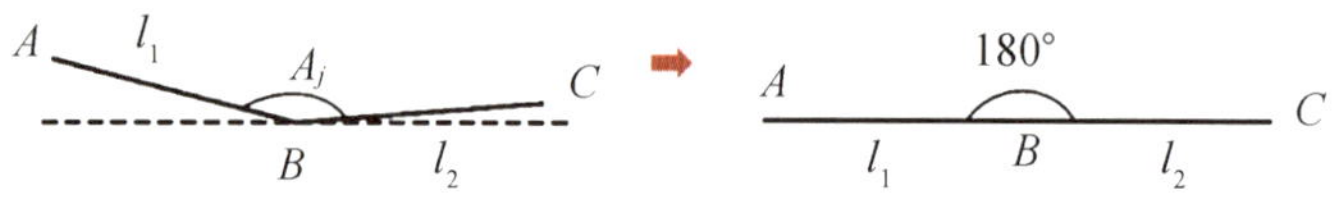

图 7.13　共线结构优化示意图

当 l_1 与 l_2 共线时，满足以下条件：

$$\frac{X_2-X_1}{Y_2-Y_1}=\frac{X_3-X_2}{Y_3-Y_2} \tag{7.17}$$

线性化后有：

$$\boldsymbol{A}_2\boldsymbol{V}_2-\boldsymbol{W}_2=\boldsymbol{0} \tag{7.18}$$

式中，$\boldsymbol{A}_2=[-(y_3-y_2), x_3-x_2, y_3-y_1, -(x_3-x_1); -(y_2-y_1), x_2-x_1]$；$\boldsymbol{V}_2=[v_{x_1}, v_{y_1}, v_{x_2}, v_{y_2}, v_{x_3}, v_{y_3}]^{\mathrm{T}}$；$\boldsymbol{W}_2=(x_2-x_1)(y_3-y_2)-(x_3-x_2)(y_2-y_1)$。

就单个线性特征点而言，其便形成了上述语义约束，例如垂直或共线条件。但是在实际计算中，有许多特征点同时满足上述条件。因此，将这些线性特征点的坐标列为一组观测值 $\{(x_1, y_1), (x_2, y_2), \cdots, (x_n, y_n)\}$。上面所有满足条件的方程都可以在同一个矩阵中进行枚举并形成以下线性模型：

$$\boldsymbol{AV}-\boldsymbol{W}=\boldsymbol{0} \tag{7.19}$$

$$\boldsymbol{W}=-(\boldsymbol{AL}+\boldsymbol{A}_0) \tag{7.20}$$

式中，$\boldsymbol{A}$ 为 $t\times 2(t+2)$ 的设计矩阵，t 为条件个数；$\boldsymbol{V}$ 为具有 $2(t+2)$ 个元素的未知向量；$\boldsymbol{L}$ 为观测向量；$\boldsymbol{A}_0$ 为常数向量。

矩阵 $\boldsymbol{A}$ 的形式如下：

$$\boldsymbol{A}=\begin{bmatrix}\boldsymbol{A}_1 & \cdots & \boldsymbol{0}\\ \vdots & \ddots & \vdots\\ \boldsymbol{0} & \cdots & \boldsymbol{A}_t\end{bmatrix} \tag{7.21}$$

式中，$\boldsymbol{0}$ 为零矩阵；$\boldsymbol{A}$ 由 $\boldsymbol{A}_i$ 组成，即线性化观测方程[式(7.6)和式(7.8)]相对于变量 (V_{x_i}, V_{y_i}) 的系数。

$\boldsymbol{V}$[观测值的校正值 (x_i, y_i)]由式(7.22)计算得到：

$$V = P^{-1}A^{T}(AP^{-1}A^{T})^{-1}W \tag{7.22}$$

7.2.3　试验结果与分析

本次试验选用公开数据集[4]和实地采集的数据来验证本书方法的有效性。公开数据集(场景一)是由 ISPRS 组织提供的一个弧形博物馆点云,它属于非曼哈顿建筑。真实场景数据(场景二)采用同济大学测绘与地理信息学院 F3 层的点云,该场景属于普通的办公场景,建筑结构较为规则。场景一和场景二最终的优化结果如图 7.14 和图 7.15 所示。

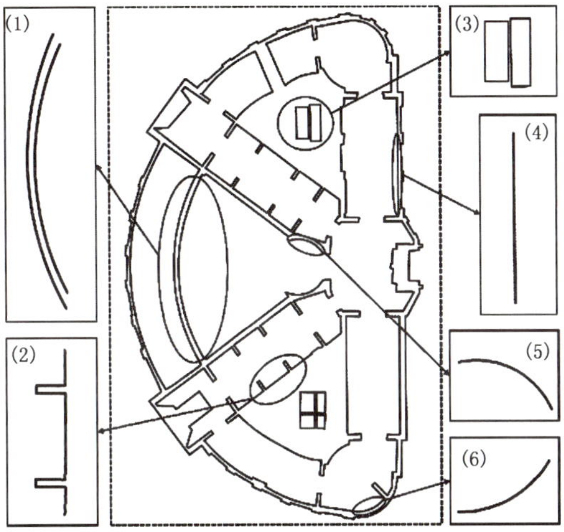

图 7.14　场景一优化结果及细节展示

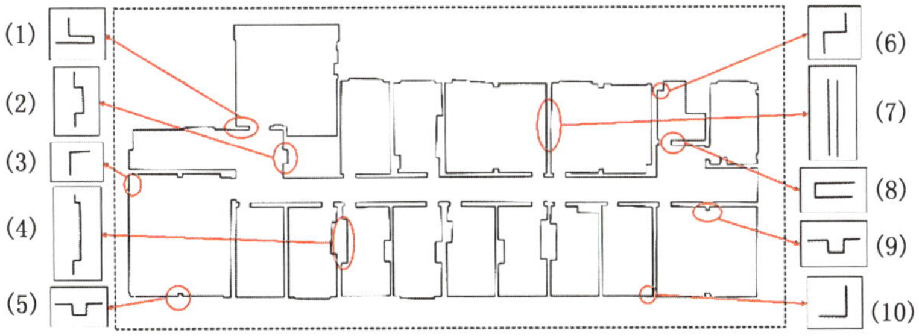

图 7.15　场景二优化结果及细节展示

此外,本书还针对不同的数据集进行了精度评价。由于 ISPRS 没有提供相应的 2D 参考地图,因此,本书基于原始点云,手动构建了室内几何图作为评估的真实值,并采用 RDM_{avg} 和 AAD_{avg} 两个评估标准[5]来验证本书方法在基准数据集上的可行性。房间差异度量(Room Difference Measurement, RDM)用于反映墙角之间相对位置的差异以及所有角点对之间的欧氏距离。绝对面积偏差(Absolute Area Deviation, AAD)主要反映平均房间面积差异。根据以上两个指标的定义,将它们的平均值作为本试验的评估指标。试验共检测到场景一包含 379 个角点和 10 个多边形。RDM_{avg} 为 0.027 m, AAD_{avg} 为 0.13 m^2。

这里引入三个参数：d_b、d_a、d_t，d_b 表示从点云中提取的初始室内结构线的长度，d_a 是算法优化后的几何结构线长度，d_t 表示激光测距仪测量的真值。另外定义两个评价指标 Δd_b 和 Δd_a 来评估室内几何线框的精度。Δd_b 表示 d_t 和 d_b 之间的相对误差，代表提取的室内结构线的初始精度。Δd_a 表示 d_t 和 d_a 之间的相对误差，代表优化后的室内几何线框精度。

对于真实世界的数据集，将实际环境中激光测距仪的测量值用作真实值来评估相对精度。场景二随机选择了 15 条易测量的线段（如门、窗等）进行测试。结果显示，与初始结构线相比，优化后的平均精度提高了 6.1 cm，具体细节如表 7.4 所示。

表 7.4　场景二的相对精度评价表

序号	Δd_b/m	Δd_a/m	序号	Δd_b/m	Δd_a/m
1	0.143	0.006	9	0.013	0.011
2	0.064	0.060	10	0.061	0.001
3	0.093	0.020	11	0.033	0.041
4	0.107	0.005	12	0.072	0.030
5	0.198	0.029	13	0.062	0.014
6	0.032	0.021	14	0.048	0.005
7	0.119	0.013	15	0.068	0.018
8	0.116	0.038	均值	0.082	0.021

7.3　室内场景重建和增强

现有的室内场景重建方法对数据采集要求较高，为获得高质量的重建效果，需要耗费大量人力、物力，成本高。基于室内场景部件点云与模型的检索方法，可利用采集到的部件点云检索部件库中相似的部件模型，替换原始的部件点云来实现室内场景重建。这种重建方法受部件点云缺失影响较小，部件模型直接替换点云的方式节省时间、人力、物力，成本低。这种基于部件点云与模型检索并替换的方法为室内场景重建和增强提供了新思路。

7.3.1　室内场景数据采集与预处理

以同济大学测绘与地理信息学院 301 室为试验对象，简单地展示本书方法的重建效果。该房间东西方向长 7.01 m、南北方向宽 6.57 m、高 2.47 m，采用 FARO Focus x130 激光扫描仪进行数据采集，采集的数据包括坐标和 RGB 色彩信息。图 7.16 展示了采集到的 301 室的原始点云数据，可以看出该房间的部件包括永久结构表面（墙、地板）和可移动部件（桌子、黑板和柜子）。

图 7.16　同济大学测绘与地理信息学院 301 室点云数据

301 室点云数据的配准、裁剪通过美国天宝公司的 RealWorks 完成，永久结构表面重建与室内部件的裁剪通过 CloudCompare 完成。图 7.17 所示为裁剪出的各个部件点云。

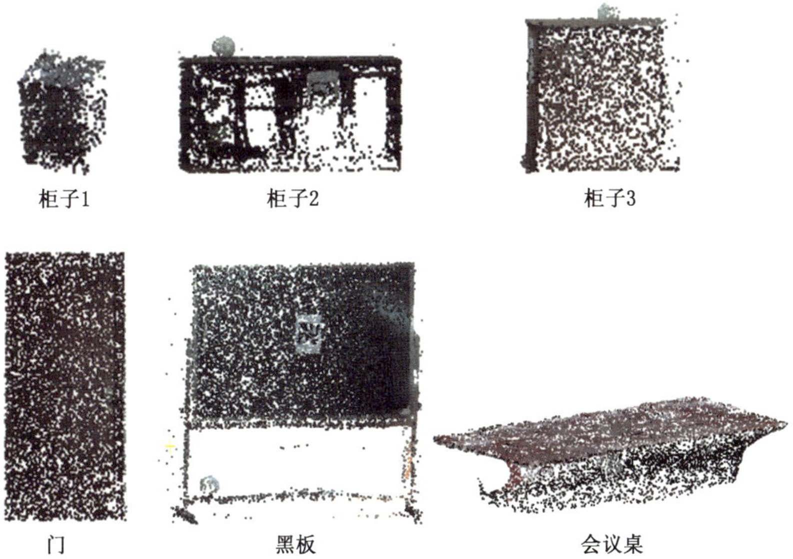

图 7.17　301 室部件点云

7.3.2　部件点云的模型检索

通过 6.4 节的检索方法，基于本书构建的室内场景部件样本库，对 301 室各个部件点云进行检索。图 7.18 为样本库中与实测部件最相似的 5 个部件。在室内场景采集过程中，由于障碍物或部件自身的遮挡等情况，点云缺失的情况是不可避免的，所以在部件检索过程中，部件点云与室内场景部件样本库中的模型相似度都不超过 95%。此外，由于本书构建的室内场景部件样本库中，部件类别、数量有限，很难涵盖室内场景中的所有类别和样式，例如样本库中缺少黑板这一类别，所以未能实现黑板点云的检索（黑板部件点云的模型将从部分开源的国内数据集中下载获得）。

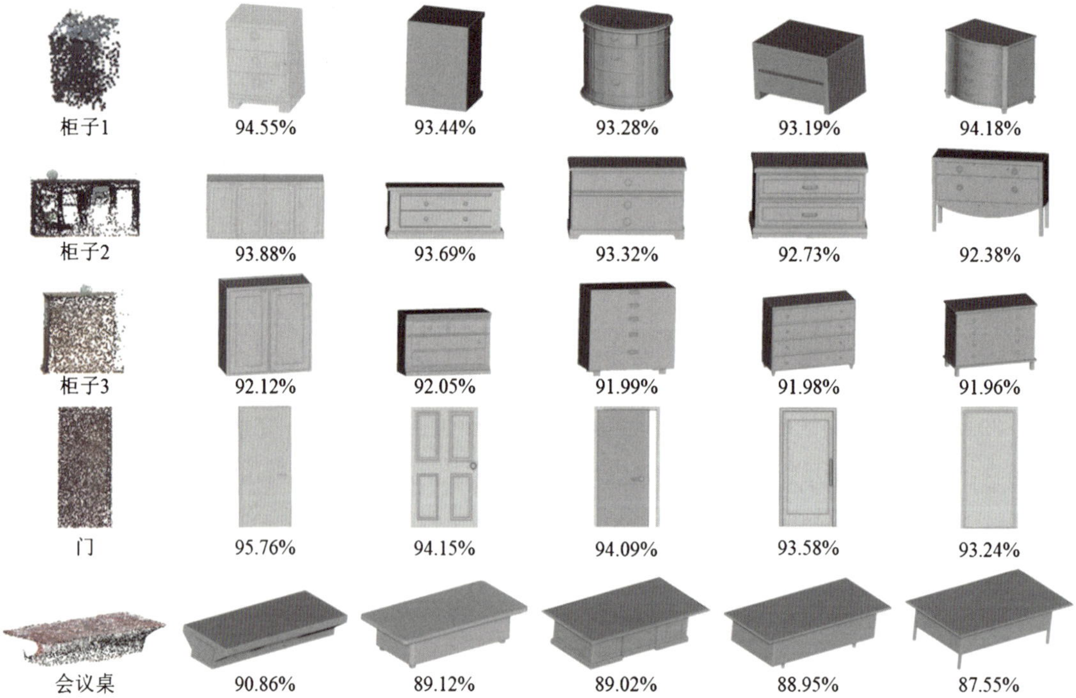

图 7.18　301 室部件点云的模型检索结果

7.3.3　室内场景重建和增强结果

基于室内场景部件点云的检索结果，将检索到的部件替换原始的部件点云，便能实现室内场景重建中的部件增强，从而实现 301 室的场景重建，重建结果见图 7.19，其中黑板的模型是从部分开源的国内模型数据集（学哟网）获得的。

图 7.19　同济大学测绘与地理信息学院 301 室重建和增强结果

同济大学测绘与地理信息学院 301 室的重建结果，一方面表明本书的检索方法可有效地应用于室内场景重建的任务，使用部件点云模型检索的方式可实现室内场景部件增强，在一定程度上解决了点云缺失的问题；另一方面表明所构建的室内场景部件样本库有待扩充，在未来的工作中还需收集更广泛的类别以满足更多室内场景的真实情况。

7.4 室内部件点云建模

基于激光或视觉传感器采集得到的部件点云存在一个主要问题，即由于传感器本身的误差以及制图导致的误差，部件点云中存在大量的噪声。由于该问题，传统三维表面重建方法（如泊松重建方法）难以对这类点云重建得到质量较好的表面模型，因此，本书提出基于深度学习的三维重建方法，对该问题的解决提供新思路。

7.4.1 点云无损体素化表达

本书采用一种无损体素化方法将点云进行体素化，以保留点云中的所有信息。

假设一团点云包含 n 个点，点云只包含每个点的(x, y, z)坐标信息：

$$P=\{p_1, p_2, \cdots, p_n\}, p_i \in \mathbb{R}^3 \tag{7.23}$$

点云将被缩放至单位球内：

$$p_i=\frac{p_i-\mathbb{E}_{p_i \sim P} p_i}{\max_{p_i \sim P}\|p_i-\mathbb{E}_{p_i \sim P} p_i\|}, \forall i \tag{7.24}$$

假设所需的体素分辨率为 m，构建需要生成的三维体素，与缩放至单位球内的点云对应，体素中心放在坐标原点，体素各边长均为 2，则体素可表达为

$$V=\{v_{1,1,1}, \cdots, v_{m,m,m}\} \tag{7.25}$$

单个体素的坐标可表示为

$$C_{v_{r,c,d}}=\left(\frac{r \times 2}{m}-1, \frac{c \times 2}{m}-1, \frac{d \times 2}{m}-1\right) \tag{7.26}$$

为达到无损存储的目的，即点云中每个点的坐标都被存储，构建体素与点云之间的配对关系。选择最小的距离所对应的体素单元和点，将该体素单元的值赋为二者坐标的差值：

$$v_{r,c,d}=\underset{p_i \in P}{\operatorname{argmin}}\|p_i-C_{v_{r,c,d}}\|-C_{v_{r,c,d}}, v_{r,c,d} \in \mathbb{R}^3 \tag{7.27}$$

每次得到一个体素单元的值后，从点云和体素中删除对应点和对应体素单元，再找出删除之后距离最近的点云体素单元对，直到 P 为空结束。对于仍未赋值的体素单元（m^3-n 个），每个体素单元找到点云中最近的点，存储坐标差。

经这种处理之后，点云中每个点的信息都至少存储在一个体素中，点云可以完全由体素计算得到，从而实现点云无损体素化。

$$P = v_{r,c,d} + C_{v_{r,c,d}} \tag{7.28}$$

7.4.2 基于图卷积神经网络的表面重建

将点云编码成无损体素后，点云的无序化问题得到了很好的解决，非欧几里得结构数据转换为欧几里得结构数据。因此，二维影像上的卷积和池化可以直接移植到三维体素上，而这两个操作也被证明是卷积神经网络成功的主要因素。本书通过三维卷积神经网络进行高维特征提取。如图 7.20 所示，网络中包含 16 个卷积层和 2 个池化层，卷积层采用的卷积核均为 3×3×3，池化层采用的池化步长为 2×2×2。在卷积操作的同时，将第 8,11,13,16 次卷积得到的特征存储下来作为点云的特征传递给图卷积神经网络。在卷积神经网络中，多个卷积层与池化层的组合可以很好地让网络学习到最明显的特征，从而对点云的噪声形成很好的抑制作用。此外，在网络中采用随机最大池化，引入更多的随机性，从而使网络对点云中的噪声有更好的鲁棒性。

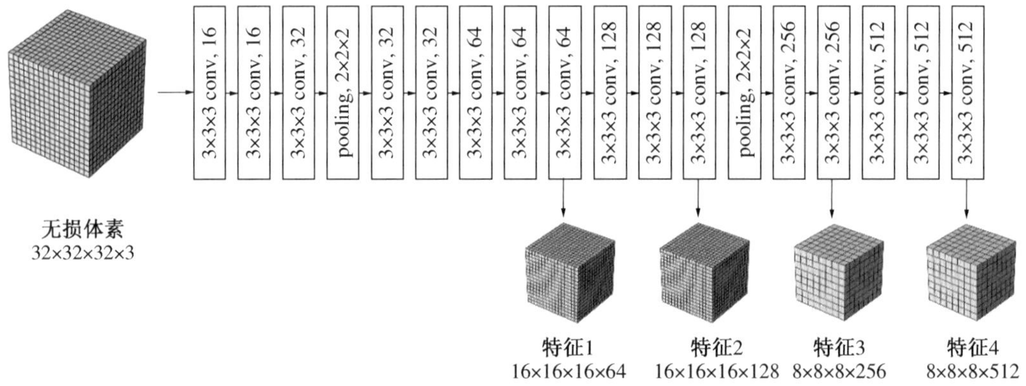

图 7.20 用于特征提取的三维卷积神经网络

基于以上网络，可以提取点云的特征金字塔，而相比于直接生成一个表面网格，深度学习更加擅长的是逐渐优化一个表面网格。因此，在初始阶段为表面网格提供了一个初始状态，本书采用的是球体网格。球体网格每个节点的坐标以及坐标间的连接关系都是给定的。在训练过程中，希望逐渐改变节点的坐标来拟合点云，而节点间的连接关系保持不变。有了之前提取得到的四个特征和初始球体网格后，需要将特征传递给初始球体网格（即图卷积神经的节点）。这里采用三线性插值计算出该点的特征，从而将特征传递给图卷积神经网络的每个节点。经过特征传递后，每个节点包含大量点云特征，基于此，通过图卷积和图上采样对表面模型进行重建（图 7.21），其中图卷积的作用是生成图节点新的三维坐标以实现网格变形，图上采样的作用是加密图节点以实现模型细化。

为了保证在训练过程中，生成的表面网格能够与真实的表面网格逐步接近，本书采用了三种损失函数，包括顶点损失函数、边长损失函数和顶点移动损失函数。其中，顶点损

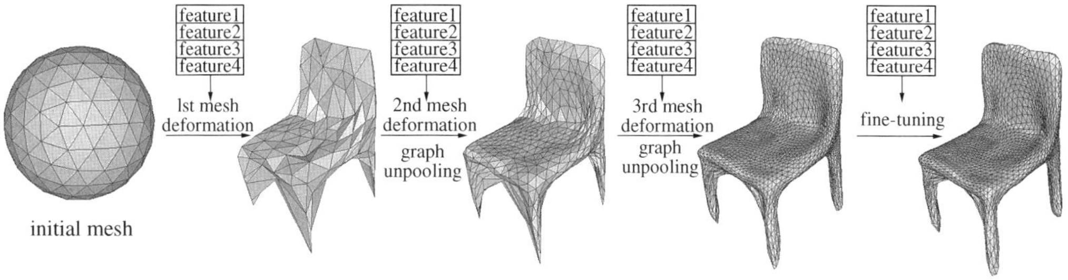

图7.21 通过图卷积与图上采样完成网格的变形和加密

失函数计算原始模型表面采样得到的点云和预测模型表面采样得到的点云中每个点到另一团点云的最近点的距离总和;边长损失函数计算预测模型所有边长的长度总和;顶点移动损失函数计算一次变形前后每个顶点的移动距离之和。

7.4.3 试验结果与分析

为验证本书方法对部件点云的建模效果,选择6.2.1节中提到的ModelNet40数据集作为数据源对本书方法进行训练和预测,ModelNet40数据集中包含12 311个CAD模型,其中9 843个模型为训练用,2 468个模型为测试用,模型类别主要为室内场景部件,包括桌子、椅子、床等。在使用之前首先将CAD模型转换为水密模型,转换后共生成8 855个水密模型,其中7 095个模型为训练用,1 760个模型为测试用,3 456个模型因为无法满足水密要求而被舍弃(如包含细天线的收音机)。经训练,本书方法对测试集点云的建模效果如图7.22所示,由图可以看出,本书方法对稀疏点云(仅包含1 024个点)的重建效果较好。

图7.22 本书方法对部件点云的建模效果

为验证本书方法对噪声的鲁棒性,使用本书方法对包含高斯噪声的点云进行重建,共采用了两种高斯噪声,其均值均为0,标准差分别为0.03和0.05,建模效果如图7.23所示，可以看出，在点云噪声增加的情况下，本书方法生成的模型仍然可以较好地反映点云的整体轮廓。

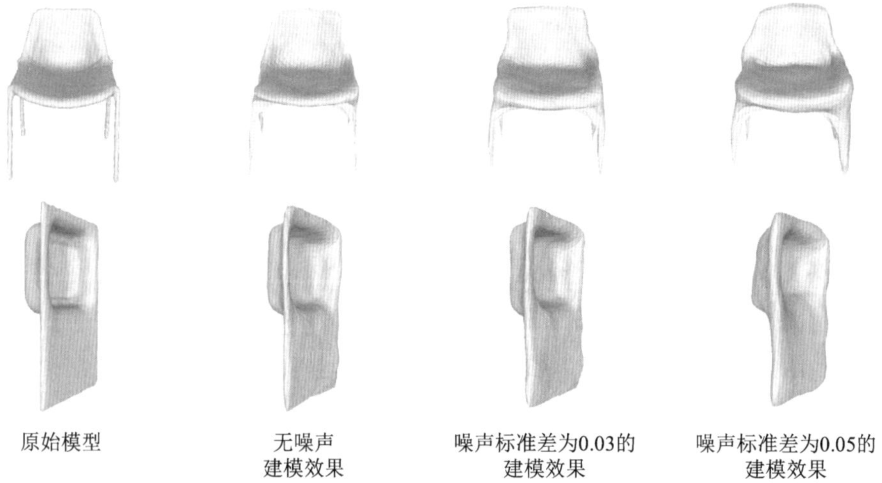

图 7.23　本书方法对包含噪声的部件点云的建模效果

参考文献

[1] 杨军建，吴良才. 基于 RANSAC 算法的稳健点云平面拟合方法[J]. 北京测绘，2016(2)：73-75.

[2] Xia S, Chen D, Wang R, et al. Geometric primitives in LiDAR point clouds: A review[J]. IEEE Journal of Selected Topics in Applied Earth Observations and Remote Sensing, 2020, 13: 685-707.

[3] Wu H, Xu Z, Wu G. A novel method of missing road generation in city blocks based on big mobile navigation trajectory data[J]. ISPRS International Journal of Geo-Information, 2019, 8(3): 142-159.

[4] Khoshelham K, Tran H, Acharya D, et al. The ISPRS benchmark on indoor modelling[J]. The International Archives of the Photogrammetry, Remote Sensing and Spatial Information Sciences, 2017: 367-372.

[5] Yang F, Li L, Su F, et al. Semantic decomposition and recognition of indoor spaces with structural constraints for 3D indoor modelling[J]. Automation in Construction, 2019, 106: 1-21.

CHAPTER
8

第 8 章 总结与展望

随着经济的发展和城市化进程的不断加快，大量建筑被翻新或重建，整体呈现出室内空间不断扩张、内部结构持续复杂的趋势。人类频繁的室内空间活动对室内环境的空间位置服务提出新的要求。点云作为三维空间信息表达的载体，其不受光照条件以及外界环境干扰，可以精准、高效地表达室内三维环境。本书以三维点云数据为核心，围绕室内无人平台搭建、室内数据采集、数据处理以及实际应用这四大方面进行详细阐述。未来，在室内测图系统软硬件发展、室内点云的智能认知与推理研究、室内部件样本库构建、室内点云的标准规范制定等方面值得进一步深入研究。

1. 室内测图系统软硬件发展

随着室内建筑的样式不断更新和发展，室内建筑存在着场景多元化、结构复杂化、空间大型化的发展趋势，对室内测图软硬件系统提出了更高的要求。

为了满足室内测图的大量需求，测图设备在硬件的配置上需要实现无人化、轻小化和低成本化，面对大量的室内场景，搭载多传感器融合或以简单视觉传感器为主的无人平台或背包设备是未来研究的主要方向，如何利用这些小型化设备高效高质地获取室内数据对室内建图和更新有着重要意义。此外，室内测图设备不能一直受制于他人，国外的设备大多价格昂贵、维修不易，需要探索出一条测图设备国产化的重要道路。

在软件层面，需要加大对基于 SLAM 算法的室内建图方法的研究，研究出低成本、短时间条件下的室内初步点云模型的鲁棒建模方法，减少测图后的反馈时间，及时反馈测图质量，从而便于调整测图计划。在高精度建图软件方面，探究如何利用多传感器或单一传感器结合语义、几何等室内重要信息，提高最终点云模型的质量和精度，为后续自动化建模等步骤提供准确详细的点云模型。

2. 室内点云的智能认知与推理研究

根据认知层次的不同，室内点云的智能认知与推理可以分为初级、中级和高级三个层次。

(1) 初级水平的点云认知是指根据点云本身的位置信息对其进行特征提取和表达。主要解决的问题是“场景内有哪些图形特征”。

(2) 中级语义信息提取是指获取场景内部件对象的相关信息，解决“场景内有什么对象”这一问题。主要涉及的研究方向为点云语义分割、实例分割、目标检测等。中级语义信息只是获取了场景内对象本身的类别、位置等信息，而对于对象与对象之间、场景本身的主题等高级语义，都未能涉及。

(3) 高级语义信息则通过辨识、分类、组合和推理，解决“室内对象之间的关系和场景的主题是怎么样的”这类问题。在未来的研究中，需要将重心放在点云的高级语义信息推理上，从而提高场景认知水平。

3. 室内部件样本库构建

尽管目前室内场景三维部件的获取已经比较方便，但相对于目前公开的二维数据集而言，室内场景的三维部件可用的公开数据集还比较少，数据集规模也相对较小，且目前的室内场景三维部件数据的增广方法还相对匮乏，以至于本书的室内场景部件样本库没有大量的数据支持，规模小，不能涵盖室内场景中的所有部件类型。所以在未来的工作中，一方面要收集更多的室内场景三维部件开源数据集，将采集的室内场景部件数据也纳入样本库；另一方面要探索室内场景部件数据的增广方法，以扩大室内场景部件样本库的规模。

4. 室内点云的标准规范制定

点云作为三维空间信息表达的载体，是室内三维地理信息服务及应用的重要数据来源与支撑。相比于室外环境，室内领域的研究还处于发展阶段，相关的室内数据获取与处理方法目前还未形成完整的科研或生产体系，缺乏相关的生产作业规范。因此，要研究制定室内点云数据采集、数据精度评价、点云三维建模等方面的标准规范，为我国智慧城市建设提供支撑。